金沙江白鹤滩水电站工程建设管理丛书

白鹤滩水电站
工程合同管理

范宏伟　苏锦鹏　汪志林　等　著

清华大学出版社
北　京

内 容 简 介

　　白鹤滩水电站工程是中国水电建设的集大成者，在工程建设管理实践中，形成了一套行之有效、与时俱进的合同管理体系，为建设世界一流精品工程提供了有力保障。本书通过翔实的源于工程建设一线的资料、数据和案例，围绕"保障建设、控制投资"的目标，按照"依法依规、实事求是、服务工程、合作共赢"的合同管理理念，从投资控制、招标采购、计量结算、合同变更、考核激励、工程保险、内部审计、信息技术应用等方面，全面系统地阐述了白鹤滩水电站工程合同管理体系、传承创新、实施路径和经验成效，展现了建设者在巨型水电工程合同管理中的实践经验和探索成果。

　　本书内容全面、案例丰富、实用性强，可供水利水电及相关行业专家、工程技术人员及高校师生参考。

图书在版编目 (CIP) 数据

白鹤滩水电站工程合同管理 / 范宏伟等著. -- 北京：清华大学出版社，2025. 4.
(金沙江白鹤滩水电站工程建设管理丛书). -- ISBN 978-7-302-69183-9

Ⅰ. TV752.7

中国国家版本馆CIP数据核字第2025XP2135号

责任编辑：张占奎
封面设计：陈国熙
责任校对：欧　洋
责任印制：杨　艳

出版发行：清华大学出版社
　　　　　网　　　址：https://www.tup.com.cn，https://www.wqxuetang.com
　　　　　地　　　址：北京清华大学学研大厦A座　　　　　　邮　　编：100084
　　　　　社 总 机：010-83470000　　　　　　　　　　　邮　　购：010-62786544
　　　　　投稿与读者服务：010-62776969，c-service@tup.tsinghua.edu.cn
　　　　　质量反馈：010-62772015，zhiliang@tup.tsinghua.edu.cn
印 装 者：三河市春园印刷有限公司
经　　销：全国新华书店
开　　本：185mm×260mm　　　印　　张：15.5　　　字　　数：374千字
版　　次：2025年4月第1版　　　　　　　　　　　印　　次：2025年4月第1次印刷
定　　价：158.00元

产品编号：108820-01

金沙江白鹤滩水电站工程建设管理丛书编辑委员会

本 书 著 者

范宏伟　　汪志林　　苏锦鹏　　张光飞　　武　洋　　文小平
苗永光　　郑　涛　　汤瑶瑶　　魏云祥　　袁　轩　　滕　飞
刘　浩　　周孟夏　　上官方　　柳　意　　李　尧　　刁　凯
范承存　　孙庆霞　　陈思雄　　薛　松　　查　理　　游启升
周　成　　张剑峰　　魏泰鸣　　桂仁彬

丛书序一

　　白鹤滩水电站是仅次于三峡工程的世界第二大水电站，是长江流域防洪体系的重要组成部分，是促改革、调结构、惠民生的大国重器。白鹤滩水电站开发任务以发电为主，兼顾防洪、航运，并促进地方经济社会发展。

　　白鹤滩水电站从1954年提出建设构想，历经47年的初步勘察论证，2001年纳入国家水电项目前期工作计划，2006年5月通过预可研审查，2010年10月国家发展和改革委员会批复同意开展白鹤滩水电站前期工作，同月工程开始筹建，川滇两省2011年1月发布"封库令"，2017年7月工程通过国家核准，主体工程开始全面建设。2021年6月28日首批机组投产发电，习近平总书记专门致信祝贺，指出："白鹤滩水电站是实施'西电东送'的国家重大工程，是当今世界在建规模最大、技术难度最高的水电工程。全球单机容量最大功率百万千瓦水轮发电机组，实现了我国高端装备制造的重大突破。你们发扬精益求精、勇攀高峰、无私奉献的精神，团结协作、攻坚克难，为国家重大工程建设作出了贡献。这充分说明，社会主义是干出来的，新时代是奋斗出来的。希望你们统筹推进白鹤滩水电站后续各项工作，为实现碳达峰、碳中和目标，促进经济社会发展全面绿色转型作出更大贡献！"2022年12月20日全部机组投产发电，白鹤滩水电站开始全面发挥效益，习近平总书记在二〇二三年新年贺词中再次深情点赞。

　　至此，中国三峡集团在长江干流建设运营的乌东德、白鹤滩、溪洛渡、向家坝、三峡、葛洲坝6座巨型梯级水电站全部建成投产，共安装110台水电机组，总装机容量7 169.5万kW，占全国水电总装机容量的1/5，年均发电量3 000亿kW·h，形成跨越1 800km的世界最大清洁能源走廊，为华中、华东地区以及川、滇、粤等省份经济社会发展和保障国家能源安全及能源结构优化作出了巨大贡献，为保障长江流域防洪、航运、水资源利用、生态安全提供了有力支撑，为推动长江经济带高质量发展注入了强劲动力。

从万里长江第一坝——葛洲坝工程开工建设，到兴建世界最大水利枢纽工程——三峡工程，再到白鹤滩水电站全面投产发电，世界最大清洁能源走廊的建设跨越半个世纪。翻看这段波澜壮阔的岁月，中国三峡集团无疑是这段水电建设史的主角。

三十年前为实现中华民族的百年三峡梦，我们发出了"为我中华、志建三峡"的民族心声，百万移民舍小家建新家，举全国之力，从无到有、克服无数困难，实现建成三峡工程的宏伟夙愿，是人类水电建设史上的空前壮举。三十载栉风沐雨、艰苦创业，在党中央、国务院的坚强领导下，中国三峡集团完成了从建设三峡、开发长江向清洁能源开发与长江生态保护"两翼齐飞"的转变，已成为全球最大的水电开发运营企业和中国领先的清洁能源集团，成为中国水电一张耀眼的世界名片。

世界水电看中国，中国水电看三峡。白鹤滩水电站工程规模巨大，地质条件复杂，气候恶劣，面临首次运用柱状节理玄武岩作为特高拱坝基础、巨型地下洞室群围岩开挖稳定、特高拱坝抗震设防烈度最高、首次全坝使用低热水泥混凝土、高流速巨泄量无压直泄洪洞高标准建设等一系列世界级技术难题，主要技术指标位居世界水电工程前列，综合技术难度为同类工程之首。白鹤滩水电站是世界水电建设的集大成者，代表了当今世界水电建设管理、设计、施工的最高水平，是继三峡工程之后的又一座水电丰碑。

近3万名建设者栉风沐雨、勠力同心鏖战十余载，胜利完成了国家赋予的历史使命，建成了世界一流精品工程，成就了"水电典范、传世精品"，为水电行业树立了标杆；形成了大型水电工程开发与建设管理范式，为全球水电开发提供了借鉴；攻克了一系列世界级技术难题、掌握了关键技术，提升了中国水电建设的核心竞争力；研发应用了一系列新理论、新技术、新材料、新设备、新方法、新工艺，推动了水电行业技术发展；成功设计、制造和运行了全球单机容量最大功率百万千瓦的水轮发电机组，实现了我国高端装备制造的重大突破；形成了巨型水电工程建设的成套标准、规范，为引领中国水电"走出去"奠定了坚实的基础；传承发扬三峡精神，形成了以"为我中华、志建三峡"为内核的水电建设文化。

从百年三峡梦的提出到实现，再到白鹤滩水电站的成功建设，中国水电从无到有，从弱到强，再到超越、引领世界水电，这正是百年以来近现代中国发展的缩影。总结好白鹤滩水电站工程建设管理经验与关键技术，进一步完善"三峡标准"，形成全面系统的水电工程开发建设技术成果，为中国水电事业发展提供参考与借鉴，为世界水电技术发展提供中国方案，是时代赋予三峡人新的历史使命。

中国三峡集团历时近两载，组织白鹤滩水电站建设管理各方技术骨干、专家学者，回顾了整个建设过程，查阅了海量资料，对白鹤滩水电站工程建设管理与关键技术进行了全面总结，编著"金沙江白鹤滩水电站工程建设管理丛书"共20分册。丛书囊括了白鹤滩水电站工程建设的技术、管理、文化各个方面，涵盖工

程前期论证至工程全面投产发电全过程，是水电工程史上第一次全方位、全过程、全要素对一个工程开发与建设的全面系统总结，是中国水电乃至世界水电的宝贵财富。

中国古代仁人志士以立德、立功、立言"三不朽"为人生最高追求。广大建设者传承发扬三峡精神，形成水电建设文化，是为"立德"；建成世界一流精品工程，铸就水电典范、传世精品，是为"立功"；全面总结白鹤滩水电站工程管理经验和关键技术，推动中国水电在继往开来中实现新跨越，是为"立言"！

向伟大的时代、伟大的工程、伟大的建设者致敬！

曹鸣山

2023 年 12 月

丛书序二

古人言"圣人治世，其枢在水"，可见水利在治国兴邦中具有极其重要的地位。滔滔江河奔流亘古及今，为中华民族生息提供了源源不断的源泉，哺育了光辉灿烂的中华文明。

我国地势西高东低，蕴藏着得天独厚的水能资源，水电作为可再生清洁资源，在国民经济发展和生态文明保障中具有举足轻重的地位。水利水电工程的兴建不仅可以有效改善能源结构、保障国家能源安全，同时在防洪、抗旱、航运、供水、灌溉、减排、生态等方面均具有巨大的经济、社会和生态效益。

中华人民共和国成立之初，全国水电装机容量仅 36 万 kW。中华人民共和国成立 70 余年来，我国水电建设事业发生了翻天覆地的变化，取得举世瞩目的成就。截至 2022 年底，我国水电总装机容量达 4.135 亿 kW，稳居世界第一。其中，世界装机容量超过 1 000 万 kW 的 7 座特大型水电站中我国就占据四席，分别为三峡工程（2 250 万 kW，世界第一）、白鹤滩水电站（1 600 万 kW，世界第二）、溪洛渡水电站（1 386 万 kW，世界第四）和乌东德水电站（1 020 万 kW，世界第七）。中国水电实现了从无到有、从弱到强、从落后到超越的历史性跨越式发展。

1994 年，三峡工程正式动工兴建，2003 年，首批 6 台 70 万 kW 水轮发电机组投产发电，成为中国水电划时代的里程碑，标志着我国水利水电技术已从学习跟跑到与世界并跑，跨入世界先进行列。

继三峡工程之后，中国三峡集团溯江而上，历时二十余载，相继完成了金沙江下游向家坝、溪洛渡、白鹤滩和乌东德 4 座巨型梯级水电站的滚动开发，实现了从设计、施工、管理、重大装备制造全产业链升级，巩固了我国在世界水利水电发展进程中的引领者地位。金沙江下游 4 座水电站的多项技术指标及综合难度均居世界前列，其中白鹤滩水电站综合技术难度最大、综合技术参数最高，是世界水电建设的超级工程。

白鹤滩水电站地处金沙江下游，河谷狭窄、岸坡陡峻，工程建设面临高坝、高边坡、高流速、高地震烈度和大泄洪流量、大单机容量、大型地下厂房洞室群"四高三大"的世界级技术难题；且工程地质条件复杂，地质断裂构造发育，坝基柱状节理玄武岩开挖、保护、处理难度极大，地下厂房围岩层间、层内错动带发育，开挖、支护和围岩变形稳定均面临诸多难题；加之白鹤滩坝址地处大风干热河谷气候区，极端温差大、昼夜温差变化明显，大风频发，大坝混凝土温控防裂面临巨大挑战。

白鹤滩水电站是当时世界在建规模最大的水电工程，其中300米级高坝抗震设计参数、地下洞室群规模、圆筒式尾水调压井尺寸、无压直泄洪洞群泄洪流量、百万千瓦水轮发电机组单机容量等多项参数均居世界第一。

自建设伊始，白鹤滩全体建设者肩负"建水电典范、铸传世精品"的伟大历史使命，先后破解了柱状节理玄武岩特高拱坝坝基开挖保护、特高拱坝抗震设计、大坝大体积混凝土温控防裂、复杂地质条件巨型洞室群围岩稳定、百万千瓦水轮发电机组设计制造安装等一系列世界性难题。首次全坝采用低热硅酸盐水泥混凝土，成功建成世界首座无缝特高拱坝；安全高效完成世界最大地下洞室群开挖支护，精品地下电站亮点纷呈；全面打造泄洪洞精品工程，抗冲耐磨混凝土过流面呈现镜面效果。与此同时，白鹤滩水电站全面推动设计、管理、施工、重大装备等全产业链由"中国制造"向"中国创造"和"中国智造"转型，并在开发模式、设计理论、建设管理、关键技术、质量标准、智能建造、绿色发展等多方面实现了从优秀到卓越、从一流到精品的升级，全面建成了世界一流的精品工程，登上水电行业"珠峰"。

从三峡到白鹤滩，中国水电工程建设完成了从"跟跑""并跑"再到"领跑"的历史性跨越。这样的发展在外界看来是一种"蝶变"，但只有身在其中奋斗过的人才明白，这是建设者们几十年备尝艰辛、历尽磨难后实现的全面跨越。从三峡到白鹤滩，中国水电成为推动世界水电技术快速发展的重要力量。白鹤滩建设者们经历了长时间的探索和深刻的思考，通过反复认知、求索、实践，系统梳理和累积沉淀形成了可借鉴的水电建设管理经验和工程技术，进而汇集成书，以期将水电发展的过去、当下和未来联系在一起，为大型水电工程建设和新一代"大国重器"建设者提供借鉴与参考。

"金沙江白鹤滩水电站工程建设管理丛书"全套共20分册，分别从关键技术、工程管理和建设文化等多维度切入，内容涵盖了建设管理、规划布置、质量管理、安全管理、合同管理、设备制造及安装等各个方面，覆盖大坝、地下电站、泄洪洞等主体工程，囊括了土建、灌浆、金属结构、机电、环保等多个专业。丛书是全行业对大型水电建设技术及管理经验进行全方位、全产业链的系统总结，展示了白鹤滩水电站在防洪、发电、航运及生态文明建设方面作出的巨大贡献。内容既有对特高拱坝温控理论的深化认知、卸荷松弛岩体本构模型研究等理论创新，也包含低热水泥筑坝材料、

800MPa 级高强度低裂纹钢板制造等材料技术革新，同时还囊括 300 米级无缝混凝土大坝快速优质施工、柱状节理玄武岩坝基及巨型洞室群开挖和围岩变形控制、百万千瓦水轮发电机组制造安装、全工程智能建造等施工关键核心技术。

丛书由工程实践经验丰富的专业技术负责人及学科带头人担任主编，由国内水电和相关专业专家组成了超强编撰阵容，凝聚了中国几代水电建设工作者的心血与智慧。丛书不仅是一套水电站设计、施工、管理的技术参考书和水利水电建设管理者的指导手册，也是一部三峡水电建设者"治水兴邦、水电报国"的奋斗史。

白鹤滩水电站的技术和经验既是中国的，也是世界的。我相信，丛书的出版，能够为中国的水电工作者和世界的专家同仁开启一扇深入了解白鹤滩工程建设和技术创新的窗口。期待丛书为推动行业科技进步、促进水电高质量绿色发展起到有益的作用。

作为中国水电事业的建设者、奋斗者，见证了中国水电事业的发展和历史性的跨越，我深感骄傲与自豪，也为丛书的出版而高兴。希望各位读者能够从丛书中汲取智慧和营养，获得继续前行的能量，共同推进我国水电建设高质量发展更上一个新的台阶，谱写新的篇章。

借此序言，向所有为我国水电建设事业艰苦奋斗、抛洒心血和汗水的建设者、科技工作者、工程师们致以崇高的敬意！

中国工程院院士 张超然

2023 年 12 月

序

　　白鹤滩水电站是当今世界在建规模最大、单机容量最大、技术难度最高的水电工程，是中国三峡集团立足新发展阶段、贯彻新发展理念、构建新发展格局，为共和国打造的又一大国重器，是继三峡工程开启中国水电恢宏篇章之后的又一标志性工程，是中国水电引领全球的又一张"国家名片"。白鹤滩水电站全部机组投产发电，标志着我国在长江之上全面建成世界最大清洁能源走廊，为实现碳达峰、碳中和目标，促进经济社会发展全面绿色转型作出了突出贡献。

　　2021年6月28日，白鹤滩水电站首批机组实现安全准点投产发电，习近平总书记发来贺信，李克强总理作出批示，高度评价了白鹤滩水电站工程的重大作用和里程碑意义，充分体现了党中央、国务院对白鹤滩水电工程的高度重视。总书记贺信和总理批示内涵丰富，为白鹤滩水电站建设和运行管理指明了方向，提供了根本遵循。贯彻党和国家领导人对白鹤滩水电站首批机组投产发电的重要指示批示精神，不仅要将白鹤滩水电站建设好、运行维护好，更要将白鹤滩水电站工程建设过程中形成的包括合同管理经验在内的一系列工程建设管理宝贵经验总结好、传承好。

　　合同管理工作是工程建设管理的重要环节，是实现工程建设目标的基础和保障，贯穿工程建设全过程。白鹤滩水电站工程规模巨大，合同数量众多，各类合同2 000余份，涉及不同专业领域和履约条件，从项目立项、招标采购，到合同签订、履行，直至最终验收，如何科学、规范、高效地管理好如此众多的合同，是对大型水电工程建设管理的重要考验。白鹤滩水电站地处金沙江下游干热河谷，地质条件复杂，地质灾害和大风天气频发，加之工程建设过程中受人工价格逐年上涨、主要材料价格波动、新冠疫情突发等不可预见风险的影响，同时精品工程建设标准高、要求严。众多因素叠加，对工期、成本、效率、资源等合同履约边界条件产生了较大影响，加大了投资控制难度，合同管理工作面临较大的困难和挑战。

　　为保障巨型水电工程建设，白鹤滩水电站工程建设之初就确定了"保障建设、控制投资"的合同管理目标，提出了"依法依规、实事求是、服务工程、合作共赢"的合同管理理念，合同管理工作以服务工程建设为导向，以投资控制为核心，以招标采购、计量结算、变更管理为抓手，以考核激励、工程保险、内部审计、信息化技术应用等管理手段为依托，为白鹤滩水电站建设世界一流精品工程提供有力支撑。通过精细化的合同管理，白鹤滩水电站枢纽工程投资控制效果良好；有效化解了工程建设过程中的不可预见风险；开发使用计量结算系统、变更管理系统，基本实现了工程结算、变更索赔、合同审计与工程建设的"三同步"，部分实现了工程量计算、单元工程质量验评、计量结算、资料归档的"四同时"，促进了行业信息化技术应用与发展；实现了特大型水电工程合同"当年完工、当年审计"的管理目标，树立了工程建设高标准管理标杆。

经过巨型水电站工程实践、探索和创新，白鹤滩水电站工程形成了一套行之有效、与时俱进的合同管理经验。实践证明，白鹤滩水电站工程合同管理工作是卓有成效的，在合同管理实践中形成的宝贵经验是白鹤滩工程建设管理经验的重要组成部分，是三峡集团工程建设管理核心竞争力的重要体现。全面系统总结白鹤滩水电站工程合同管理经验是贯彻党和国家领导人重要指示批示精神、践行"大国重器必须掌握在自己手里"的重要举措，是传承"为我中华、志建三峡"的新时代三峡精神的重要途径，是新发展阶段三峡集团奋力实施清洁能源和长江生态环保"两翼齐飞"战略的现实需要。为此，三峡集团组织编制本书，形成可复制、可推广和可传承的白鹤滩合同管理经验，为三峡集团高质量发展和中国水电引领全球提供支撑与保障。

本书分为概述、管理体系、投资控制、招标采购、计量结算、合同变更、考核与激励、工程保险与合同担保、内部审计、成就与展望等 10 章，通过对白鹤滩水电站工程合同管理制度、合同条款等资料的梳理，对投资控制、招标采购、计量结算、合同变更等合同管理工作具体措施、方法和路径的提炼，对计量结算系统、变更管理系统等信息化系统应用和创新的总结，对招标采购、合同变更、工程保险、内部审计等典型案例的剖析，全面系统地展示了白鹤滩水电站工程合同管理的目标、理念和取得的成就。

同时，大型水电站工程规模大、技术复杂、工期长、施工干扰及协调管理难度大，不确定因素多，仍有许多问题需要广大水电工程建设者探索和研究。本书对水电工程合同管理未来的发展也进行了展望。

本书即将交付印刷，希望本书的出版能为水电工程合同管理人员提供有价值的参考。

樊启祥

2023 年 12 月

前言

白鹤滩水电站是当今世界在建规模最大、单机容量最大、技术难度最高的水电工程，建成后规模和装机容量仅次于三峡工程，为世界第二大水电站，是国家"西电东送"的骨干电源，是长江流域防洪体系的重要组成部分，是促改革、调结构、惠民生的大国重器。白鹤滩水电站开发任务以发电为主，兼顾防洪、航运，并促进地方经济社会发展。

合同管理贯穿工程建设始终，是实现工程建设目标的重要保障，是投资控制的重要环节。白鹤滩水电站工程投资巨大、建设周期长、施工环境复杂，合同管理面临巨大的困难和挑战，在建设管理中的地位与作用更加突出和重要。

建设之初，白鹤滩水电站工程就确立了"保障建设、控制投资"的合同管理目标，提出了"依法依规、实事求是、服务工程、合作共赢"的合同管理理念。合同管理以服务工程建设为导向，以投资控制为核心，以招标采购、计量结算、变更管理为抓手，以考核与激励、工程保险、内部审计、信息化技术应用等管理手段为依托，为白鹤滩水电站建设世界一流精品工程提供有力支撑。

在合同管理中，建立"静态控制、动态管理、合理调整、全程考核"的投资控制管理模式，枢纽工程投资控制效果良好；实行"集中领导、分级管理"的招标采购模式，确保招标采购依法合规，提高招标采购质量和效率；应用计量结算系统，规范、精准、高效地开展工程计量与结算，保障了工程建设资金及时支付；建立变更事前管理模式，依托变更管理系统掌控变更，提高效率；建立考核激励机制，树立正确导向，提高参建各方积极性；运用内部审计手段，持续改进完善，提升工程建设管理水平。

通过精细化的合同管理，保障了建设世界一流精品工程目标的顺利实现，有效控制了工程投资，为大型水电工程枢纽建设的投资控制树立了标杆；成功构建和应用了白鹤滩水电站工程建设合同管理体系及成套措施，为大型水电工程的合同管理提供了管理范式；取得了"合同执行四同时""内部审计""变更事前管理"等一系列管理创新，推动了大型水电工程合同管理的进步与发展。

本书编著得到了各参建单位的大力支持，也获得了业内专家学者的悉心指导。本书在编写中参考了相关著作、论文，并从中受到了很多启发，在此，谨向给予指导帮助的同仁、专家表示诚挚感谢！

由于本书编者学识和水平有限，书中难免有不妥和错误之处，敬请读者批评指正。

编　者

2024 年 12 月

目录

第1章　概述

1.1　工程概况

　　白鹤滩水电站是金沙江下游四个梯级电站中的第二级，位于四川省宁南县和云南省巧家县境内，上游距乌东德坝址约182km，下游距离溪洛渡水电站约195km，电站控制流域面积43.03万km²，占金沙江流域面积的91.0%，多年平均流量4170m³/s，多年平均径流量1315亿m³。白鹤滩水电站开发任务以发电为主，兼顾防洪、航运，并促进地方经济社会发展。白鹤滩水电站建成后仅次于三峡工程，为世界第二大水电站，是国家"西电东送"的骨干电源，是长江流域防洪体系的重要组成部分，是促改革、调结构、惠民生的大国重器。白鹤滩水电站全景见图1.1-1。世界前十二大水电站装机容量见图1.1-2。

图 1.1-1　白鹤滩水电站全景图

1.1.1　枢纽布置

　　白鹤滩水电站枢纽由拦河坝、泄洪消能设施、引水发电系统等主要建筑物组成。拦河坝为混凝土双曲拱坝，坝后设水垫塘与二道坝，坝顶高程834m，最大坝高289m；枢纽泄洪设施由坝身6个表孔、7个深孔和左岸3条无压直泄洪洞组成，坝身最大泄量30000m³/s，泄洪洞单洞泄洪规模4000m³/s；地下厂房采用首部开发方案布置，左右岸各布置8台单机

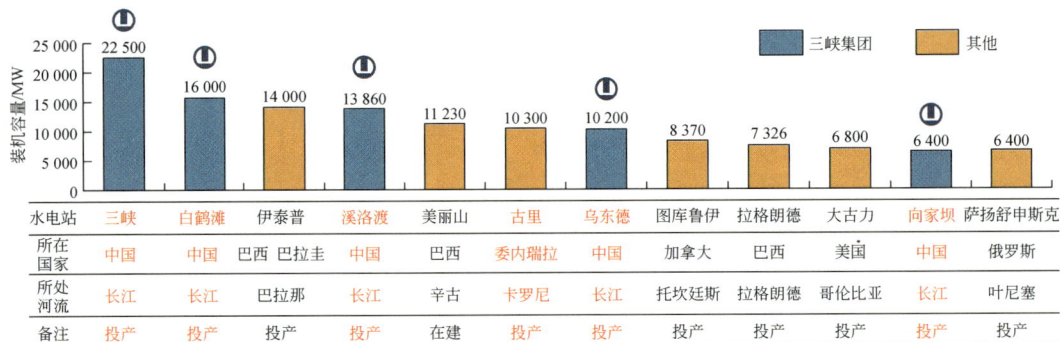

水电站	三峡	白鹤滩	伊泰普	溪洛渡	美丽山	古里	乌东德	图库鲁伊	拉格朗德	大古力	向家坝	萨扬舒申斯克
装机容量/MW	22 500	16 000	14 000	13 860	11 230	10 300	10 200	8 370	7 326	6 800	6 400	6 400
所在国家	中国	中国	巴西 巴拉圭	中国	巴西	委内瑞拉	中国	加拿大	巴西	美国	中国	俄罗斯
所处河流	长江	长江	巴拉那	长江	辛古	卡罗尼	长江	托坎廷斯	拉格朗德	哥伦比亚	长江	叶尼塞
备注	投产	投产	投产	投产	在建	投产	投产	投产	投产	投产	投产	投产

图 1.1-2　世界前十二大水电站一览图

容量 1 000MW 的机组，机组研发、制造、安装全部实现国产化；引水隧洞采用单机单管供水；尾水系统 2 台机组共用一条尾水隧洞，左右岸各布置 4 条尾水隧洞，其中左岸 3 条、右岸 2 条结合导流洞布置。白鹤滩水电站枢纽建筑物布置如图 1.1-3 所示。

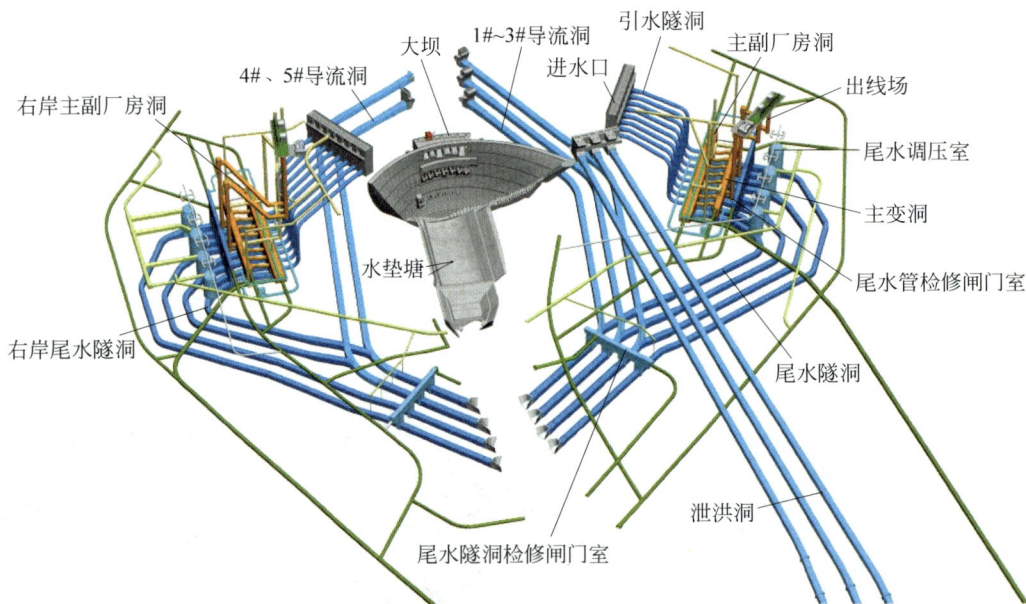

图 1.1-3　白鹤滩水电站枢纽建筑物布置图

1.1.2　工程特性

白鹤滩水电站是当今世界在建规模最大、单机容量最大、技术难度最高的水电站，工程主要特性见表 1.1-1。白鹤滩水电站工程规模巨大，地质条件复杂，大风天气频发，面临首次运用柱状节理玄武岩作为特高拱坝基础、巨型地下洞室群围岩开挖稳定、特高拱坝抗震设防烈度最高、首次全坝使用低热水泥混凝土、高流速巨泄量无压直泄洪洞高标准建设等一系列世界级技术难题，主要技术指标位居世界水电工程前列。白鹤滩水电站主要技术指标如表 1.1-2 所示。

表 1.1-1　白鹤滩水电站工程特性

主要特性	工程指标	参　数	主要特性	工程指标	参　数
挡水建筑物：混凝土双曲拱坝	最大坝高	289m	水库特性	正常蓄水位	825.00m
	坝顶高程	834m		死水位	765.00m
	坝顶中心线弧长	709m		总库容	206.27 亿 m³
	总水推力	1 650 万 t		防洪库容	75.00 亿 m³
泄洪建筑物	坝身泄洪	泄洪表孔（开敞式）	6 个		水量利用系数	99.7%
		表孔校核泄洪流量	17 994m³/s	工程量	开挖	明挖土石方	6 410.90 万 m³
		泄洪深孔（有压泄水孔）	7 个		洞挖石方	2 066.00 万 m³
		深孔校核泄洪流量	12 108m³/s		填筑	土石方	698.90 万 m³
	泄洪洞	泄洪洞（无压直泄洪洞）	3 条		混凝土	1 798.70 万 m³
		长度	2 170～2 307m	全员人员	高峰人数	17 670 人
		弧门孔口尺寸（宽 × 高）	15m × 9.5m		平均人数	12 640 人
		泄洪洞泄洪流量	12 250m³/s	建设工期	总工日	4 600 万工日
工程建设指标	输水建筑物	进水口（岸塔式）	16 个		工程筹建期	24 月
		压力管道（竖井式）	16 个		施工准备期	40 月
		尾水调压室（圆筒形阻抗式）	8 个		主体施工期	80 月
		尾水调压室规模（直径 × 高）	直径 43～48m 高度 91～107m		工程完建期	24 月
		尾水隧洞型式（2 机 1 洞）	8 个		第一台机组发电工期	120 月
		尾水隧洞长度	1 006.81～1 744.87m		工程建设总工期	144 月
	发电厂房	厂房	2 个	工程效益	发电效益	装机容量	16 000MW
		左主厂房尺寸（长 × 宽 × 高）	438m × 34m × 88.7m		保证出力	5 500MW
					平均发电量	624.43 亿 kW·h
	装机规模	单机容量 × 机组台数	1 000MW × 16		防洪效益	与溪洛渡水库共同拦蓄金沙江洪水，提高川江河段沿岸宜宾、泸州等城市防洪标准；配合三峡水库调度，进一步减少长江中下游分洪量
	抗震指标	壅水建筑物抗震设防类别为甲类，设计地震水平加速度峰值 451gal	工程投资	静态投资	1 430 亿元
	地形、地质	坝址地形地质条件复杂，位于国内高拱坝前列		动态投资	1 778 亿元

表 1.1-2　白鹤滩水电站主要技术指标

排　名	指 标 参 数
六项世界第一	机组单机容量 1 000MW
	圆筒式尾水调压井规模
	地下洞室群规模
	300 米级高坝抗震参数
	首次在 300 米级特高拱坝全坝使用低热水泥混凝土
	无压直泄洪洞群规模
两项世界第二	装机容量 16 000MW
	拱坝总水推力 1 650 万 t
两项世界第三	拱坝坝高 289m
	枢纽泄洪功率

1.1.3　工程效益

1. 发电效益

白鹤滩水电站总装机 16 000MW，多年平均发电量 624.43 亿 kW·h，保证出力 5 500MW，其中枯水期（12 月至次年 5 月）发电量 293.86 亿 kW·h。此外，白鹤滩水电站梯级效益显著，可有效改善溪洛渡、向家坝、三峡、葛洲坝等下游各梯级电站的电能质量，保证出力增加 853MW，发电量增加 24.3 亿 kW·h，枯水期发电量增加 92.1 亿 kW·h。作为国家"西电东送"的骨干电源，白鹤滩水电站装机规模大、调蓄能力强、电能质量好，可明显提高水电在电力系统中的占比，并能改善电网电源结构，对促进我国能源结构配置优化、实现"碳达峰""碳中和"目标具有重要作用。

2. 防洪效益

白鹤滩水电站水库总库容 206.27 亿 m³，调节库容 104.36 亿 m³，防洪库容 75.00 亿 m³，库容系数 7.94%，是长江防洪体系中的关键性骨干工程。白鹤滩与金沙江下游梯级水库的联合调度，可使川江沿岸的宜宾、泸州、重庆等城市的防洪标准由约 10 年一遇提高到不低于 50 年一遇；配合三峡水库调度，能有效减少长江中下游地区的成灾洪水和分洪损失，减轻三峡水库和长江中游蓄滞洪区的防洪压力。按 2010 年价值计算，白鹤滩水电站多年平均防洪效益为 9.24 亿元·年。

3. 航运效益

白鹤滩水库蓄水后，可减少溪洛渡、向家坝和三峡水库的入库泥沙和库区泥沙淤积，延长 3 个水库的淤积平衡年限，有利于改善三峡库区的通航条件和重庆港防淤；金沙江下游 4 个梯级水库常年回水区河段累计长约 612km，可在不同时期实现库区全程或局部通航、增加下游通航河段的枯水期河道流量，直接改善下游枯水期航道通航条件；实施翻坝转运设施后，通过水陆联运，可实现攀枝花—水富全河段上下游水运通道连通，进一步提升长江"黄金水道"功能，为建设综合立体交通走廊创造了条件。

4. 环境效益

水电是清洁可再生能源，白鹤滩水电站建成后，在满足同等电力系统用电需求的条件下，每年提供的电能可节约标准煤 1 968 万 t，减少排放 CO_2 约 5 160 万 t，SO_2 约 17 万 t、NO_x 约 15 万 t，减少烟尘排放量约 22 万 t。此外，白鹤滩水电站水库总库容 206.27 亿 m^3，库容巨大、调节性能好，通过蓄峰补枯，可有效缓解枯水年份或枯水期水资源紧缺引起的下游生态环境恶化等问题。其调蓄功能不仅可以提高其下游电站的水资源综合利用能力，还有利于解决洞庭湖、鄱阳湖两湖越冬和湖面缩小、降低上海青草沙水源地咸潮上溯的威胁、增加长江中下游流量低于 10 000m^3/s 的天数、在旱季对长江中下游地区补充水资源等问题。因此，白鹤滩水电站的开发在环境保护、节能减排、实现经济社会可持续发展方面具有重要作用。

5. 促进地方经济发展

白鹤滩水电站建设期间直接用于枢纽工程和库区建设的资金超过 1 700 亿元，对四川省、云南省拉动 GDP 增量合计超过 3 000 亿元，水电站建设运行期间，不仅改善了电站周边地区交通、通信等基础设施条件，电站建设高峰期为当地增加就业约 8 万人；全部机组投产后，每年可贡献工业增加值约 155 亿元，为地方增加财政收入 29 亿元，地方产业结构、交通条件、基础设施等全面升级，生态环境明显改善，人民生活水平显著提高，对金沙江下游地区经济社会发展意义重大。

白鹤滩水电站蓄水前后对比见图 1.1-4。

图 1.1-4 白鹤滩水电站蓄水前后对比图

1.2　投资、造价及合同体系发展历程

1.2.1　我国投资体制发展历程

投资体制在我国一般指固定资产投资管理体制，是指国家组织、领导和管理投资活动所采取的基本制度和主要方式方法，主要包括投资活动中的投资组织机构、投资主体的行为规范、投资决策制度的选择、投资的责权利划分、资金筹措、组织实施、投资调控以及投资管理方式方法等。我国投资体制的发展随着我国经济社会发展形势的改变而发生变化，是一个比较复杂的过程。

1. 计划经济阶段（1949—1978 年）

中华人民共和国成立后，我国实行计划经济，政府在经济发展中起主导和关键作用。这一阶段，企业投资全部纳入国家统一计划，以行政投资方式为主，国家是唯一的投资主体。这种投资体制模式，在社会主义建设初期，为国民经济恢复和发展发挥了重大作用。在计划经济时代，我国实行甲、乙、丙三方制以及工程指挥部等建设管理模式。

2. 计划经济向市场经济过渡的探索推进阶段（1978—1992 年）

1978 年提出改革开放至 1992 年明确建立社会主义市场经济体制期间，我国从计划经济到有计划的商品经济，再到社会主义市场经济，投资体制改革逐步探索推进。这一阶段打破了传统计划经济体制下高度集中的投资管理模式，市场化方向逐步明晰，初步形成多元化投融资模式。探索开展招标投标制，发挥市场竞争机制，出现了以鲁布革水电建设管理为代表的工程建设管理模式，工程项目法人责任制、招标投标制、建设监理制与合同管理制（即"四制"）成为改革的试点。项目管理由传统的"金字塔"加"职能部门"管理模式向以项目管理为核心的"矩阵式"模式探索转变。

3. 改革全面实施阶段（1992—2012 年）

1992—2012 年，国家明确了建立社会主义市场经济体制的改革目标，制定了固定资产投资项目试行资本金制度，具有中国特色的投资管理体制框架基本确立。这一阶段投融资体制改革取得新的突破，投资项目审批范围大幅度缩减，投资管理工作重心逐步从事前审批转向过程服务和事中事后监管，企业投资自主权进一步落实，有效调动了社会资本积极性。社会主义市场经济体制改革以来，投资建设管理体制朝着市场化的方向发生了深刻变化：一是建立了以业主责任制为核心的项目管理制度；二是按照"谁投资、谁决策、谁收益、谁承担风险"的原则，落实企业投资自主权；三是全面推行以项目法人为主体的法人责任制、招标投标制、建设监理制和合同管理制。

4. 市场经济的改革深化阶段（2012 年至今）

党的十八大开启了投资体制改革的新阶段，2013 年国家提出"建立统一开放、竞争有序的市场体系""使市场在资源配置中起决定作用"，随着后续一系列投资条例和法律的颁布，深入推进了投资体制改革，投资进入高质量发展的新阶段。随着投融资模式及现代

企业管理方式的不断创新，以 EPC（Engineering Procurement Construction）、PMC（Project Management Consultant）、PPP（Public-Private Partnership）为代表的多种新型项目管理模式开始广泛推行，以项目核准制为核心的投资管理制度进一步完善，企业的自主决策和政府的宏观调控作用进一步增强，国家、地方、企业等有关各方共同参与、责任明晰的建设管理体制更加健全。

从我国的投资体制和建设模式变化历程可以看出，投资体制改革在经济体制改革过程中一直扮演着改革先锋的重要角色。通过大力推进投资主体和资金来源的多元化，完善咨询服务、招标采购、工程建设等市场化投资支撑体系，建立健全法律制度和标准规范，有力发挥了投资对稳增长、促改革、调结构、惠民生、防风险、保稳定的关键作用，促进了经济社会持续健康发展[1]。

三峡工程的建设是在我国从计划经济向市场经济转变的特殊背景下进行的，工程建设初期国家在基本建设领域大力推行"项目法人责任制、招标投标制、建设监理制、合同管理制"的建设管理模式，对工程建设投资管理起到了制度层面的保障作用。1993 年 1 月国务院成立三峡工程建设委员会（简称"三建委"）作为国务院领导三峡工程建设和移民工作的高层决策机构，三峡集团作为三峡工程建设项目法人，在国家的指导和三建委的领导下全面负责三峡工程的建设与运营管理。在三峡工程论证时期，水利部、三峡集团、设计院组织专业技术和管理人员对国内外工程概算编制方法、造价控制理论体系等开展了系统研究，探索性地提出了适合国内基本建设工程的"静态控制、动态管理、总量控制、合理调整"投资控制模式，该模式经实践证明是行之有效的，对当时国内水电工程投资控制模式、概算编制体系改革起到了创新引领作用[2]。三峡集团开发的金沙江溪洛渡水电站、向家坝水电站、白鹤滩水电站和乌东德水电站延续了三峡集团的投资控制管理模式。

1.2.2　我国造价管理体系发展历程

我国工程造价管理体系随着经济建设体制与经济发展水平的变化历经多次演变，以适应当代中国国情为基础寻求发展，历经漫长的探索与实践，逐渐形成了具有社会主义市场经济特点的造价管理体系。

1. 计划经济时代

中华人民共和国成立至改革开放前，我国从苏联引进并消化吸收了工程概预算制度，开始依据"量价合一"做概预算定额。在计划经济时代，各项经济要素和经济活动由政府指令实施，作为法定性经济文件的概预算定额在工程建设造价中起主导作用，概预算、结决算依据定额确定。该阶段传统的概预算定额作为建设工程造价定价依据，对我国加强计划管理，减少投资浪费，多、快、好、省地建设国家起到了积极的作用[3]。

2. 计划经济向市场经济过渡时代

改革开放以来，经济改革不断深入，我国逐步建立健全概预算制度，开始概预算定额的编制、修订等工作。1978 年国家计划委员会、国家基本建设委员会、财政部联合颁发了《关于加强基本建设概、预、决算管理工作的几项规定》，要求认真执行设计有概算、施工有预算、竣工有决算的"三算"制度。这一阶段全国制定和修订的工程建设概预算定额达一百四十多种。同时，1990 年中国建设工程造价管理协会成立，推动了工程计价的改革和发展[4]。

3. 社会主义市场经济时代（起基础作用的前半段）

1992 年党的十四大提出发展在资源配置中起基础作用的社会主义市场经济，建设部提出"控制量、指导价、竞争费"的改革思路。20 世纪 90 年代中后期以来，《中华人民共和国建筑法》《中华人民共和国价格法》《中华人民共和国合同法》《中华人民共和国招标投标法》等相继出台，定额体系开始出现一系列变化，部分材料价格逐渐放开，工程结算时材料价格的调整已经允许，但还不能完全满足市场经济发展的要求，市场上主要采用"以定额工程量计算规则、预算定额、取费标准为依据计算价格，通过费率比较为主要竞争对象的定价模式"。

2003 年《建设工程工程量清单计价规范》颁发，我国量价分离、自主报价的工程量清单计价制度正式执行，国家推行全国统一的工程量清单计价规范，确定了与市场经济一致的工程造价计价模式。2009 年中国建设工程造价管理协会颁布了《全过程造价控制操作规程》，标志着我国全过程造价管理理论体系的建立。

4. 社会主义市场经济时代（起决定性作用的后半段）

2013 年党的十八届三中全会提出发展在资源配置中起决定性作用的社会主义市场经济[5]。2015 年 12 月中华人民共和国住房和城乡建设部根据我国建筑行业国情制定了《建设工程定额管理办法》，进一步推进清单计价的同时，明确了"定额是国有资金投资工程编制投资估算、设计概算和最高投标限价的依据，对其他工程仅供参考"的定位。

2020 年 7 月中华人民共和国住房和城乡建设部《工程造价改革工作方案》指出，推进建筑业高质量发展，坚持市场在资源配置中起决定性作用，通过改进工程计量和计价规则、完善工程计价依据发布机制、加强工程造价数据积累、强化建设单位造价管控责任、严格施工合同履约管理等措施，推行清单计量、市场询价、自主报价、竞争定价的工程计价方式，进一步完善工程造价市场形成机制。

1.2.3　我国合同制度体系发展历程

自中华人民共和国成立以来，随着我国从计划经济到商品经济，再到市场经济体制的转变，合同制度体系建设经历了长期的发展过程。其间一系列合同法规、管理制度陆续颁布，并在实践中反复修订和完善，基本上适应了当时行业发展和经济建设的需要，较好地契合了经济体制改革，取得了良好的综合经济效果，形成了较为完善、系统的合同制度体系。

1. 初步确立阶段（1949—1982 年）

中华人民共和国成立初期，为满足基本建设需要，政府仍需与私营企业签订委托加工、订货采购、统购包销等合同。政府相关管理部门通过审查、督促检查、调解仲裁纠纷和违约处理等方式深度介入合同事务。1950 年 9 月政务院财政经济委员会颁布了我国第一个合同法规《机关、国营企业、合作社签订合同契约暂行办法》。

为明确建设单位和勘察、设计、施工等单位的职责，分工协作，共同完成国家建设任务，1955 年国家建设委员会颁布了《建筑安装工程包工暂行办法》，建立了建筑任务的承发包制度、包工包料及总分包制度。

1979 年国家建设委员会印发《关于试行基本建设合同制的通知》，认为必须坚持按经济规律办事，采取经济方法，充分运用合同来管理基本建设，同时发布了《建筑安装工程合同试行条例》《勘察设计合同试行条例》。

2. 改革发展阶段（1982—1999 年）

1982 年 7 月《中华人民共和国经济合同法》开始实施，与之相对应的《工矿产品购销合同条例》《农副产品购销合同条例》等问世，虽然内容比较简单，仍旧强调"计划"，但对计划经济和商品经济发展起到了一定的规范和促进作用，合同制度体系逐步建立。

依据《中华人民共和国经济合同法》的有关规定，1983 年 8 月国务院颁布了《建设工程勘察设计合同条例》《建筑安装工程承包合同条例》，规定了建设工程勘察设计合同、建筑安装工程承包合同必须具备的条款。1990 年国家工商管理局发布了《经济合同示范文本管理办法》，示范文本规范了企业的合同格式和内容，成为企业签订合同时的套用标准。

3. 完善成熟阶段（1999 年至今）

为了维护社会主义市场经济秩序，促进社会主义市场经济的健康发展，切实保护合同当事人的合法权益，促进社会主义现代化建设，1999 年 10 月 1 日实施的《中华人民共和国合同法》是调整平等主体之间交易关系的法律，对合同的订立、合同的效力及合同的履行、变更、解除、保全、违约责任等问题进行了详细规定。

2021 年 1 月 1 日实施的《中华人民共和国民法典》（合同编），以《合同法》立法成果为基础，融合了法学研究成果和司法解释等，贯彻了全面深化改革的精神，坚持维护契约、平等交换、公平竞争，促进商品和要素自由流动，进一步完善了合同制度。

1.3　本书概要

白鹤滩水电站工程合同管理是以服务工程建设为导向，以投资控制为核心，以招标采购、计量结算、变更管理等工作为抓手，以考核激励、工程保险、内部审计、信息化技术应用等管理手段为依托的一系列工程建设商务管理工作的总称，贯穿工程建设始终，是实现工程建设目标的重要保障，也是投资控制管理的重要环节。白鹤滩水电站工程投资巨大，建设周期长，合同管理面临巨大的困难和挑战，在工程建设管理中的地位与作用更加突出和重要。

本书首先简述了我国投资体制、造价管理体系和合同制度体系发展历程，介绍了白鹤滩水电站工程合同管理体系，重点阐述了投资控制、招标采购、计量结算、合同变更、考核与激励、工程保险与合同担保、内部审计成果应用等方面的管理措施及成效，同时列举诸多典型案例，最后对大型水电工程合同管理的未来进行了展望。

白鹤滩水电站工程投资规模巨大、合同数量多；建设周期长，材料价格受市场波动影响大，人工成本逐年攀升，不可预见风险增多；新冠疫情、地质灾害等不可抗力影响，及复杂的地质条件均可能引起合同边界条件发生重大变化；各类合同边界条件复杂，保障工程建设资金和投资控制难度大，合同管理工作面临巨大挑战。

工程建设之初，白鹤滩水电站工程就确立了"保障建设、控制投资"的合同管理目标，提出了"依法依规、实事求是、服务工程、合作共赢"的合同管理理念。通过规范、高效及精细化的合同管理，保障了工程建设的顺利实施，化解了不可预见重大风险对工程建设的不利影响，为白鹤滩水电站建设世界一流精品工程提供了有力支撑。

1. 投资控制

投资控制是合同管理的核心。白鹤滩水电站工程充分发挥设计投资控制龙头作用，加强可行性研究阶段设计管理，从源头上控制投资。项目实施阶段提出了"静态控制、动态管理、合理调整、全程考核"的投资控制管理模式，从设计优化、技术创新、招标采购、计量结算、审计咨询、价差管理、项目融资、考核激励等方面，对工程投资控制进行精细化管理，枢纽工程投资控制效果良好，有力保障了工程安全、质量和进度目标。

2. 招标采购

招标采购是合同管理的重要内容。白鹤滩水电站工程招标采购遵循公开、公平、公正和诚实信用原则，实行"集中领导、分级管理"的管理模式，建立"事权、招标权、评标权、决标权"相对分立的机制。通过科学合理的分标规划、高效协同的组织体系、完善的规章制度、规范的采购程序，有力的监督机制以及电子采购平台的应用，并结合工程实际，在招标采购计划管理、招标采购文件编制、采购策略、评标和采购方式等方面采取有效措施，提高招标采购质量和效率，保障了招标采购活动依法合规高效开展。

3. 计量结算

计量结算是合同管理的关键工作。白鹤滩水电站工程计量结算遵循"依据充分、全面准确、操作规范、高效有效"的原则，以合同工程量清单为基础，以设计工程量为控制基准，以现场签证工程量为计量依据，将设计工程量分解到单元工程，在单元工程质量验评合格的前提下，按签证工程量计量结算，建立了以单元工程为基本单元的工程量计算、施工、验评、签证、计量和结算相统一的计量结算模式。

依托计量结算系统，规范精准高效开展计量结算工作，践行工程量计算、单元工程质量验评、计量结算、资料归档的"四同时"，确保结算支付与实体工程的精准匹配，实现对过程成本的有效控制和精细化管理，高效推进合同按时完工验收。

4. 合同变更

合同变更是合同管理的重点和难点工作。白鹤滩水电站工程遵循"尊重合同、依法依规、实事求是、解决问题"的合同变更原则，践行"事前变更"的管理理念，采取"事前控制、跟踪检查、动态管理"的措施，实行"先立项、后实施"的管理模式。建立合同管理月例会、变更结算月例会的"双会"机制，开展疑难变更项目定额测量，开发使用变更管理系统，严格变更识别、立项、申请和审批流程，做到"实时追踪、相互监督"，有效解决变更处理效率不高的管理难题，基本实现了工程结算、变更索赔、合同审计与工程建设的"三同步"。

5. 考核与激励

考核与激励以合同为根本遵循，以考核实施细则为依托，按照"专款专用、突出一线、有奖有罚、奖罚对等"的原则树立正确导向，制定勘察设计考核（包括限额设计考核、优化设计考核）、监理考核、建安工程考核、建设管理单位投资控制考核等考核激励措施，建立了建设管理单位对主体设计、监理和施工单位进行考核，项目业主对建设管理单位进行考核的考核激励体系，提高参建各方积极性，助力高质量实现工程建设目标。

6. 工程保险与合同担保

运用工程保险与合同担保，强化风险管理。建立现场保险管理体系，聚焦"风险、理赔、服务"，将风险管理作为保险工作重点、保险理赔作为风险转移的重要措施、保险服务作为实现保险功能的基础保障，增强工程抗风险能力，对工程本质安全起到了促进作用。开发使用合同担保管理系统，加强担保管理的有效性和规范性。

7. 内部审计成果应用

在"当年完工、当年审计"目标的指引下，白鹤滩水电站工程按照工程建设与内部审计"两手抓、两不误、两促进"的原则，以"应审尽审、尽早审计、全面审计""举一反三、吸收运用"的思路，实现了完工合同全覆盖、工程建设管理各环节全覆盖的审计目标，达到"强管理、防风险、控投资"的目的，提升工程建设管理水平。

白鹤滩水电站工程通过精细化的合同管理，保障了建设世界一流精品工程目标的顺利实现，有效控制了工程投资；研发了合同计量结算系统，部分实现了以单元工程为基本单位的工程量计算、质量验评、计量结算、资料归档的"四同时"，推动合同执行向"合同项目完工之日即完工结算之时"的理想目标迈出了坚实的步伐；提出了事前变更的管理模式，研发了变更管理系统，基本实现了工程结算、变更索赔、合同审计与工程建设的"三同步"；实现了"当年完工、当年审计"的目标，树立了高标准管理标杆。

第 2 章　管理体系

2.1　目标与理念

白鹤滩水电站工程合同管理目标是"保障建设、控制投资"，合同管理理念是"依法依规、实事求是、服务工程、合作共赢"。合同管理目标和理念贯穿于合同管理全过程，在投资控制、招标采购、计量结算和合同变更等方面具体体现为以下几方面。

1. 投资控制

采取"静态控制、动态管理、合理调整、全程考核"的投资控制管理模式，有效利用项目资金，确保工程建设预算可控，落实国有资本保值增值的责任。

2. 招标采购

遵循公开、公平、公正和诚实信用原则，实行"集中领导、分级管理"的管理模式，建立"事权、招标权、评标权、决标权"相对分立的机制，确保招标采购工作依法合规，高效开展。

3. 计量结算

按照"依据充分、全面准确、操作规范、及时高效"的原则，建立以单元工程为基础的工程量计算、施工、验评、签证、计量和结算的计量结算模式。依托计量结算系统，践行单元工程结算"四同时"和"合同项目完工之日即完工结算之时"的理想目标。

4. 变更管理

以"尊重合同、依法依规、实事求是、解决问题"为原则，按"事前控制、跟踪检查、动态管理"的措施开展变更管理。

2.2　组织体系

白鹤滩水电站工程在中国长江三峡集团有限公司（简称三峡集团）的统一领导下，由项目业主负责工程投资融资工作，建设管理单位受项目业主委托负责工程建设管理工作，运行管理单位受项目业主委托负责电站运行管理工作。白鹤滩水电站工程投资管理模式见图 2.2-1。

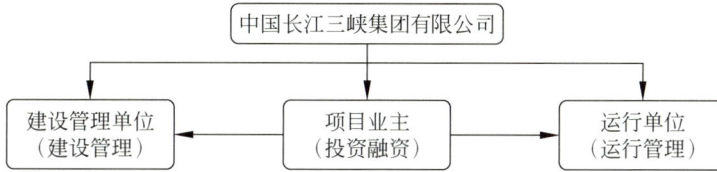

图 2.2-1　白鹤滩水电站工程投资管理模式

　　建设管理单位作为白鹤滩水电站工程建设的现场管理机构，是工程建设合同的直接管理者，在三峡集团的直接领导下，负责工程建设合同的具体管理工作。白鹤滩水电站工程合同管理体系见图 2.2-2。

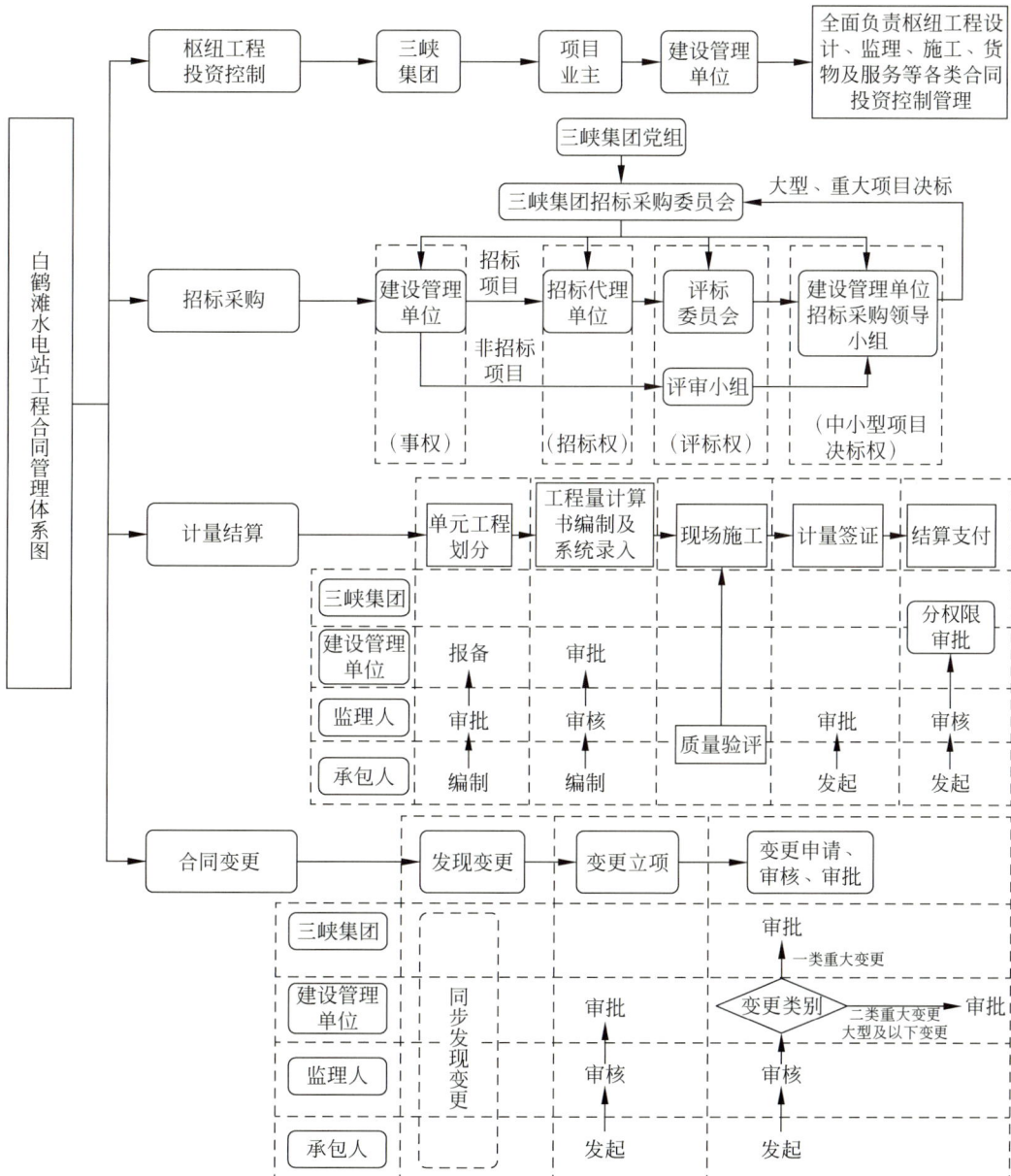

图 2.2-2　白鹤滩水电站工程合同管理体系图

2.3 制度体系

合同管理制度是合同管理体系运行的轨道和准绳，是依法合规开展项目投资控制和工程建设活动的根本遵循，规范、标准和有效的合同管理制度，有利于项目的有序开展和高效实施。白鹤滩水电站工程建立了符合大型水电工程建设管理需要的投资控制、招标采购、合同管理、计量结算及变更管理制度体系，并在执行过程中不断完善提升，白鹤滩水电站工程合同管理制度体系如图 2.3-1 所示。

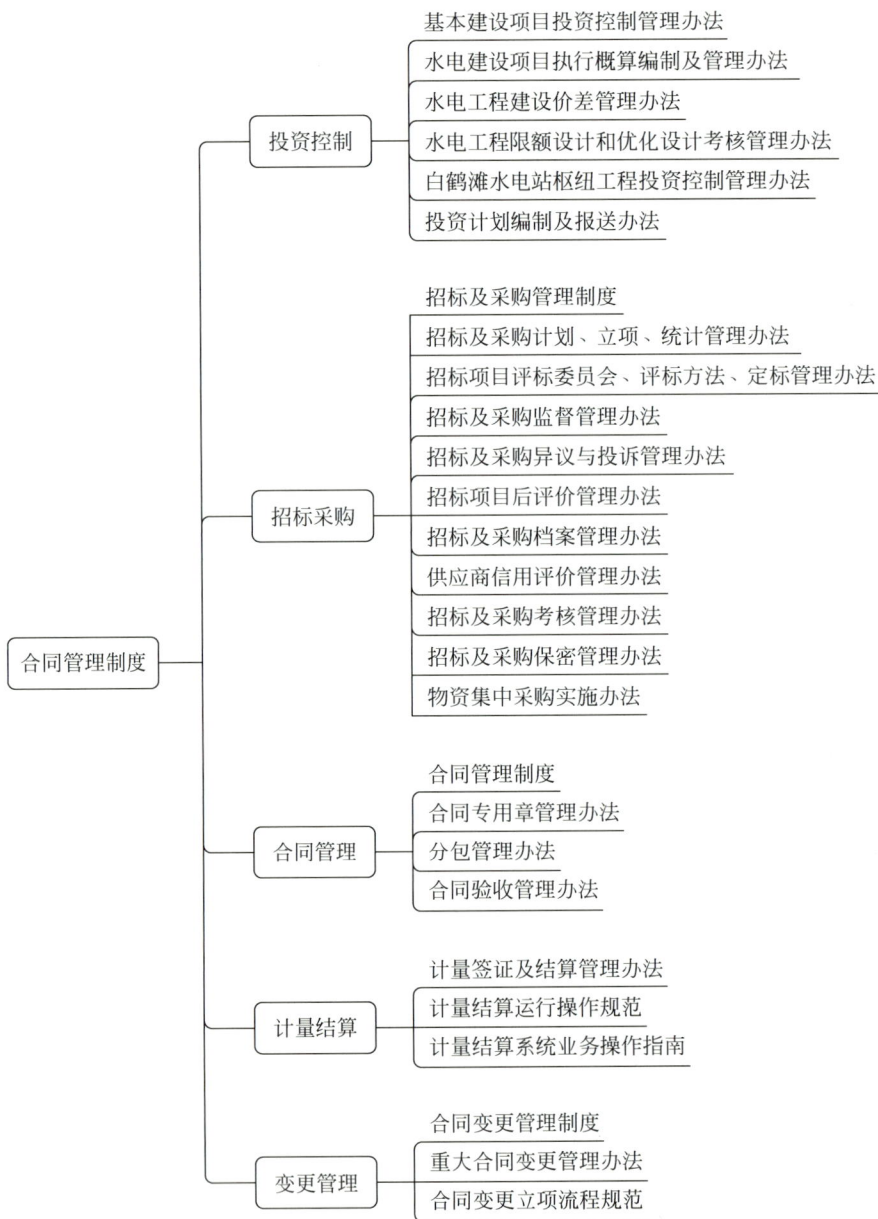

合同管理制度

投资控制
- 基本建设项目投资控制管理办法
- 水电建设项目执行概算编制及管理办法
- 水电工程建设价差管理办法
- 水电工程限额设计和优化设计考核管理办法
- 白鹤滩水电站枢纽工程投资控制管理办法
- 投资计划编制及报送办法

招标采购
- 招标及采购管理制度
- 招标及采购计划、立项、统计管理办法
- 招标项目评标委员会、评标方法、定标管理办法
- 招标及采购监督管理办法
- 招标及采购异议与投诉管理办法
- 招标项目后评价管理办法
- 招标及采购档案管理办法
- 供应商信用评价管理办法
- 招标及采购考核管理办法
- 招标及采购保密管理办法
- 物资集中采购实施办法

合同管理
- 合同管理制度
- 合同专用章管理办法
- 分包管理办法
- 合同验收管理办法

计量结算
- 计量签证及结算管理办法
- 计量结算运行操作规范
- 计量结算系统业务操作指南

变更管理
- 合同变更管理制度
- 重大合同变更管理办法
- 合同变更立项流程规范

图 2.3-1　白鹤滩水电站工程合同管理制度体系图

2.3.1　投资控制制度

为适应国家电力体制改革和电价机制的新变化，加强水电工程建设各阶段的投资控制管理，提高投资效益，三峡集团制定了基本建设项目投资控制管理办法、白鹤滩水电站枢纽工程投资控制管理办法及配套的系列管理制度，明确投资控制管理目标与原则，形成投资控制管理各阶段、各环节管理措施和具体要求。

三峡集团基建项目投资控制遵循"总额控制、计划管理、考核激励"的总要求，执行"静态控制、动态管理、合理调整、全程考核"的管理模式，具体遵循以下原则。

1. 规范标准、严控概算

建立规范、标准的投资控制管理流程，严格控制基建项目总投资不突破经审批的可研设计概算（投资估算）。

2. 科学严谨、经济适用

认真开展工程建设技术经济方案比选，在满足使用功能前提下兼顾经济性，合理确定基建项目投资。

3. 体系完备、分级管理

建立投资控制管理体系，按照重大基建项目、非重大基建项目进行分级管理。

4. 实事求是、保障工程

经济问题处理结合工程实际情况，保障工程建设。

5. 动态管理、可控在控

实行投资控制过程管理，强化年度投资计划管理、概算执行情况动态分析，及时采取纠偏措施，防范投资控制风险；推行投资控制考核和限额设计考核，实现激励约束，确保投资可控在控。

在此基础上，明确了白鹤滩水电站工程建设实施阶段实行"静态控制、动态管理、合理调整、全程考核"的投资控制管理模式。对设计单位，通过编制工程项目分标概算，明确工程项目限额设计要求，签订工程项目（枢纽工程）设计合同，建立限额设计机制，采用核准概算、分标概算、招标设计概算、施工详图工程量逐级控制管理。对建设管理单位，通过编制工程项目执行概算和业主预算，明确工程项目投资控制总目标，签订工程项目（枢纽工程）投资控制责任书，建立投资控制考核机制，采用项目核准概算、分标概算、执行概算、业主预算、工程合同逐级控制管理。对承包单位，通过招投标机制优选承包商、设备供应商和监理服务供应商，加强合同管理，控制工程投资。

2.3.2　招标采购制度

根据《中华人民共和国招标投标法》《中华人民共和国招标投标法实施条例》等国家法律法规，为依法合规、高质高效开展招标采购工作，制定了招标及采购管理系列制度，规范工程建设招标采购活动。

为高效开展工程建设管理工作，建设管理单位在电站现场成立了招标采购领导小组，负责招标采购工作的具体组织和实施，并负责中小型项目的全过程决策。白鹤滩水电站工程招标采购项目按类别和规模划分详见表 2.3-1。

表 2.3-1　招标采购项目类别　　　　　　　　　　　万元

项目类别	招标采购项目规模		
	重 大 项 目	大 型 项 目	中小型项目
工程施工	≥30 000	30 000～5 000（含）	<5 000
货物	≥10 000	10 000～2 000（含）	<2 000
服务	≥5 000	5 000～1 000（含）	<1 000

竞争性谈判、询价或单一来源等采购参照政府采购开展。属于三峡集团分子公司业务范围内的单一来源采购项目，建立内部交易制度，形成内部交易服务标准和费用标准，在保障现场服务质量的同时，简化采购程序，提升采购效率。为规范内部交易，制定了物业服务、基地服务、信息化服务、设备物资管理服务及造价咨询服务等内部交易标准制度。

2.3.3　合同管理制度

制定了合同管理制度，建立完善的合同管理流程，明晰合同类别和合同管理职责，规范合同签订、担保、履行、验收、统计及归档等合同管理工作程序，使合同管理规范化，防范与控制合同风险，保障工程建设。

1. 合同类别划分

（1）工程类，包括建筑物和构筑物的新建、改建、扩建、装修、拆除、修缮等。

（2）货物类，包括原材料、燃料、设备、产品等。

（3）服务类，包括勘察设计、监理、咨询、评估、保险、信息、科研、培训与教学、法律事务、金融服务、审计、劳务、仓储物流、物业服务、租赁、土地购买、土地征租、移民搬迁及移民补偿等。

（4）特殊情况规定，设备、设施的维修和技术改造项目属于工程类；设备、设施的日常保养、维护项目属于服务类。同一项目包含工程施工、货物及服务多种类别的，项目类别以金额占比最大的为准。购买成套成品软件项目属于货物类，根据客户特殊需求进行软件定制开发的信息软件项目属于服务类。EPC 总承包项目属于工程类项目。

2. 工程合同管理应遵循的基本原则

（1）合同签订、履行、变更、解除等，必须遵守国家有关法律、法规，分清法律责任关系，有效控制风险。

（2）预防为主、逐层把关、跟踪监督、及时调处，维护合法权益。

（3）平等互利、诚实信用、协商一致、性价比择优。

（4）建设管理单位对合同的质量、安全、工期、环境、造价负责。

（5）合同项目的统计、法律审查、财务支付、考核、审计、归档、后评价等按业务分类，矩阵化管理。

3. 规范合同签订相关要素

（1）中标通知书发出之日起 30 日内，应与中标人完成合同签订。

（2）合同签订金额 300 万元以上的工程、货物合同，签订前对方应提供履约担保（保函或现金）；服务类合同、300 万元以下的工程、货物合同，可按项目实际情况明确是否需要履约担保（保函或现金）；合同设定预付款的，必须提供等额预付款保函。

（3）合同经各方法定代表人或其委托代理人签字、加盖本单位合同专用章，并按合同约定提交合格的履约担保后生效。为提高合同签订效率，可先提交履约保证金，待履约保函开具后履行替换手续。

（4）严禁在空白合同文本上盖章，纸质合同原则上应加盖骑缝章。

2.3.4　计量结算制度

根据白鹤滩水电站工程计量方式及计量结算模式，制定了计量签证及结算管理系列办法，规范计量结算管理，确保计量结算流程清晰、职责明确、操作规范、数据准确，制定了计量结算系统操作规范和指南，从程序上、操作上和时限性等方面通俗易懂地展现计量结算系统的使用方法，便于各参建单位及时开展计量结算工作。

1. 约定计量结算的基本依据

（1）合同协议书、合同招标文件、投标文件、答疑文件、澄清文件等。

（2）设计说明书、设计技术要求、设计蓝图、设计（修改通知单）及设计交底资料。

（3）参建各方签认的技术核定单、监理工程师通知。

（4）经批准实施的变更资料和变更工程量清单。

（5）工程施工验收合格证明资料。

（6）工程量计算书及现场工程量签认资料等。

（7）国家和行业相关规范等。

2. 明确了计量结算一般性原则

（1）无任何施工依据、超出施工图纸和合同条款规定的建筑物计量范围以外的长度、面积或体积，均不予计量或计算。

（2）实物工程量的计量，应由承包人应用标准的计量设备进行称量或计算，并经监理人签认后，列入每月合同结算报表。

（3）土石方开挖以自然方计量，土石方填筑以压实方计量。

（4）钢材和钢筋的计量应按施工图纸所示的净值，以现场实际发生的工程量计量，不计入钢筋加工损耗、架设定位和钢筋搭接等附加钢筋量；钢板和型钢钢材按制成件的成型净尺寸和使用钢材规格的标准单位重量计算工程量，不计下料损耗量和施工安装等所需的附加钢材用量。施工附加量均不单独计量，包含在相应的钢筋、钢材单价中。

（5）结构面积的计算，应按施工图纸所示结构物尺寸线计算。由地质原因引起的超挖、超填按监理人指示以现场实际量测的结构物净尺寸线进行计算。

（6）结构物体积的计算，应按施工图纸所示轮廓线内的实际工程量或按监理人指示在现场量测的尺寸线进行计算。大体积混凝土中所设面积大于 $0.1m^2$、体积大于 $0.1m^3$ 的孔洞、排水管、金属件、预埋件、凹槽等工程量应予扣除，按施工图纸和监理人的指示要求对临时孔洞进行回填的工程量不得重复计量。

（7）所有以"延米"计量的结构物，除施工图纸另有规定外，应按平行于结构物位置的纵向轴线或基础方向的长度计算。

（8）计量设备管理单位负责设备的日常管理，根据合同相关约定承担设备的运行、维护、保养及修理工作。

3. 计量结算系统应用要求

（1）系统应用操作人员必须经建设管理单位培训合格后，方能持证上岗。

（2）各工程项目单元工程划分应以建设管理单位印发的《金沙江白鹤滩水电站工程项目划分手册》为准则，并与工程实际和施工方案相结合划分单元工程。

（3）工程量计算书是应用计量结算系统开展计量结算的前提，必须以设计图纸为基础及时完成编制，设计修改通知单及技术核定单是编写补充计算书的基本依据。

（4）单元工程原则上不允许中间计量，特殊情况可以进行中间计量，但每个单元最多只能进行一次中间计量，如以下工程项目的计量：

① 锚杆和喷混凝土、挂网项目可以分两次进行计量，第一次以中间计量方式办理锚杆工程量结算（必须是最终工程量），第二次在挂网喷混凝土全部完成并且通过验收评定后打印工程量签证单签证后结算。

② 竖井开挖的导井工程量、地下洞室中槽开挖工程量、边坡前沿块开挖工程量。

③ 钢筋混凝土提前安装并通过工序验收的钢筋工程量。

2.3.5 变更管理制度

为有效控制工程造价，及时完成合同变更处理，白鹤滩水电站工程制定了合同变更管理办法，约定了变更类别、变更规模、变更立项、变更申请、审核原则、审批程序和权限，明确了事前变更的管理原则。

1. 变更分类

为高效有序开展变更管理工作，白鹤滩水电站工程将合同变更项目按规模划分为重大合同变更、大型合同变更和中小型合同变更。变更类别划分详见表 2.3-2。

表 2.3-2　变更规模及类别划分　　　　　　　　　　　万元

项目类别	变更项目规模		
	重大变更	大型变更	中小型变更
工程施工	≥2 000	2 000～500（含）	<500
货物	≥1 000	1 000～500（含）	<500
服务	≥500	500～300（含）	<300

2. 变更立项

合同变更按照"先立项、后实施"的程序管理。变更立项申请由承包人在合同变更管理系统中申报，监理人对变更产生的原因、必要性、技术可行性和经济合理性（含组价原则）等提出初审意见，报建设管理单位审查后，提交合同变更结算月例会进行技术经济审查，根据会议审查意见，完成变更立项审批。

对于重大变更项目的变更立项，需编制立项申请报告并组织开展技术经济专题审查，立项报告主要内容应包括：

（1）变更基本情况。

（2）变更实施的必要性，应从质量、安全、进度、投资等角度全面论述。

（3）技术可行性，应结合变更技术方案及现场实际情况论述。

（4）经济合理性，应包括变更范围、边界条件、变更估价原则、变更总额，以及变更对合同、核准概算、业主预算投资的影响等。

（5）潜在索赔风险分析，重点针对涉及压缩工期、资源投入增加等可能引发承包人索赔的变更。

（6）其他必要情况说明。

3. 变更申报

由承包人根据实际情况和现场记录、有关签证以及合同规定等提出合同变更申请报告，合同变更申请报告中应附有以下资料：合同变更立项审批表、报价编制说明、报价书、施工组织设计或施工方案、变更依据（设计文件、会议纪要、往来函件、签证资料、施工日志、票证票据及影像资料等）、工程量计算以及其他需要提交的材料等。

4. 变更审核及审批

合同变更项目按照类别、规模分级审核审批。

（1）重大合同变更分为一类和二类合同变更。一类合同变更是指超出合同条款约定或需要新编单价的合同变更；二类合同变更是指仅工程量发生变化，未超出合同条款约定且不需要新编单价的合同变更。一类重大变更项目由监理人、建设管理单位分级审核，建设管理单位办公会集体审议后，报三峡集团审批；二类重大变更项目由监理人、建设管理单位分级审核，建设管理单位办公会集体决策后审批。

（2）大型变更项目由监理人、建设管理单位分级审核，建设管理单位办公会集体决策后审批。

（3）中小型变更项目由监理人、建设管理单位分级审核，建设管理单位主要负责人审批。

白鹤滩水电站工程建设伊始，在三峡集团管理体系框架下，传承三峡工程、溪洛渡水电站和向家坝水电站建设管理和合同管理经验，结合本工程投资规模巨大、建设周期长、施工条件复杂、技术难度高、合同数量多等特点，制定了符合本工程实际的投资控制、招标采购、合同管理、计量结算、变更管理等合同管理制度，形成了规范化、标准化、精细化、长效化的合同管理体系。实践证明，白鹤滩水电站工程合同管理体系完善、运行高效，保障了工程建设的顺利实施，为建设世界一流精品工程奠定了坚实的基础。

第 3 章 投资控制

建设项目投资控制包括投资决策阶段、设计阶段、发包阶段、施工及竣工阶段的投资控制，是以设计阶段为重点的项目建设全过程管理，在确保建设项目安全、质量和进度目标的同时，采取主动控制和纠偏措施，将建设项目投资控制在批准限额内，实现投资管理目标，从而保障建设项目取得良好的投资效益和社会效益。

随着我国电力体制改革的不断深入，电能量竞争交易已成为电力市场化改革必然之势，单位千瓦投资越低的项目越有竞争力，投资控制对项目收益和企业经营效益的影响越重要。同时，伴随人口红利消失和国家经济迈向高质量发展阶段，各建设成本构成要素价格不断上涨，加之大型水电工程建设规模大、周期长、技术难度高、施工环境复杂，不确定因素多，投资控制难度日益增大。

为有效控制工程投资，白鹤滩水电站工程准确把握投资控制关键阶段，充分发挥设计投资控制龙头作用，加强可行性研究阶段设计管理，确定最优建设方案，从源头上控制投资。项目实施阶段按照"静态控制、动态管理、合理调整、全程考核"的管理模式，从设计优化、工艺技术创新、招标采购、计量结算、审计咨询、价差管理、项目融资及考核激励等方面，制定切实可行的投资控制措施，有效开展投资控制管理。

3.1 投资控制管理模式

在传承三峡工程、溪洛渡水电站和向家坝水电站投资控制管理经验的基础上，白鹤滩水电站工程建立了"静态控制、动态管理、合理调整、全程考核"的投资控制管理模式。从可行性研究阶段开始，加强设计方案优化比选，强化设计管理，合理确定设计概算。在设计概算的基础上编制分标概算、执行概算和业主预算，以执行概算为基础，构建静控动管体系；以分标概算为基础，建立限额设计机制；以业主预算为基础，建立投资控制考核机制。

静控（静态控制）是指不突破国家核准概算中的静态投资。本书主要介绍了设计优化、工艺技术创新、招标采购、计量结算、审计咨询和保险管理等方面的静态投资控制措施。

动管（动态管理）是指对因市场、汇率和国家政策变化发生的工程价差和建设期利息进行管理。本书主要介绍了税改、价差和融资方面的动态管理措施。

合理调整是指在设计概算总量控制的前提下，根据工程实际情况通过编制执行概算和业主预算对项目静态投资进行合理调整。

全程考核是指在投资控制全过程中采取建设期总考核、年度考核、阶段性考核方式，建立激励约束机制，强化投资控制意识，检查投资控制目标实现情况。白鹤滩水电站工程投资控制考核包括项目业主对建设管理单位的考核，建设管理单位对设计、监理、施工单位的考核。

3.2　可研阶段投资控制

水电工程可行性研究（以下简称"可研"）应对项目建设的必要性、可行性、建设条件等进行论证，对项目建设方案进行全面比选，做出项目建设在技术上是否可行、经济上是否合理的科学结论。经批准的可行性研究报告是项目最终决策和招标设计的依据。根据可行性研究设计成果、国家政策和行业标准编制的设计概算，是可行性研究报告的重要组成部分，经批复后作为建设项目投资控制的最高限额，不得随意突破。水电工程实践表明，可行性研究阶段对工程投资的影响程度达到约75%[6]。因此，可行性研究阶段是确定工程投资的源头，也是水电工程控制投资的关键阶段。为从源头上控制工程投资，白鹤滩水电站工程加强可行性研究阶段设计管理工作，通过专题方案审查、技术经济咨询、开展设计监理等措施，加强设计方案优化比选，强化设计管理，有效控制工程投资。

3.2.1　设计方案优化比选

设计方案是确定工程投资的关键因素。可行性研究阶段通过设计方案的研究、论证和比选，选择技术先进、经济合理的最优方案，从源头上确定工程投资，是影响工程造价最重要的一步，能够最大限度地节约工程投资，是全面投资控制的关键。白鹤滩水电站工程在可行性研究阶段对设计成果进行全面把控，组织开展全过程技术咨询。根据技术咨询和方案审查意见，深入开展设计方案比选优化，为白鹤滩水电站工程投资的合理确定和有效控制奠定了坚实的基础。本书对白鹤滩水电站工程可行性研究阶段主要设计方案优化比选进行简要介绍。

1. 合理确定工程建设规模

工程建设规模是确定工程投资、保障建设项目取得良好投资效益和社会效益的关键因素。白鹤滩水电站工程在预备可行性研究（以下简称"预可研"）阶段研究成果的基础上，结合技术咨询和方案审查意见，可行性研究阶段通过对防洪作用、梯级效益、电站能量指标、动能经济指标、水库淹没及移民安置、地形地质条件、水文泥沙条件、工程技术条件、环境影响、上下游梯级衔接、机组运行条件、工程投资、经济财务指标等的综合比较，并考虑送电方案、电站运行方式、电价市场竞争、远景电力需求等因素，合理确定白鹤滩水电站工程正常蓄水位、装机容量等建设规模指标。白鹤滩水电站工程预可研阶段和可研阶段工程建设规模对比详见表 3.2-1。

表 3.2-1   白鹤滩水电站工程预可研阶段与可研阶段工程建设规模对比表

序号	项目名称	预可研阶段	可研阶段
1	正常蓄水位 /m	820	825
2	防洪限制水位 /m	790	785
3	死水位 /m	760	765
4	装机容量 /MW	12 000	16 000
5	枢纽工程投资	按 2006 年上半年价格水平估算，枢纽工程静态投资为 376 亿元	按 2016 年 2 季度价格水平计算，枢纽工程静态投资为 634 亿元

在建设规模确定的情况下，可行性研究阶段在坝址坝型选择、坝线选择、枢纽布置、单机容量及装机台数、主要建筑物设计过程中，通过多方案优化比选确定最优方案，达到合理降低工程造价，有效控制工程投资的目的。

2. 坝址坝型与坝线比选

1）坝址坝型比选

选坝阶段，按照坝址与坝型相结合的原则，拟定了上坝址黏土心墙堆石坝方案、中坝址混凝土双曲拱坝方案和下坝址混凝土重力拱坝方案三种坝址坝型方案。通过综合比选，最终选定中坝址混凝土双曲拱坝方案。该方案枢纽建筑物布置紧凑、高边坡范围相对较小、施工总布置余地较大、工程量最少、施工强度相对较低、施工进度安排灵活、工期最短，同时较好地解决了峡谷河段泄洪消能问题，经济指标在各方案中最好，而且混凝土坝在抵御超标准洪水、滑坡及地震涌浪等引起的漫坝能力要明显优于土石坝。

从工程投资来看，中坝址混凝土双曲拱坝方案可比上坝址黏土心墙堆石坝方案、下坝址混凝土重力拱坝方案分别低 38 亿元和 106 亿元。按社会折现率 8%、经营期 30 年计算，中坝址混凝土双曲拱坝总费用现值最低，较其他方案低 28 亿元以上。

2）坝线比选

在坝址坝型确定的基础上，在中坝址范围内选择可行的拱坝坝线，通过对每条可行坝线特点的分析，进行坝轴线优化比选，重点比选了上坝线方案和下坝线方案。经综合比选，选定的上坝线方案坝肩避开了左岸边坡强卸荷发育区，降低了工程处理难度、提高了拱坝整体安全度和左岸坝肩稳定性，从工程投资来看，可比下坝线方案低 5.07 亿元。

3. 地下厂房布置方式比选

结合地形地质条件、枢纽布置、水力条件、运行条件、施工条件、可比投资等因素，对首部、中部、尾部地下厂房布置方式进行综合比较。选定的首部布置方式，尾水隧洞与导流洞接合段长，建筑物布置紧凑、合理，运行管理方便，尾水隧洞出口围堰布置相对简单；引水隧洞混凝土衬砌段布置在防渗帷幕上游，防渗帷幕可有效降低坝基和两岸坝肩的渗透压力，提高坝肩和两岸高边坡稳定性（图 3.2-1）。从工程投资来看，首部布置方式可比中部、尾部布置方式分别节省 3.54 亿元、3.10 亿元，技术经济条件最优。

4. 泄洪洞布置方案比选

白鹤滩水电站工程具有"窄河谷、高水头、巨泄量"的特点，泄洪消能建筑物布置按

图 3.2-1　地下厂房进水口及大坝施工

照"分散泄洪、分区消能"的原则，采用坝身孔口、岸边泄洪洞联合泄洪的方案。厂房布置方式和坝身合理泄量确定后，枢纽布置的比选主要集中于岸边泄洪洞布置方案的比选。

综合国内外科研试验成果和工程实践经验，根据本工程岸边泄量的总规模（约12 000m³/s）要求，按泄洪洞单洞泄洪规模拟定了 3 个比选方案：方案 1 按 3 条常规泄洪洞布置，单洞最大泄量约 4 000m³/s；方案 2 按 4 条常规泄洪洞布置，单洞最大泄量约 3 000m³/s；方案 3 按 3 条常规泄洪洞 +1 条非常泄洪洞（导流洞改建）布置，单洞最大泄量约 3 200m³/s。经综合比选，选定的方案 1 洞线布置流畅（图 3.2-2），工程量最省，虽然单洞流量最大，但通过加大洞宽可适当减小单宽流量，提高掺气减蚀效果，降低洞身运行风险。在工程投资上，方案 1 可比方案 2、方案 3 分别节省 8 亿元和 2.9 亿元。

图 3.2-2　3 条泄洪洞同时过水泄洪试验

依据泄洪洞布置位置不同，在方案1的基础上比选了两岸泄洪洞布置方案和全左岸泄洪洞布置方案。经综合比选，选定的全左岸泄洪洞布置方案进水口布置更为灵活，开挖边坡高度也能大幅降低，施工条件相对有利，在工程投资上，可比两岸泄洪洞布置方案减少1.03亿元。

5. 机组单机容量及装机台数比选

经综合比选，白鹤滩水电站装机容量采用16 000MW、两岸布置相同机组台数，在此前提下，进行电站的单机容量及机组台数选择。从枢纽布置、设备选型、投资等方面进行了分析比较，重点对16×1 000MW和18×889MW两个方案进行比选。综合机组主要参数及制造可行性、枢纽布置、施工技术及工期、工程投资、动能经济指标等因素，并从推动我国大型水电机组和配套设备制造技术全面发展的角度考虑，选择16×1 000MW方案，即采用16台单机容量1 000MW的水轮发电机组（图3.2-3）。从工程量及投资来看，16×1 000MW方案机组数量减少，工程量相应减少，反映在工程静态总投资中，16×1 000MW方案较18×889MW方案可节省静态投资13.01亿元。

图3.2-3 地下厂房水轮发电机组

6. 主要建筑物设计方案比选及优化

1）大坝工程

（1）大坝建基面与体型优化

优化拱坝建基面，在地质条件、应力变形满足的前提条件下尽可能减少大坝基础开挖量和大坝混凝土方量。对混凝土拱坝体形进行多方案优化比选，在满足设计基本条件的基础上，尽量减少混凝土方量，降低水泥用量。

（2）坝身孔口布置方案比选

在确定坝身最大泄洪流量时，需确定坝身孔口布置方案。经分析比较，坝身孔口主要有两种典型的布置方式，即二层孔口（表孔+深孔）和三层孔口（表孔+中控+深孔）布置。从泄洪水力条件、闸门设计运行安全及检修条件、施工度汛等方面进行综合比较，选定二层孔口（表孔＋深孔）布置方案（图 3.2-4），该方案金属结构设备工程量较三层孔口方案（表孔＋中控＋深孔）减少 2 351t。

图 3.2-4　施工中的大坝主体

（3）坝身泄洪深孔进口段闸门布置形式比选

白鹤滩水电站工程深孔水头高，坝身泄洪深孔事故检修闸门门槽存在空蚀风险，为保证运行安全，对坝身深孔进口段的闸门布置拟定了两道闸门方案和三道闸门方案。两道闸门方案即进口布置一道事故检修闸门，出口设置工作闸门。三道闸门方案即进口段设置两道闸门（检修闸门＋事故闸门），出口设置工作闸门。

经比选，两道闸门方案可大幅降低门槽空蚀风险，保证事故门槽和深孔运行的安全，节省大量工程量的同时又使进口段结构简化，有利于拱坝安全。

2）输水系统地下洞室方案比选与优化

（1）尾水调压室形状选择

白鹤滩水电站工程无论是单个调压室尺寸，还是调压室群规模，在国内外已建或在建类似工程中均是最大的。调压室区域地质条件复杂、地应力高，层间（内）错动带及柱状节理玄武岩在巨型调压室穹顶发育，穹顶围岩稳定设计难度在地下洞室设计中是空前的。地下式尾水调压室常见的形状为长廊形、圆筒形和椭圆形。根据各形状特点，可行性研究阶段重点对长廊形和圆筒形尾水调压室方案进行比选。经综合比较，选定的圆筒形方案在围岩稳定方面具有较明显的优势，通过系统支护和加强支护工程措施，能满足尾水调压室的整体和局部稳定性要求。在工程投资上，圆筒形方案可比长廊形方案节省 3.6 亿元。

（2）尾水调压室水力型式比选

常见的调压室水力型式有简单式、阻抗式、水室式和差动式等。根据不同水力型式的特点和适用条件，尾水调压室水力型式选择阻抗式和简单式两个方案进行比选。经综合比较，简单式在水力条件、围岩稳定条件、施工条件、工程投资等各方面均不如阻抗式，因此选择阻抗式作为尾水调压室水力型式（图 3.2-5）。在工程投资上，阻抗式方案可比简单式方案节省 0.64 亿元。

图 3.2-5　圆筒形阻抗式尾水调压室

（3）左岸尾水隧洞结合导流洞数量比选

考虑到尾水隧洞与导流洞结合的数量对施工条件和结合段岔洞的围岩稳定有较大的影响，可行性研究阶段对左岸尾水隧洞结合导流洞数量进行了比较论证。根据枢纽布置深化研究成果，白鹤滩水电站工程共布置 5 条导流洞，其中左岸布置 3 条，右岸布置 2 条。参考类似工程经验，每岸结合 2 条导流洞是可行的，因此结合数量的比较重点针对左岸开展，拟定了两个比较方案：①两洞结合方案，即左岸靠山内侧的 2 条导流洞改建成尾水隧洞；②三洞结合方案，即左岸全部 3 条导流洞均改建成尾水隧洞。

经综合比较，选定的三洞结合方案能充分利用左岸导流洞进行后期改建，减小尾水出口边坡规模、缩短新建隧洞长度，枢纽布置条件总体较优（图 3.2-6）。从工程投资看，三洞方案可比两洞结合方案节省 1.66 亿元。

图 3.2-6　导流洞进水口布置

两岸尾水隧洞结合导流洞总长占尾水隧洞总长的 27%，尾水隧洞结合导流洞的布置形式可使近 2km 长的导流洞实现一洞两用，显著减少尾水系统地下洞室群和隧洞出口明挖工程规模，合理利用临时工程，最大限度实现永临结合，节省工程投资。

（4）优化尾水洞检修闸门室布置形式

左、右岸尾水出口自然边坡较为陡峻，尾水出口检修闸门室若采用洞外布置，明挖规模较大，存在一定工程风险。可行性研究阶段推荐尾水出口检修闸门室采用洞内布置，有效减小明挖规模，降低施工和运行期的安全风险，提高工期目标实现的保证率，同时降低工程造价。

3）水垫塘布置形式比较

为选择适宜的断面形式，结合河道的地形、地质条件和水垫塘的水动力特征，可行性研究阶段开展了平底板和反拱底板水垫塘的比选。经综合比较，选定的反拱底板水垫塘更有利于长期安全运行。反拱底板锚固工程量大为减少，有利于降低工程造价。

4）导流洞条数比选

白鹤滩水电站工程导流隧洞条数多、断面大，如何合理确定导流隧洞的条数和洞径规模，将直接影响导流工程投资。根据地形条件、结合枢纽布置，经初步分析，导流隧洞条数以不超过 6 条为宜，可行性研究阶段重点对 5 条和 6 条导流隧洞方案进行比选。经综合比较，选定 5 条导流洞方案。考虑尾水工程投资（包括专用尾水洞），5 条导流隧洞方案可比 6 条导流隧洞方案节省 1.77 亿元。

5）500kV 开关站布置方案

根据地形条件及枢纽布置情况，500kV 开关站选用气体绝缘开关（Gas Insulated Switchgear，GIS）方案，布置在地下厂房内，地面仅布置出线场。GIS 设备运行安全可靠、维护工作量小、布置面积省，适合枢纽布置，有利于电站安全稳定可靠运行，并可减少施工征地面积，节约土地资源，有利于降低工程造价。

7. 充分利用尾水水头深化研究

白鹤滩及下游溪洛渡水库均承担长江防洪任务，汛期需降低水位预留较大的防洪库容，故白鹤滩尾水区与溪洛渡回水区存在落差。根据现场勘察，白鹤滩电站下游约 10km 范围具备进行河道整治的地形地质条件。因此，在现有梯级规划的基础上，白鹤滩水电站有进一步提高发电水头的潜力。可行性研究阶段对充分利用尾水水头增加发电效益进行了深入研究，首先根据河道特点对下游 10km 河道进行了分区研究，综合考虑各因素后，对河道整治方案 1（第一段河道清理、第二段及第三段河道整治，第四段河道局部整治）和方案 2（第一段河道清理、第二段及第三段河道整治，第四段河道不整治）进行了比选。

经综合比较，确定方案 2 作为下游河道的治理方案，方案 2 可比工程投资较方案 1 节省 2.83 亿元。通过尾水水头利用技术研究，采取适当工程措施，充分利用水头，可使白鹤滩水电站加权平均水头增加 3.17m，每年增加发电量 10.28 亿 kW·h，能够显著提高白鹤滩水电站经济效益和社会效益。

3.2.2　合理编制设计概算

经批复的设计概算是建设项目投资控制的最高限额，不得随意突破。合理编制设计概算，完整、客观地体现工程造价水平，对于建设项目投资控制至关重要。白鹤滩水电站工程设计概算编制的价格水平按 2016 年 2 季度建筑业营业税改征增值税后价税分离的计价方式编制。由于项目核准时筹建期工程已基本完成，编制期已完工的场内外交通工程、供水供电工程等专项概算投资按实际完工工程量和实施期的综合价格水平编制，建设管理单位对已招标但未实施完成的或者主材供应方式已确定的项目进行了全面梳理，为合理确定主材价格及已实施完成项目的投资提供了有力支撑。

此外，白鹤滩水电站工程是当今世界在建规模最大、单机容量最大、技术难度最高的水电工程，现行概预算体系不能完全覆盖白鹤滩水电站工程采用的新工艺、新技术、新设备。为客观分析白鹤滩水电站工程造价、合理确定工程投资、有利于国家主管部门和项目业主投资决策及投资控制，可行性研究阶段对大型机械设备费用、大坝混凝土浇筑费用、人工骨料加工费用、大坝温控费用、大型临时设施费用、主要机电设备费用和人工价格指数等进行了专题研究。专题研究成果作为设计概算的重要组成部分，应用到概算编制中极大地提高了设计概算编制水平。

1. 大型机械台时费专题研究

现行《水电工程施工机械台时费定额》（2004 年版）施工机械设备价格主要为 2003 年价格水平，同时对于白鹤滩水电站工程使用的部分特殊工艺型号的缆机、砂石料加工等施工机械未完全覆盖。为合理确定设计概算的机械费水平，需对价格变化大和定额未覆盖的施工机械台时费进行调查、复核。

通过调研溪洛渡、向家坝、小湾等大型水电工程使用的大型施工机械设备，收集国内外施工机械设备制造厂商的最新价格信息，对投资占比较大的石方开挖、混凝土浇筑等大型施工机械、特殊施工机械市场价格进行复核，对定额未覆盖的设备价格进行调查，将调查、复核的机械设备价格与定额机械设备价格进行对比分析，对价格变化大或定额未覆盖的施工机械设备，按定额规则计算补充台时费。

2. 大坝混凝土浇筑价格专题研究

白鹤滩水电站工程大坝混凝土的浇筑强度、难度均为国内少见。现行《水电建筑工程概算定额》（2007 年版）不能完全反映白鹤滩水电站工程高拱坝、高强度、大仓面等特大型工程特点。为了合理客观反映大坝工程造价，对大坝工程混凝土浇筑价格进行研究。

根据大坝混凝土浇筑的施工方法和特点，对混凝土拌制、水平运输、垂直运输、立模、仓面浇筑等五项主要工序分别进行研究。对于采用常规施工方法的工序，如拌制与仓面浇筑，根据已有定额计算；对于定额中未涵盖的施工工艺，如跨距 1 180m 的 30t 缆机水平及垂直运输，通过对缆机运行效率分析后补充相应定额计算；对混凝土立模系数，结合大坝混凝土浇筑仿真计算成果进行计算；以上五个工序按定额仓面划分原则划分的五档仓面面积加权计算后，得出大坝混凝土浇筑综合定额和价格。

3. 人工骨料价格专题研究

人工骨料单价作为重要的基础单价之一，对工程投资具有较大的影响。现行《水电建筑工程概算定额》（2007 年版）砂石备料工程定额适用于大中型水电工程，未分岩石种类及特性，按不同加工工序的控制性加工机械的产量进行分档列示定额。白鹤滩水电站工程大坝采用灰岩骨料、其他部位采用玄武岩，砂石系统规模大，采用了现行水电工程台时费定额未计列的先进加工设备。为了合理确定人工骨料单价，需根据施工组织设计对人工骨料单价进行分析研究。

通过收集白鹤滩水电站工程骨料加工生产性试验资料以及溪洛渡、向家坝、锦屏一级等大中型水电站砂石骨料加工系统主要设备配置、岩石性能条件下的实际生产效率、投标报价等资料，并根据白鹤滩水电站工程人工骨料加工系统的布置、设计流程、处理能力、设备选型等方案及参数，补充加工系统各流程单价系数及各工序加工定额。根据《水电建筑工程概算定额》（2007 年版）及补充定额对人工骨料单价进行分析研究，合理确定白鹤滩水电站人工骨料价格。

4. 大坝温控费用专题研究

为了保证大坝混凝土质量，从混凝土原材料、半成品、拌和、运输、浇筑、冷却、养护等混凝土浇筑全过程和整个施工期都要求进行严格的温控，温控费用在大坝投资中占比较大。现行的《水电工程设计概算编制规定》（2013 年版）及配套定额未对温控费用提出具体的计算方法，需按设计温控方案计算温控费用。

施工组织设计提出的温控方案主要包括降低混凝土水化热、控制浇筑温度、人工冷却、人造小气候、混凝土养护、表面保护、分层分块等措施。通过分解各种温控措施费用构成，分析确定温控措施计算范围及方法，计算温控措施费用，并按混凝土浇筑总量，将温控费用摊入每方混凝土单价。

5. 大型临时设施费用专题研究

根据白鹤滩水电站特大型工程施工及管理特点，施工通风、大型施工机械安拆、施工区封闭管理、交通设施维护、房建及公共设施维护等措施工程量大、费用高。现行《水电工程设计概算编制规定》（2013 年版）对以上措施费用只是简要说明，未对计算方法作出具体规定，执行时可根据工程特点对费用大的项目单独列项。为了合理确定该部分工程造价，有效控制工程投资，需要对以上措施费用进行专题研究。在调研在建类似工程实际发生的工程措施、管理措施及相关费用的基础上，按白鹤滩水电站工程施工组织设计，分析计算各项措施费用。

6. 主要机电设备费及运杂费专题研究

水轮机、发电机、主变压器等主要机电设备费用占总投资的比例较高，在概算编制时应合理确定主要机电设备的费用。同时，依托白鹤滩水电站工程，开展百万机组主要机电设备费的研究，可掌握大型、特大型水电站主要机电设备的价格水平。

白鹤滩水电站工程主要机电设备按国内生产制造考虑。对于概算编制期尚未确定型号的各主要机电设备，通过调研目前已建或在建的类似大型工程，如溪洛渡、向家坝、锦屏、小湾等，收集主要机电设备重量及价格（包括设备合同价、各生产厂家投标报价），以及向生产厂家询价等方式，获取现有设备价格，并测算白鹤滩水电站工程主要机电设备价格。同时，结合白鹤滩水电站工程实际，对铁路公路联运、水路陆路联运等运输方式进行研究，合理确定运杂费。

3.2.3 开展设计监理

设计监理是工程建设管理的组成部分，通过对勘察设计质量、进度以及工程投资等进行全面、系统、专业的控制和管理，确保设计单位提交的勘察设计成果符合法律法规、规程规范及工程建设强制性标准，技术经济指标合理，满足勘察设计合同要求。

为保证勘察设计工作及成果质量，有效控制工程风险及投资，在传统的设计管理模式基础上，白鹤滩水电站工程在枢纽工程可行性研究阶段引入设计监理机制，协助项目业主对勘察设计成果开展监督控制、咨询优化、审查评估等工作。设计监理工作以勘察设计质量控制为核心，以重大技术问题控制为重点，采用全过程参与、分阶段审核及必要的复核验证等工作方式，分时段、分专业实施。

白鹤滩水电站工程规模巨大、技术复杂，在可行性研究阶段引入设计监理机制，对提高设计质量和深度、保障勘察设计进度起到了积极作用。结合设计监理意见，设计单位完善了坝线选择、枢纽布置选择、建筑物深化设计等设计成果。白鹤滩水电站工程设计监理工作取得了良好成效。

3.3 项目实施阶段投资控制

项目实施阶段是建设管理单位投资控制的重要环节，白鹤滩水电站工程高度重视项目实施阶段的投资控制，按照"静态控制、动态管理、合理调整、全程考核"的投资控制管理模式，从设计优化、工艺技术创新、招标采购、计量结算、审计咨询、价差管理、项目融资及考核激励等方面开展项目实施阶段的投资控制管理工作。

3.3.1 限额设计与优化设计

招标设计和施工图设计是工程投资控制的重要环节，强化设计管控是白鹤滩水电站工程投资控制精细化管理的重要措施。

1.限额设计

限额设计是水电工程投资控制的有效手段，是设计管理工作的重要组成部分。为发挥设计投资控制龙头作用，白鹤滩水电站在枢纽工程招标和施工详图设计阶段，全面推行限额设计，提高勘察设计质量、节约工程投资。设计单位对枢纽工程设计工程量承担控制责任，招标设计工程量原则上不高于分标概算工程量，施工详图（含设计变更通知、设计核发的技术核定单）工程量原则上不高于招标设计工程量。

2.优化设计

在可行性研究阶段设计方案优化的基础上，项目实施阶段结合工程现场实际，持续开展动态优化设计。在不降低工程功能和保证工程安全的前提下，白鹤滩水电站工程在设计合同中设定工程投资节约和工程效益增加的优化设计奖励，激励设计单位对招标设计、施工图设计方案进行优化，达到节约工程投资和增加工程效益的目的。项目实施阶段白鹤滩水电站工程主要开展了以下优化设计。

1）导流隧洞工程

施工详图阶段，根据现场开挖揭露的洞室围岩条件，在保证施工安全和工程质量的前提下，对导流洞系统支护进行了优化调整，减少支护工程量，最大限度地节约了工程投资。

2）左右岸坝肩开挖支护工程

白鹤滩水电站工程坝肩边坡开挖支护工程量大。在施工过程中，按照动态跟踪、动态设计、及时调整的原则，根据现场开挖揭露的地质条件及时进行设计复核，开展开挖支护优化设计，在保证边坡稳定及后期运行安全的前提下，降低工程投资。

（1）根据实际地质情况优化现场锚索及相关系统支护。在坝肩边坡开挖后，根据实际地质情况，优化锚索及相关系统支护布置，用最优的支护参数保证边坡的安全稳定。

（2）优化取消左岸 F17 断层置换井。根据左岸坝基 F17 断层和错动带开挖揭露的实际地质性状，结合坝基错动带剪切变形处理方案，通过专题研究和计算分析，取消 F17 断层置换井，减小井挖对建基面岩体的影响，减少了处理工程量，降低了井挖施工的安全风险。

（3）优化取消右岸 F18 断层截渗井和深部处理洞。右岸坝基帷幕洞、排水洞与右岸抗力体排水洞开挖揭露的 F18 断层性状好于预期。按照对坝肩岩体和防渗帷幕影响最小的原则，取消了右岸坝肩 F18 断层截渗井和深部处理洞，在防渗帷幕部位强化灌浆处理，优化了断层处理方案，降低了爆破损伤和松弛对坝肩岩体的不利影响，减少了处理工程量，降低了井挖施工的安全风险（图 3.3-1）。

图 3.3-1　左右岸坝肩支护施工

3）大坝工程

施工详图设计阶段，大坝工程开展了大量的深入研究和优化设计工作，在保障工程安全和质量的前提下，降低了工程造价，节约了工程投资。

（1）坝体廊道结构优化

廊道是大坝温控防裂的重点部位。在可研设计的基础上，施工图阶段对坝体廊道布置方案进行了全面梳理，在满足运行与施工要求的原则下，对坝体廊道进行设计优化，取消部分坝趾排水廊道及相应的交通廊道，简化廊道布置，降低裂缝风险，节约工程投资。

（2）大坝扩大基础结构优化

可研与招标阶段，以白鹤滩水电站工程坝基为扩大基础，采用台阶型布置，较为复杂。施工详图阶段对此进行优化设计，扩大基础采用新型多心圆结构，将大坝体型与下游扩大基础通过多次圆的方式相交，改善局部应力集中，降低了施工难度，有利于大坝混凝土连续浇筑施工，节省了扩大基础混凝土工程量。

（3）深孔钢衬优化

施工详图阶段进行了大量模型试验和深化研究，进一步掌握了大坝深孔进口流速分布及出口流态，优化深孔钢衬布置范围，钢衬工程量减少 2 200t。

4）水垫塘工程

（1）水垫塘基础锚固优化。根据坝身泄水孔优化后的水垫塘压力分布情况，施工详图阶段对水垫塘基础分区锚固进行优化设计。水垫塘基础开挖后，右岸边墙基础岩石条件整体较完整，经地质和设计专业人员综合研判，将可行性研究阶段边坡系统锚索调整为沿构造带发育位置布置随机锚索，减少了锚索工程量，加快了施工进度。

（2）水垫塘和二道坝结构缝优化。为适应谷幅变形，施工详图阶段对水垫塘及二道坝结构构造进行研究，在水垫塘左岸高程 606m、593.12m 和右岸高程 606m 处设置 3 条宽度2cm 的弹性结构缝，二道坝横缝均改为宽度 2cm 的弹性结构缝，提高了水垫塘、二道坝适应谷幅变形的能力，减少后期运维费用。

（3）水垫塘反拱底板浇筑方式优化。可行性研究阶段水垫塘反拱底板分两层浇筑，为提高水垫塘运行的结构稳定性，施工详图阶段在充分研究现有施工工艺的基础上，将水垫塘反拱底板浇筑方式由分层浇筑调整为一次性浇筑，有效降低了水垫塘失稳破坏的风险，缩短了施工工期。

（4）二道坝下游右岸混凝土护坡体型优化（图 3.3-2）。二道坝下游右岸边坡高程634m 以下覆盖层较厚，可行性研究阶段护坡及回填混凝土工程量大。覆盖层清理完成后，根据现场实际地形地质条件，将护坡及回填混凝土结构形式调整为贴坡布置，降低护坡混凝土厚度，减少混凝土 6 万 m^3、钢筋 670t。

5）地下厂房工程

（1）主副厂房和主变洞顶拱支护设计优化。可行性研究阶段主副厂房和主变洞顶拱采用中空注浆锚杆系统支护，施工图设计阶段通过调研和现场试验对比，将中空注浆锚杆调整为工艺成熟、造价更低的普通锚杆，节约了工程投资。

（2）优化取消进水塔清污耙斗槽。经调研国内大型水电站，通过现场研究，在保证原有功能的基础上，实施阶段优化取消进水塔清污耙斗槽，并对拦污栅墩结构布置进行相应调整，减少混凝土 4 800m³、钢筋 127t、预埋钢板 1 521t 和锚筋 242t。

（3）右岸截渗洞优化。原设计在右岸厂区 C4、C5 层间错动带布置截渗洞，层间错动带平均坡度大，施工难度及安全风险高。根据开挖揭露的地质条件，通过分析比较并结合

图 3.3-2　施工中的大坝、水垫塘及二道坝

错动带灌浆试验成果，优化取消了层间错动带靠山侧部分的截渗洞，采用帷幕灌浆补强的方式截渗，减少石方开挖量 6 200m³、混凝土 6 200m³、钢筋 178t。

（4）优化取消右岸厂房两条置换洞。可行性研究阶段为减小错动带对厂房边墙围岩稳定的影响，根据探洞揭露的层间错动带性状，在厂房上下游侧平行厂房轴线方向，沿 C3 层间错动带布置 1#、2# 钢筋混凝土置换洞。施工图设计阶段，根据实际开挖揭露的 C3 层间错动带性状，结合数值分析成果，优化取消 1#、2# 置换洞，调整为系统喷锚支护的方式进行加固，减少石方开挖 2.8 万 m³、混凝土 2.8 万 m³、钢筋 2 000t、锚杆 7 000 根。

（5）尾水调压室衬砌排水管网布置优化。尾水调压室规模巨大，井身部位具有发育层间错动带、柱状节理等不利地质构造，为了降低检修期及水位骤降工况下尾水调压室衬砌外部水压力，确保衬砌结构安全，可行性研究阶段在井身段调压室衬砌与围岩之间设置纵横交错的排水盲管组成排水管网，并与调压室外侧厂区排水廊道相连。施工图设计阶段考虑排水管网方案复杂，存在被围岩固结灌浆堵塞的可能，且调压室衬砌外部渗水通过管网引入厂房集水井，对厂房的安全运行存在一定风险。经论证，在保证衬砌结构安全的前提下，优化取消了调压室衬砌排水管网，缩短了施工工期，降低了施工难度，节约了工程投资。

（6）尾水隧洞柱状节理洞段衬砌厚度优化。右岸尾水隧洞 $P_2\beta_3^2$、$P_2\beta_3^3$ 层柱状节理洞段总长 2.3km，原设计柱状节理洞段衬砌厚度 1.5m。施工图设计阶段为统一开挖断面，在保证安全的前提下，衬砌厚度优化为 1.1m，与其他洞段衬砌厚度保持一致，减少衬砌混凝土 7 万 m³（图 3.3-3）。

6）泄洪洞工程

（1）泄洪洞出口 11# 堆积体治理优化。可行性研究阶段 11# 堆积体采用局部开挖放坡、抗滑桩、植草框格梁和随机喷锚的治理方案。施工详图阶段对 11# 堆积体地质条件进一步研究，将治理方案调整为挖除堆积体，取消抗滑桩、框格梁，对局部边坡较陡部位设置随机锚索和喷锚支护。方案优化后大大减少了支护工程量，降低了 11# 堆积体治理的施工安全风险。

图 3.3-3   开挖支护中的地下厂房

（2）泄洪洞底板锚筋设计优化。施工详图阶段对泄洪洞底板基岩进行了地质跟踪分析，基岩完整性好于预期，底板受水压力影响作用减弱。经过抗浮计算复核，在满足底板抗浮安全的前提下，减少锚筋支护工程量，加快施工进度。

（3）泄洪消能影响区防护优化。为了避免右岸泄洪消能区边坡垮塌，原设计在未出露基岩位置采用防淘桩的形式进行防护，共布置 70 根防淘桩，平均桩长 15m。该方案施工周期长、造价高。通过泄洪洞泄洪试验水流流态分析，发现泄洪水流落点水位较深，对右岸消能区边坡坡脚淘刷作用不明显，因此将防淘桩调整为齿墙。齿墙采用旱地开挖基础后进行混凝土浇筑，施工简单、效率高、成本低。

7）下游河道治理工程

为提高电站发电效益，施工阶段通过模型试验与反馈分析，结合枯水期梯级电站联合调度，安全高效组织下游河道治理施工，有效降低尾水水位，达到了一次治理、电站永久受益的效果。

（1）优化取消左岸下游河道开挖治理。为解决河床宽度问题，原设计要求对左岸下游河道进行治理。左岸下游河道治理范围为直立边坡，上部为场内永久施工道路，下部为主河床，无积渣平台，开挖将造成石渣下江，且无有效手段清理，势必涌高发电尾水水位。通过对右岸泄洪消能区不同开挖方案的模型试验对比，发现右岸消能区河床拓宽后，左岸下游河道无明显阻水现象，故优化取消左岸下游河道开挖治理，避免了涌高发电尾水水位，减少石方开挖工程量 20 万 m³。

（2）优化下游河道治理方案（图 3.3-4）。可行性研究阶段下游河道治理方案开挖总方量 176 万 m³，其中水下开挖 153 万 m³，采用抓斗式挖泥船水下开挖、驳船转运的方式，工程投资 5.6 亿元。该方案费用高，且当河道流速大于 3m/s 时，挖泥船不能稳定运行，难以保证开挖效果，施工安全风险大。为了确保治理效果，在保证梯级电站发电效益的前提下，充分利用枯水期和蓄水期等低水位窗口期，随水位下降采用常规的旱地开挖方式，并充分利用导流洞下闸封堵、蓄水发电、机组检修等时机，通过综合调度降低溪洛渡水位和白鹤滩下泄量，为大规模快速开挖创造条件。通过优化河道治理方案，实现集中规模化施工，提高施工效率，节约工程投资 4 亿元。

图 3.3-4　下游河道治理施工

8）机电设备工程

（1）可行性研究阶段左右岸主厂房各布置 2 台 1 300t 桥机和 1 台 160t 桥机，3 台桥机分别采用单独的滑触线，左右岸各设置一根 2 400t 平衡梁，1 300t 桥机试验用试块单独配置（图 3.3-5）。招标设计阶段，根据工程实际对上述方案进行了优化，采用 2 台 1 300t 桥机和 1 台 160t 桥机共用滑触线，全厂共用一根 2 400t 平衡梁，桥机试块与坝顶和进水口门机试块共用的方案，同时，桥机试块利用业主仓库储备的现有试块，避免重复采购。

（2）可行性研究阶段每段 GIL 出线竖井设置一台 20t 高扬程桥机和 1 台 2.5t 高扬程电动葫芦。招标设计阶段通过优化设计，每段竖井顶部设置 1 台 5t 桥机，并取消了电动葫芦，缩小了桥机布置所需要的空间，减少了土建及机电工程费用。

（3）可行性研究阶段左右岸主回路离相封闭母线设计参数为 24kV，28kA。招标阶段考虑到接至主变压器低压侧三角形连接回路的离相封闭母线额定电流为主回路的 $1/\sqrt{3}$，即 16.2kA，通过设计优化，将主变压器低压侧三角形连接回路的离相封闭母线设计参数调整为 16.2kA。

（4）大坝 1#、5# 导流底孔启闭设备利用前期已有退库的启闭机设备，降低了工程造价。

除此之外，根据工程实际，在可行性研究设计基础上，对机电设备相关参数、数量进行了优化，节约了工程投资，如可行性研究阶段 GIL 管道母线总长 20 000m，招标阶段对 GIL 管道母线走向布置进行优化设计（图 3.3-6），总长减少 3 000m；根据机组设备厂家设计成果，调速器主配压阀直径由可行性研究阶段的 250mm 优化为 200mm；根据实际采购的机组具体情况及机组性能试验需要，将可行性研究阶段左右岸厂房各装设 8 套超声波测流装置优化为各装设 2 套；等等。

图 3.3-5　百万千瓦机组转轮吊装

图 3.3-6　GIL 室形象

9）安全监测工程

根据现场实际开挖地质条件和支护情况，对安全监测项目开展优化设计，有效节约了工程投资，减少了运行期监测费用。

（1）泄洪洞主要监测断面数量由可行性研究阶段的 11 个优化为 9 个，左岸压力管道主要监测断面数量由可行性研究阶段的 15 个优化为 11 个。

（2）左岸进水口上游侧边坡锚杆及锚索监测断面数量由可行性研究阶段的 5 个优化为
3 个。

（3）左岸尾水管检修闸门室锚杆应力计由可行性研究阶段的 4 点式和 3 点式优化为以
2 点式为主，同时锚索测力计数量与可行性研究阶段相比减少了 75%。

（4）左岸尾水出口（含尾水洞检修闸门室）和右岸进水口锚杆及锚索监测数量与可行
性研究阶段相比，分别减少了 47% 和 94%。

（5）右岸边坡内部变形和支护锚杆及锚索监测数量分别减少了 38% 和 48%。

3.3.2　工艺与技术创新

1. 全坝段使用低热水泥

在前期中热水泥混凝土温控研究的基础上，白鹤滩水电站工程开展大坝低热水泥混凝
土温控研究，首次在 300 米级特高拱坝全坝使用低热水泥混凝土，形成了一整套低热水泥
混凝土温控防裂技术，建成了无缝大坝。根据低热水泥混凝土温控特点，现场对低热水泥
混凝土温控措施进行动态优化，包括入仓温度、冷却水管布置、最高温度、接缝灌浆同冷
区设置等，减少温控措施费用和运行费用。

2. 大坝智能建造信息管理平台应用

白鹤滩水电站工程大坝智能建造信息管理平台 iDam2.0 构建了混凝土浇筑、智能通水、
安全监测等 22 个子系统和大数据分析、预报警、智能查询等 6 个业务模块，搭建了大型
水电站大坝工程施工全过程信息感知体系，实现对工程建设全过程的基础数据、环境数
据、过程数据和监测数据的全面感知，并通过集成技术标准与规范、施工过程关键技术指
标、材料信息、测量信息、质量验评等信息，形成基于最小单元的信息模型（图 3.3-7）。

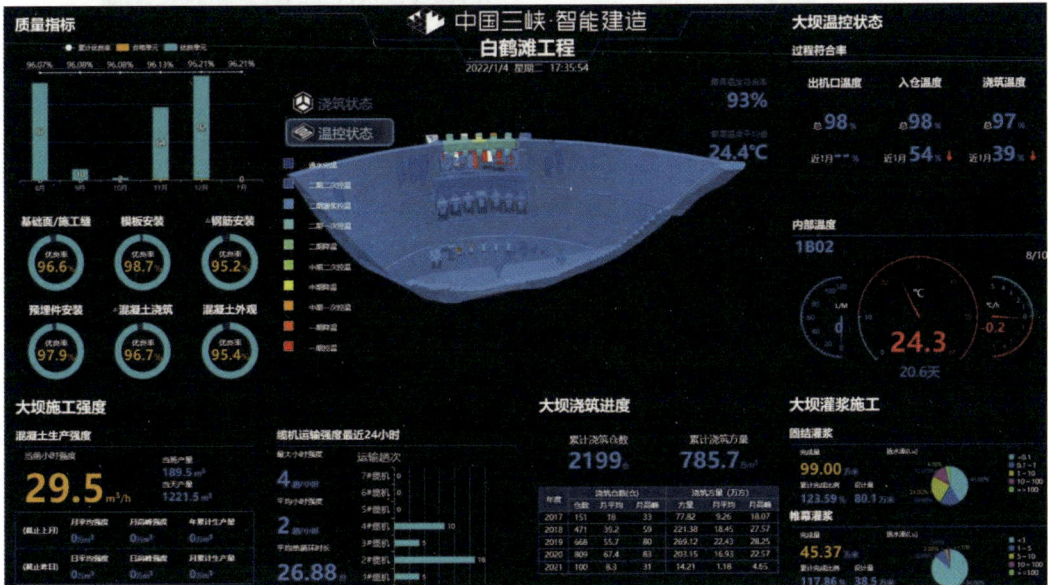

图 3.3-7　白鹤滩水电站智能建造信息管理平台

该模型展现了工程初始设计状态、建设过程动态发展状态和建成后的竣工状态，可以满足施工过程进度－质量－安全状态监控、进度仿真与结构数值分析、监测物理场拟合以及建设期4D模拟与形象展示等应用需求，反映了数字工程向实体工程的转变过程，形成包含工程质量、安全、进度等信息在内的数据资产。

智能建造信息管理平台已在白鹤滩水电站大坝工程建设全生命周期多专业进行应用，如支撑试验检测、混凝土生产—运输—浇筑、温度控制、基岩灌浆、帷幕灌浆、工艺培训、质量验评、质量巡检及合同结算等工程建设管理工作，为保障建设世界一流精品工程发挥了重要作用，实现了工程建设智能化管控，提升了工程建设管控水平，建成了精品工程，推动了我国大型水电工程建设管控技术进步，在行业内起到了引领示范作用，具有显著的社会效益和经济效益。

3. 大坝智能温控技术应用

白鹤滩水电站工程采取闭环梯度控温策略，开发了成套通水冷却智能温控系统（图3.3-8），形成了一套完整的大坝智能温控技术，实现了大坝混凝土温度的精准调控，温控与设计的整体符合率达98%以上。智能温控技术的应用，保障了大坝混凝土浇筑质量，避免了混凝土温度裂缝处理等因素导致的工期延误，对确保大坝按期浇筑完成、电站按期投产发电具有重要意义，同时注重"永临结合"，将施工期温度监测设备转为永久监测设备，取得了良好的经济效益。

图 3.3-8 智能温控系统

4. 智能灌浆系统应用

白鹤滩水电站工程研发了灌浆工艺智能控制系统、智能灌浆单元机、灌浆感知和控制设备、智能灌浆管理云平台，形成了一套完整的智能灌浆系统，实现了灌浆工程"全自动化、智能化"。该系统的应用减少了灌浆人员，提高了生产工效，降低了浆液损耗，保证了灌浆质量，实现了精准计量，综合效益显著。

5. 高拱坝复杂坝基开挖保护与处理关键技术应用

白鹤滩水电站坝高 289m，在国内外首次采用了柱状节理玄武岩作为特高拱坝基础，柱状节理玄武岩开挖松弛和层内错动带剪切变形控制及坝基开挖保护是工程建设的关键技术难题。白鹤滩水电站工程创新性地采取了双保护层分区分级开挖、复合散能爆破、深层快速锚固、预留盖重灌浆等施工工艺，开发了数字边坡 iSlope 管理平台，形成了一套完整的高拱坝复杂坝基开挖保护与处理技术，较好地解决了利用柱状节理玄武岩作为特高拱坝坝基岩体的世界难题，保障了岩体稳定、结构安全和施工安全，提高了施工效率，经济效益显著。

6. 高陡边坡快速开挖与支护技术应用

白鹤滩水电站工程大坝边坡最大高差达 600m，综合坡度 56°，工作面长且狭窄，最长 960m，最窄处仅 10m，开挖区上下游方向均有冲沟、断层，开挖施工道路布置极为困难。现场研究并应用了快速开挖与支护技术，通过多通道布置，采用高线出渣、中低线集渣的出渣方案，并根据开挖揭露的地质条件，采用快速支护、一期支护（系统支护）、二期支护（锚索支护）的分阶段分级支护方案，解决了特高陡边坡、高地应力等复杂条件下的快速开挖与支护施工技术难题，保证了施工期边坡的整体稳定，工期由原计划 26 个月缩短至 14.5 个月，大大提高了施工效率，节约了建设成本。

7. 泄洪洞高流速抗冲耐磨混凝土关键技术应用

白鹤滩水电站泄洪洞工程全过流面高流速抗冲耐磨混凝土采用低热水泥、常态混凝土浇筑；实施过程中研制了适用于大坡度、大断面、复杂体型的泄洪洞衬砌混凝土一体化施工新型装备，保证全过流面常态混凝土浇筑和体型精准控制；创新性地形成了衬砌混凝土零缺陷施工工艺，解决了混凝土施工质量顽疾，形成了一套完整的高流速抗冲耐磨混凝土施工技术，真正实现了全过流面常态混凝土浇筑目标，混凝土外观质量良好，呈镜面效果（图 3.3-9）。

通过优化高流速抗冲耐磨混凝土配合比，节省了胶凝材料，节约了材料费和温控费；新型施工装备极大地提升了机械化水平、降低了劳动强度，节约了人工成本；创新施工工艺减少了施工缝盖缝处理，过流面混凝土免修补，节约了裂缝处理费用；在避免混凝土冲蚀破坏的同时，提高了泄洪建筑物运行期安全，取得了良好的经济效益。

8. 巨型地下厂房洞室群岩石力学关键问题及防控技术应用

白鹤滩水电站工程地下厂房洞室群规模大，地质条件复杂（地应力高、层间层内错动带及柱状节理玄武岩发育），洞室跨度大、边墙高，为世界上已建水电工程中跨度最大的地下厂房，洞室群围岩稳定的控制难度位居水电工程前列。为解决大跨度、高边墙地下洞室群的围岩稳定问题，白鹤滩水电站工程开展了地下厂房洞室群岩石力学关键问题及防控

图 3.3-9 泄洪洞混凝土浇筑完成形象

技术研究，通过模拟洞试验及现场试验，获得适合本工程岩体特点的本构模型，确定了适合本工程的动态开挖支护方案，结合精细化的施工及管理，解决了玄武岩岩石力学关键问题及防控技术难题，实现了复杂地质条件下建造巨型地下洞室群的技术创新，确保了地下洞室群的工程安全，避免了反复补强支护，节约了建设成本，保障了关键线路工期，取得显著的综合效益。

9. 门槽一次性成型关键技术应用

白鹤滩水电站大坝布置 6 个导流底孔的封堵闸门和 7 个泄洪深孔的工作闸门，均为平板闸门。传统门槽施工分两期进行，白鹤滩水电站工程研制了安装于门槽内的多功能液压爬升云车和可快速安拆的定制化平板门槽混凝土模板，形成了一套完整的平板门槽一次成型施工技术。该技术的应用实现导流底孔、泄洪深孔门槽与大坝同步施工，简化了门槽施工工序，加快了施工进度，减少了钢筋工程量。

10. 30t 缆机国产化应用

国内巨型水电工程建设用缆机制造单位少，国外制造商长期占据主要市场份额。三峡集团联合国内缆机制造单位，持续推动缆机技术的国产化和自主化。白鹤滩水电站工程全面使用国产化缆机（图 3.3-10），其性能稳定可靠，满足高强度使用要求，电站共布置了 7 台 30t 国产缆机，每台国产缆机价格比同类型进口缆机低约 2 800 万元，总投资节约 2 亿元。

图 3.3-10　大坝混凝土浇筑用缆机

3.3.3　招标采购与成本控制

白鹤滩水电站工程充分应用招标采购竞争机制,优质优价采购,降低工程建设成本。招标前期,科学编制分标规划,合理确定标段规模,增加投标竞争程度。招标阶段合理编制招标控制价,防止恶性投标引起的投资控制风险。大宗建设物资(如水泥、粉煤灰、钢材、油料、电缆等)由业主统一采购、统一管理,通过建立规模化、专业化的集中采购机制,提高采购效率,降低采购成本。通过招标采购竞争机制、集中采购等成本控制措施,白鹤滩水电站主要工程招标采购工作取得了良好成效。

3.3.4　计量结算与事前变更

1. 计量结算

白鹤滩水电站工程建立了以单元工程为控制基准的精细化计量结算模式,依托计量结算系统,高效准确开展计量结算工作,确保工程支付与实体工程的精准匹配,实现了工程进度、质量与成本的统一管理,有效控制了工程投资。

2. 事前变更

白鹤滩水电站工程提出并践行“事前变更”的管理理念,实行“先立项、后实施”的管理模式,制定事前控制、跟踪检查、动态管理的管控措施,主动识别变更,事前商定变更处理原则,依托变更管理系统,主动掌控变更,提高变更管理工作效率,实现变更与工程建设同步，保障了工程建设资金的及时支付，避免了预算、结算等投资控制风险。

3. 控制成效

通过精细化的计量结算和事前变更管理，2016—2022 年白鹤滩水电站枢纽工程施工高峰期，年度计划投资与实际完成投资高度一致，基本实现了工程结算与工程建设同步的目标，实现了对投资的有效控制，提高了资金使用效率。2015—2022 年枢纽工程年度计划投资与实际投资对比见图 3.3-11。

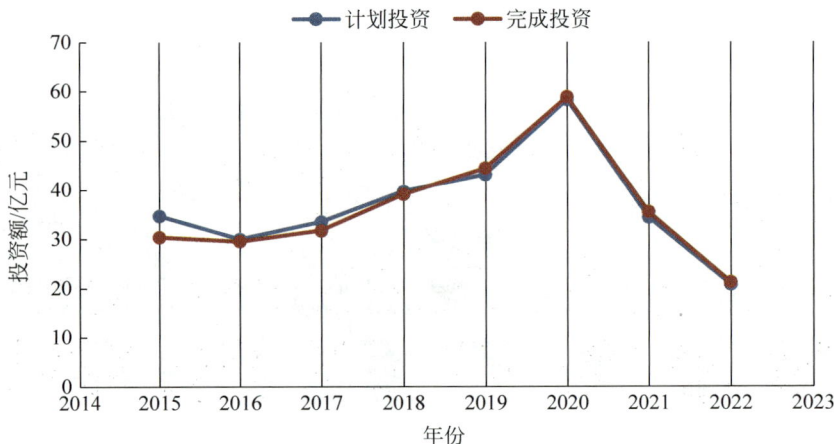

图 3.3-11　枢纽工程年度计划投资与实际投资对比图

3.3.5　经济咨询与内部审计

为进一步加强内控管理，防范工程投资控制风险，白鹤滩水电站工程充分发挥第三方专业机构的技术力量，开展经济咨询和内部审计工作，应用咨询和审计成果，强化计量结算管理，更好地控制工程投资。

3.3.6　加强工程保险管理

工程保险是投资风险管理的重要手段，白鹤滩水电站工程为加强投资风险控制，由业主对建筑安装工程一切险、业主施工设备综合险和雇主责任险统一投保，并要求承包人按合同约定对其责任范围内的风险进行投保，实现工程保险全覆盖，有效分散和转移工程风险。

3.3.7　落实税改政策

2016 年 3 月，财政部、国家税务总局发布了《关于全面推开营业税改征增值税试点的通知》（财税〔2016〕36 号）（以下简称"财税〔2016〕36 号文"），明确自 2016 年 5 月 1 日起，在全国范围内全面推开"营改增"试点，建筑业、房地产业、金融业、生活服务业等全部营业税纳税人，纳入试点范围，由缴纳营业税改为缴纳增值税。"增值税"以商品（含应税劳务）在流转过程中产生的增值额作为计税依据而征收的一种流转税，属于价外税。"营改增"是国务院完善税收制度，实现结构性减税，推进产业结构调整，促进国民经济快速、健康发展的一项重要改革举措。全面"营改增"政策的实施对水电企业生产经营乃至水电行业发展产生了深远影响。

1.增值税不同计税模式下的纳税方案

增值税分为一般计税和简易计税两种计税方法，二者在适用范围、税率、是否抵扣等方面有明显区别。根据财税〔2016〕36号文相关规定，一般纳税人为建筑工程老项目或甲供工程提供建筑服务的，可以选择简易计税方法。

"甲供材"是目前水电行业较为通行的材料管理方式，是基于确保建筑材料品质的考虑而由建设方提供主要原材料的供材模式。对于水电工程枢纽部分，营业税下建筑业营业额包括工程所用原材料、设备及其他物资和动力价款在内，即甲供材的价款计入营业额。增值税下，根据计税方式和供材模式的不同，纳税方案存在差异，具体如表 3.3-1 所示。

表 3.3-1　增值税不同计税方式下的建安工程纳税方案分析

序号	方 案		建筑安装工程计税方式	主要材料计税方式	说 明
1	营业税阶段		税前含税投资 ×（1＋3.41%）	主要材料原值 ×17%×（1＋3.41%）	"营改增"前材料增值税税率17%
2	增值税阶段	非甲供材模式 简易计税方式	税前含税投资 ×（1＋3%×1.1）	主要材料原值 ×13%×（1＋3%×1.1）	不考虑甲供材，建筑安装工程按简易计税办法计税
3		非甲供材模式 一般计税方式	税前不含税投资 ×（1＋9%）	主要材料原值 ×9%	不考虑甲供材，承包人自行采购材料的税率13%
4		甲供材模式 简易计税方式	非甲供部分税前含税投资 ×（1＋3%×1.1）＋甲供材投资	甲供材原值 ×13%	采用甲供材零价供应模式，非甲供部分按简易计税办法
5		甲供材模式 一般计税方式	非甲供部分不含税投资 ×（1＋9%）＋甲供材投资	甲供材原值 ×13%	采用甲供材零价供应模式，非甲供部分按一般计税办法

2.主要合同税改方案

1）优化合同处理方式

根据财税〔2016〕36号文"一般纳税人发生应税行为适用一般计税方法计税，一般纳税人发生财政部和国家税务总局规定的特定应税行为，可以选择适用简易计税方法计税，但一经选择，36 个月内不得变更"的规定，"营改增"后白鹤滩水电站工程新签合同采用"甲供工程＋一般计税"模式（表 3.3-1 中第 5 种计税方案），存量合同采用"甲供工程＋简易计税"模式（表 3.3-1 中第 4 种计税方案）。存量合同按照简易计税方法缴纳增值税，承包人除劳务分包外的进项税额不能进行抵扣，具体处理方式如下：

"营改增"前白鹤滩水电站工程建设项目主材采用甲供模式，建安工程合同单价中甲供材按照指定价格列入合同单价，计取营业税，并纳入承包人产值，甲供材价款在承包人合同价款结算时扣除。

因存量合同甲供材在"营改增"之前已计入合同单价，"营改增"后，在甲供材价款扣除阶段，需扣回结算价款中的甲供材金额（包括甲供材指定价和3.41%的营业税额），并扣回结算款项中增值税与营业税税差，且甲供材不计入承包人产值。

2）砂石系统与混凝土系统"营改增"方案

（1）大坝砂石加工系统税改方案

大坝砂石加工系统原合同为营业税计税模式，"营改增"后按业务性质拆分为建筑服务、砂石料委托加工和砂石料运输三部分。建安工程部分按照简易计税方法计税；砂石料加工部分，由于旱谷地料场矿产权属于项目业主，承包人仅受托进行加工，属于委托加工劳务，按照劳务一般计税方法计税；砂石料运输部分，属于交通运输服务，按照运输一般计税方法计税。

（2）大坝混凝土系统税改方案

左岸大坝建安工程施工合同包含了大坝混凝土生产系统建设、运行等工作，使用业主提供的材料生产混凝土，原合同为营业税计税模式，"营改增"后该合同承包人自用混凝土的生产属于建筑服务，适用简易计税方法计税，计税基础为不含"甲供材"的合同金额；该合同供给其他承包人使用的混凝土，属于委托加工劳务，按照劳务一般计税方法计税。

（3）其他人工骨料及混凝土系统税改方案

白鹤滩水电站工程其他砂石及混凝土系统利用洞挖弃渣加工砂石料，并用业主提供的其他材料生产混凝土。"营改增"后按业务性质拆分成建筑服务、砂石料购销和混凝土委托加工三部分。建筑服务按简易计税方法计税；砂石料系统按购销业务处理，按简易计税方法计税；混凝土生产系统按委托加工业务处理，按照一般计税方法计税。

上述各系统原合同按业务性质进行拆分，并签订补充协议，采取一般计税方法的，由业主承担实际税负。

3."营改增"效益

"营改增"税制改革将建筑产品中的重复纳税进行了核减、优化，降低了企业的税赋负担，是国家给予企业的减负行为。

1）全面落实"营改增"政策，保障工程建设平稳进行

"营改增"政策实施后，白鹤滩水电站工程深刻理解、准确把握"营改增"政策，结合工程现场生产管理实际，制定实施了全面、可行的"营改增"方案，确保了"营改增"政策在白鹤滩水电站工程迅速落地生根，保证了工程建设的顺利进行。

2）方案筹划得当，税改红利显著

"营改增"政策实施后，按照选定的"甲供工程＋简易计税"模式，以及砂石系统和混凝土系统税改方案，白鹤滩水电站工程税改红利可观，主要体现在三个方面：一是国家税收政策调整带来的效益，即"营改增"前不能抵扣的建安工程不动产部分营业税，转为"营改增"后可以抵扣的增值税；二是甲供模式下因甲供材料不计入承包商合同产值，避免重复计税；三是材料供应方式由有偿调拨改为无偿领用，最大限度节约了材料进项税。

3.3.8 规范价差管理

白鹤滩水电站工程价差管理包括概算价差管理和合同价差管理两部分。为有效管理动态投资，合理确定物价波动和国家政策调整引起的工程动态投资变化，规范工程建设合同

价差结算工作，白鹤滩水电站工程建立了科学合理、公正公平的工程价差测算、结算机制。

1. 概算价差管理

概算价差是指工程建设过程中，由于物价波动和国家政策调整引起的工程投资与概算投资的价差，包括建筑工程价差、安装工程价差、设备工程价差、独立费用价差以及国家政策规定必须缴纳的税费差。本书主要介绍物价波动引起的概算价差计算。

1）建筑工程价差计算

建筑工程价差以当年完成的概算静态投资额为基价，按分类工程采用以下公式计算：

$$P_n = P_0 \left(\sum_{i=1}^{m} b_i K_i - 1 \right) \tag{3-1}$$

式中：P_n——某分类工程项目第 n 年建筑工程价差；

P_0——某分类工程项目第 n 年以概算价格计算的静态投资完成额；

b_i——调价因子权数，为各调价因子投资占该分类工程静态投资的比例；

K_i——人工、电力、水泥、钢筋、粉煤灰、柴油、炸药、其他材料、施工机械费、其他直接费、间接费、企业利润、税金等第 n 年的价格指数。

按式（3-1）分别计算出各分类工程的价差，汇总建筑工程价差额。

2）安装工程价差计算

安装工程价差以当年完成的概算静态投资额为基价，按分类工程采用以下公式计算：

$$P_n = P_0 \left(\sum_{i=1}^{m} b_i K_i - 1 \right) \tag{3-2}$$

式中：P_n——某分类工程项目第 n 年安装工程价差；

P_0——某分类工程项目第 n 年以概算价格计算的静态投资完成额；

b_i——调价因子权数，为各调价因子投资占该分类工程静态投资的比例；

K_i——人工、电力、钢材、电焊条、油漆、汽油、氧气、其他材料、施工机械费、其他直接费、间接费、企业利润、税金等第 n 年价格指数。

按式（3-2）分别计算出各分类工程的价差，汇总安装工程价差额。

3）设备工程价差

设备工程价差以当年完成的概算静态投资额为基价，包括专用设备和通用设备两部分。

（1）专用设备

$$P_n = P_c - P_0 \tag{3-3}$$

式中：P_n——专用设备第 n 年价差；

P_c——专用设备第 n 年合同结算价；

P_0——专用设备概算价格。

（2）通用设备

$$P_n = P_0 (K_n - 1) \tag{3-4}$$

式中：P_n——通用设备第 n 年价差；

P_0——通用设备第 n 年以概算价格计算的静态投资完成额；

K_n——通用设备第 n 年价格指数。

按式（3-3）和式（3-4）分别计算出专用设备和通用设备的价差，求和即得到设备工程价差额。

4）独立费用

独立费用价差包括项目建设管理费、生产准备费、科研勘察设计费及其他费用的价差，以当年完成的概算静态投资额为基数，根据不同费用项目性质，采用下列公式计算：

$$P_n = P_0 (K_n - 1) \tag{3-5}$$

式中：P_n——费用项目第 n 年价差；

P_0——费用项目第 n 年以概算价格计算的静态投资完成额；

K_n——费用项目第 n 年价格指数。

按式（3-5）分别计算出各费用项目的价差，求和即得到独立费用价差额。

2. 合同价差管理

合同价差管理是指根据合同确定的调价因子及权数，以及价格指数、价差计算原则，计算年度价格指数和价差，并按合同约定办理价差结算。可调整价差的合同项目包括：工期在两年以上的主体建筑安装工程和工期较长、投资规模较大的其他建筑安装工程；采购量较大且供货期一年以上的主要材料采购项目；服务期限较长的技术服务项目。

1）价差结算范围

建筑安装工程施工合同价差结算范围为工程量清单中的单价承包项目，对于工程量清单中的固定总价承包项目，合同实施过程中发生的索赔、赶工补偿和奖励等费用不结算价差。其他类型的合同价差结算范围根据合同约定执行。

2）调价因子及权数

建筑安装工程施工合同调价因子包括人工费（含机上人工）、承包人自购材料、承包人自带的施工机械使用费（包括折旧费和修理费）、其他费用（包括其他直接费和间接费）。其他类型的合同根据合同价款构成、合同周期确定调价因子。

招投标阶段，根据合同条件测算合同各分类工程调价因子权数，并在招标文件中规定调价因子权数的上下限值，如某建筑安装工程招标文件对各分类工程调价因子及权数范围进行了约定，详见表3.3-2。投标人根据报价情况自行填报调价因子权数，并作为招标项目商务评价的因素之一。最终以招标人认可的调价因子权数作为合同调价权数。

表 3.3-2　分类工程调价因子权数表　　　　　　　　　　　　%

工程类别	调价因子及权数范围			
	人 工 费	材 料 费	机械使用费	其 他 费 用
土石方工程（明挖）	22.10～26.65	24.30～27.68	15.98～18.19	11.51～13.11
石方工程（洞挖）	28.45～34.31	23.36～26.61	6.28～7.15	12.82～14.60
混凝土工程	11.26～13.58	12.78～14.56	5.13～5.84	9.23～10.52
钢筋制安工程	12.86～15.51	2.71～3.09	0.41～0.46	6.39～7.28
锚杆、锚索工程	25.35～30.57	22.82～25.98	4.19～4.78	11.79～13.43
灌浆工程	29.44～35.51	20.92～23.82	7.02～8.00	9.98～11.37
机电设备安装工程	17.24～20.79	44.61～50.81	0.74～0.84	16.38～18.66
闸门及启闭机安装工程	30.12～36.32	11.57～13.17	8.52～9.71	26.71～30.42
其他工程	11.82～14.25	11.58～13.19	1.85～2.11	10.79～12.29

3）价格指数计算

价格指数为投资完成年度的价格水平与基期价格水平的比值，价格水平的选取参照政府部门或造价信息机构发布的信息价、市场询价等确定。价格基期一般为合同投标截止日当月。价格指数一般委托专业咨询机构测算，经专家审查后发布。

4）合同价差计算

（1）建筑安装工程施工合同价差：

$$Q=P\left[\left(1-\sum_{i=1} b_i\right)\times 1+\sum_{i=1} b_i K_i-1\right]\times(1+C_e)\qquad(3\text{-}6)$$

式中：Q——建筑安装工程可结算的价差；

　　　P——合同规定可调价项目年度价款结算额；

　　　b_i——合同规定调价因子权数；

　　　K_i——合同规定调价因子价格指数；

　　　C_e——合同税率。

（2）其他类型的合同价差：

$$Q=P(K-1)\qquad(3\text{-}7)$$

式中：Q——合同可结算的价差；

　　　P——合同规定可调价项目年度价款结算额；

　　　K——合同规定调价因子价格指数。

承包人根据发布的价格指数，按合同约定申报价差费用，经监理单位审核、建设管理单位批准后结算。建筑安装工程施工合同价差结算一般以年度为周期，水泥采购合同价差结算一般以半年为周期，钢材采购合同价差结算一般以月度为周期，合同价差不计利息。

3. 人工费专项补差

对于枢纽工程主体建筑安装工程施工合同，在合同实施过程中，如合同人工费结算价差采用的价格指数与国家统计局发布的相关价格指数连续出现大幅差异，影响工程建设时，可考虑人工费专项补差。白鹤滩水电站建设规模大、周期长，建设过程中受建筑行业劳动力供需矛盾和全国范围人工工资逐年上涨等因素影响，现场实际用工价格出现大幅上涨，上涨幅度远超合同约定的人工费价格指数，为保障工程建设有序推进，白鹤滩水电站工程实施了人工费专项补差。

1）专项补差原则

（1）遵守合同。专项补差是对合同执行过程中客观情况变化超出预期实施的一种附加补偿，其基础应以合同相关约定为准，采用合同约定的调价基期和人工费权数。

（2）风险共担。对于超出合同约定的人工费上涨风险，应由发包人与承包人共同承担。

（3）实事求是。既考虑川、滇两省范围内普遍的价格变化情况，又考虑白鹤滩水电站实际情况和所在区域的特殊性。

（4）工效折减。人工价格上涨和人工工效提升存在关联关系，专项补差应考虑劳动效率提高因素，折减部分工效提高产生的效益。

（5）投资控制。由于人工费影响因素复杂，采用不同的方法和参数，结果差异较大，在考虑合理性的前提下，补差额度原则上应控制在相应的投资控制管理目标范围内。

2）专项补差方法

经对人工费影响因素与变化趋势的分析，人工费专项补差采用与实际用工价格变化趋势、幅度基本一致的全国城镇单位在岗职工平均货币工资指数，考虑工效提高因素，并扣减按合同结算的人工费价差。专项补差计算公式如下：

$$Q_j = \sum P_{ji} b_i \times \left[(K_j - 1) \times (1 - nd) - (m_j - 1) \right] \tag{3-8}$$

式中：Q_j——j 年度人工费专项补差额度；

P_{ji}——各合同 j 年度投资完成额中 i 分类工程投资；

b_i——i 分类工程合同人工费权数；

K_j——j 年度人工费专项补差指数，国家统计局发布的全国城镇单位在岗职工平均货币工资指数；

n——工效提高率，采用经测算的工效提高率；

d——工效折减系数，即在人工工资提高的情况下，折减一部分因工效提高产生的效益；

m_j——j 年度合同约定的人工费价格指数。

人工费专项补差分年度计算，按合同变更或补充协议的方式处理。通过人工费专项补差，白鹤滩水电站工程有效解决了人工费大幅上涨对工程建设造成的不利影响，化解了工程建设过程中的重大风险，为安全准点发电目标的实现提供了有力保障。

3.3.9　建设项目融资

大型水电工程资金需求规模巨大，能否足额、及时筹集到工程所需资金是工程建设目标能否顺利实现的关键所在。同时，融资费用不仅是工程建设总投资的重要组成部分，也是电力生产成本的主要构成要素。因此，科学合理的融资方式，对保障工程建设、降低工程投资、提高工程效益具有重要意义。

1. 融资策略

白鹤滩水电站项目业主负责电站建设的融资工作。项目建设资本金为核准概算总投资的20%，由项目业主出资，资本金以外的建设资金由项目业主通过项目融资或股东担保融资等方式自行解决。为确保融资工作科学合理、及时有效，在白鹤滩水电站工程筹建之初，根据市场和政策环境，对项目融资方案和财务能力进行了认真的分析和评估，充分考虑大型水电工程融资特点和融资环境，提出"保证稳定可靠的资金来源、保持合理的资本负债结构、尽可能降低融资成本、控制项目财务风险"的融资目标和"长期资金与短期资金相结合，以长期资金为主；债权融资与股权融资相结合，以债权融资为主"的融资原则，并根据这一目标和原则制定了总体融资方案。

2. 多渠道融资

在项目建设之初，根据宏观经济环境，三峡集团把握资本市场规律和电站资金需求的特点，对白鹤滩水电站资金的融资方案和财务能力进行了认真的分析和评估，在保持自身合理的资产负债结构和债务风险可控的状态下，利用自身融资的规模优势和资产优势，通过发行债券、自有盈余、统借统还等多种方式筹集到较低成本资金，再以委托贷款的方式向项目业主发放。如三峡集团发行绿色可交换公司债券 200 亿元，票面利率 0.5%，创公募可交换债票面利率新低，属国内首单和最大规模绿色可交换债券，募集资金主要用于电站建设。

同时，项目业主充分考虑电站建设资金需求总量大、年度资金需求分布存在差异等特点，科学合理编制融资计划，采用长期资金为主和短期资金为辅相结合的融资方式。除依靠三峡集团内源融资外，积极同外部商业银行合作，充分利用集团信誉，获取低成本贷款资金，主要贷款融资成本控制在内源融资成本以内，贷款资金全部用于工程建设，增强了电站建设资金来源的灵活性，为电站建设提供了充足的资金保障。

在国家宏观政策的稳定支持下，白鹤滩电站工程采取了有效的融资策略和措施，融资费用控制成效明显，相比核准概算，实际融资费用大幅降低。

3.3.10　投资控制风险分析

投资控制风险分析是水电工程投资动态管理的一项重要措施。白鹤滩水电站工程投资控制风险分析以审定的执行概算或业主预算为基准，根据工程建设实际情况，通过对已实施项目实际完成投资的统计、未实施项目投资的合理预测，汇总形成工程预测总投资，并将工程预测总投资与执行概算或业主预算进行对比，分析投资超支或节余情况、产生原因和潜在的风险因素，并提出纠偏或风险应对措施。

项目业主依托白鹤滩工程管理系统（BHTPMS），按年度组织开展投资控制风险分析工作，并形成投资控制风险分析报告，通过对投资的统计、预测和分析，客观反映投资执行情况、揭示投资控制中存在的潜在风险，及时采取纠偏措施，为投资控制管理提供有力支撑。

3.3.11　全程考核

投资控制考核是实现投资控制目标的一项重要管理措施。为实现投资控制目标，结合工程实际，白鹤滩水电站工程建立了覆盖建设管理单位、设计单位、监理单位和施工单位的全方位、全过程考核体系。

1. 对建设管理单位的考核

白鹤滩水电站工程以业主预算为基础，对建设管理单位实行建设期投资总考核、年度投资考核与阶段性投资考核相结合的全程考核机制。考核范围包括核准概算枢纽工程投资，以及与之匹配的独立费用、基本预备费、价差预备费、建设期利息。考核实行节余奖励，超支处罚的原则。

2. 对设计单位的考核

为加强投资控制管理，提高勘察设计质量，白鹤滩水电站工程在枢纽工程招标和施工详图阶段勘察设计合同中建立了限额设计考核、优化设计奖励和设计工作考核三类考核机制。限额设计考核实行建设期总体考核和考核单元年度累计考核相结合的考核方式，考核以分标概算静态投资为基准，根据投资节余或超支情况进行奖励或处罚。优化设计奖励以工程投资节约额或增加的工程效益为基数，按比例计提奖励金额。设计工作考核内容包括廉政建设、组织机构及人力资源配置、现场服务、设计工作计划及产品提交、设计工作质量等七方面。设计工作考核包括季度考核和年度考核。

3. 对监理单位的考核

为提高监理人员的积极性，充分发挥监理作用，更好地开展投资控制管理工作，白鹤滩水电站工程建立了监理单位考核机制。监理单位考核内容包括监理合同考核、监理业务考核、监理效果考核三方面。监理单位考核按"季度考核、季度兑现"的方式进行。

4. 对施工单位的考核

为加强工程安全、质量和进度管理，促进实现投资控制目标，白鹤滩水电站工程在主体建安工程施工合同中设置了综合考核、首稳百日考核等考核措施，明确了考核目的、原则和费用标准。综合考核主要对质量、安全文明施工、进度、综合管理等进行考核，其中质量、进度、安全文明施工按月度考核，综合管理按季度考核。首稳百日考核主要对机电工程发电单元完成 72 小时试运行后能否连续安全稳定运行 100 天进行考核。

3.4 投资控制成效

白鹤滩水电站工程把握投资控制关键环节，充分发挥设计投资控制龙头作用，加强可行性研究阶段设计管理，通过技术咨询、方案审查，加强设计方案比选优化，确定最优工程建设方案；开展新工艺、新技术、新设备等费用专题研究，合理编制设计概算；开展设计监理，强化勘察设计管理。可行性研究阶段合理确定了白鹤滩水电站枢纽工程投资控制目标，为后续投资控制工作奠定了坚实基础。

项目实施阶段按照"静态控制、动态管理、合理调整、全程考核"的管理模式，从设计优化、工艺技术创新、招标采购、计量结算、审计咨询、价差管理、考核激励等方面，对工程投资控制进行精细化管理，枢纽工程投资控制效果良好，有力保障了工程建设质量、安全和进度目标。

第4章　招标采购

招标采购是依据批准的招标采购计划和立项，向法人或者其他组织发出邀约，邀请其参加投标报价，按照规定的程序和标准进行评审和决策，并与确定的中标人（成交供应商）签订合同等一系列行为的总称。白鹤滩水电站工程高度重视招标采购工作，通过构建招标采购管理体系、健全组织机构、制定规章制度、运用信息化技术等，强化招标采购计划、立项、招标、评标、决标的全过程管理，推动招标采购工作依法合规高效开展。白鹤滩水电站工程通过公开招标、邀请招标、竞争性谈判、询价、单一来源采购等方式，先后签订枢纽工程施工、货物、服务等各类合同2 000余项，为白鹤滩水电站工程安全准点投产发电提供了有力支撑和保障。

4.1　招标采购模式

根据《中华人民共和国招标投标法》《中华人民共和国招标投标法实施条例》等国家法律法规和三峡集团招标采购规章制度，结合工程管理实际，白鹤滩水电站工程招标采购活动实行"集中领导、分级管理"，即在三峡集团党组的领导下，由三峡集团招标采购委员会统一组织协调，建设管理单位招标采购领导小组组织实施，遵循公开、公平、公正和诚实信用原则，实行"事权、招标权、评标权、决标权"相对分立的机制，建设管理单位、招标采购代理机构、评标委员会（评审小组）和决策机构各负其责[7]。

4.1.1　招标采购项目分类

根据标的物属性，白鹤滩水电站工程招标采购项目按类别划分为工程施工、货物、服务三类。根据招标采购计划或招标采购立项金额，招标采购项目分为重大项目、大型项目和中小型项目，详见表4.1-1。

表 4.1-1　白鹤滩水电站工程招标采购类别和规模划分表

项目类别	标的范围	项目规模 / 万元		
		重大项目	大型项目	中小型项目
工程施工	1. 为形成、保持或改进工程实体和功能而开展的建设工作，包括各类建设工程及其附属设施和与其配套的线路、管道、设备等新建（安装）、改建（改造）、扩建（扩容）、拆除、修缮（检修），以及随工程附带的货物和服务等； 2. 设备、设施的维修和技术改造项目	≥30 000	30 000～5 000（含）	<5 000
货物	1. 组成工程实体所需的物资或单独发挥功能的机械设备等，包括采购的专用设备及配件、通用设备及配件、材料及制品及辅助物资等，随货物附带的现场检验检测，成套设备安装调试、售后服务等内容； 2. 设备、设施的日常保养、维护项目； 3. 购买成套成品软件	≥10 000	10 000～2 000（含）	<2 000
服务	1. 运用工程技术、科学技术、经济管理和法律法规等多学科的知识和经验，为工程建设项目决策和管理提供的智力、金融、保险、劳务、保障、物流、租赁等服务； 2. 根据客户特殊需求进行软件定制开发的信息软件项目	≥5 000	5 000～1 000（含）	<1 000

注：同一项目包含工程施工、货物及服务多种类别的，项目类别以金额占比最大的为准。

4.1.2　招标采购组织机构

白鹤滩水电站工程招标采购组织机构由建设管理单位、招标采购代理机构、评标委员会（评审小组）和决策机构构成。建设管理单位负责招标采购项目合同的具体实施或管理。招标采购代理机构负责招标采购活动的组织。评标委员会（评审小组）是负责对投标文件进行评审并提出评审意见的临时性权威机构。建设管理单位招标采购领导小组负责中小型招标采购项目计划、立项、招标采购文件、招标控制价、决标和异议处理等事项的审批和决策，大型及重大项目由三峡集团招标采购委员会负责审批和决策。白鹤滩水电站工程招标采购组织机构详见图 4.1-1。

4.1.3　招标采购方式

白鹤滩水电站工程施工、货物和服务的招标采购活动，通过电子采购平台实施。采购方式包括公开招标、邀请招标、竞争性谈判、询价、单一来源采购、电商采购、简易采购以及相关法律法规规定的其他采购方式。公开招标和邀请招标以外的其他采购方式适用条件详见表 4.1-2。

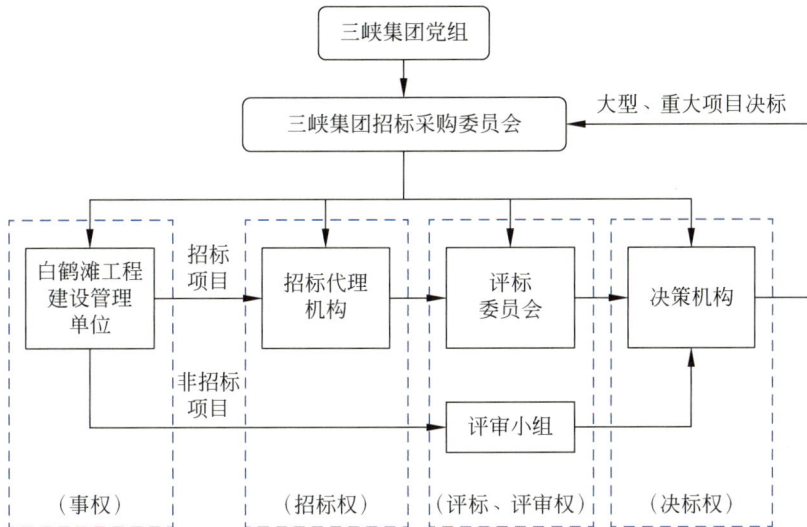

图 4.1-1　白鹤滩水电站工程招标采购组织机构图

表 4.1-2　其他采购方式适用条件表

序号	招标采购方式	适 用 条 件
1	竞争性谈判	依法必须招标的项目重新招标未能成功的，或非依法必须招标的项目
2	询价	依法必须招标的货物采购项目重新招标失败的，或非依法必须招标的货物采购项目货物规格（标准）统一、现货货源充足且价格变化幅度小的
3	单一来源采购	1.因需要采用不可替代的专利或者专有技术，只能从唯一供应商处采购工程、货物和服务的； 2.发生了不可预见的紧急情况，不能从其他供应商处采购的； 3.必须保证原有采购项目一致性或者服务配套的要求，需要继续从原供应商处添购的； 4.为满足已投运成套设备的运行、维护和检修需要，采购专用备品备件、专用工器具的； 5.涉及保密要求，只能从特定供应商处采购的； 6.按照国家、地方政府要求或者受到行业限制，只能从特定供应商处采购的； 7.集团公司全资、控股公司职责定位范围内的项目，可以采用内部交易
4	电商采购	非依法必须招标的物资，优先实施电商采购
5	简易采购	限额内非依法必须招标的临时房屋租赁，以及提供货物和服务的供应商数量较少的项目，且难以获得书面报价文件的，采用当面或者电话、电子邮件等方式向两家及以上供应商询价后确定成交供应商

4.2　分标规划

　　分标规划是根据建设项目特点、建设管理目标，对建设工程标段划分的合理性、科学性进行系统研究的过程。建设工程标段是指对一个整体工程按实施阶段（勘察、设计、施工等）和工程范围切割成工程段落，并把上述段落或单个或组合起来进行招标的招标客体[8]。分标规划是工程招标采购工作的重要环节，通过分标规划，合理确定工程标段划分，对于减少标段干扰、减少协调工作、保证施工进度、提高工程质量、节省工程投资、提升管理效能等具有重要意义。白鹤滩水电站建设规模大、技术难度高、建设周期长、地质条件复杂，为便于工程建设管理、合理使用建设资金、实现工程建设目标，科学合理的分标规划意义重大。

4.2.1 分标原则

根据白鹤滩水电站工程建设规模大、技术难度高、建设周期长等特点，从有利于发挥专业优势、有利于推进工程建设，便于施工组织和协调管理，充分发挥公平竞争优势，方便工程质量、安全、进度以及投资控制和管理的角度出发，同时考虑国内施工企业的业绩特点和财务能力等因素，白鹤滩水电站工程分标规划遵循以下原则：

（1）标段划分规模合理，既要保证单个标段具有足够的规模，吸引优质承包商参与竞争，又要避免单个标段规模过大，导致招标缺乏竞争性。

（2）标段划分界面清晰、衔接顺畅，减少施工干扰，降低协调难度与工程建设风险，有利于工程项目建设管理。

（3）标段划分有利于专业化施工，充分发挥承包商的管理潜力，提高承包商的积极性。

（4）标段划分应减少跨江运输，有利于按地域组织实施和协调管理。

（5）标段划分应简化施工临时设施、减少土地占用，节约工程投资。

（6）标段划分应满足工程总进度要求，部分工程项目可纳入筹建期统筹考虑。

4.2.2 分标思路

根据白鹤滩水电站枢纽布置和工程特点，结合工程规划及实施条件，并参考类似工程分标经验，白鹤滩水电站工程分标规划思路如下：

（1）左、右岸导流隧洞工程和大坝两岸坝肩及坝顶以上边坡开挖支护工程是影响电站发电总目标的关键性项目，根据进度要求须先期安排施工，应首先明确上述项目的分标，尽快开展招标工作，并根据征地移民进展情况尽早开工。

（2）泄洪洞工程、两岸引水发电系统工程的地下建筑物施工布置相对独立，宜按地域单独分标。

（3）金属结构及启闭设备制造均为专业性较强的项目，为保证质量，宜根据制造规模及性能独立设标。金属结构及启闭设备安装与土建施工关联紧密，埋件施工界面复杂，为减少界面交接、分清责任，金属结构及启闭设备安装宜纳入相应的土建标内。

（4）输水系统钢管制作相对简单，国内大型水电施工企业均具备相应资质，可纳入相应土建标。

（5）施工期安全监测项目专业性强，可根据观测范围及特性独立设标。

（6）大坝工程是制约电站发电目标的关键性项目，在分标中既要考虑平衡标段规模，又要有利于工程竞争和建设管理，是白鹤滩水电站工程分标的重点研究内容。

（7）与大坝工程混凝土施工有关的缆机建设、混凝土生产系统建设运行，宜纳入大坝工程土建施工标，降低协调管理难度；缆机运行相对独立，宜独立设标；混凝土骨料加工专业性强，宜独立设标。

（8）两岸地下厂房机电设备采购与安装专业性强，且为影响电站发电总目标的关键性项目，需单独分析其进度和分标方案。在分标规划中仅按常规土建与机电安装界面，将直锥管及以下的机电设备安装纳入相应的土建标内，直锥管以上机电设备采购和安装分别独立设标。同时与地下厂房土建施工有关的桥机，可根据土建施工需要，独立设标或另行安装临时桥机。

（9）下游河道治理项目相对独立，其施工专业性强，单独设标。

4.2.3　分标方案

1. 土建工程分标方案

1）方案拟定

根据确定的分标原则和思路，考虑工程进度、施工条件和竞争性等要求，两岸导流隧洞工程、两岸高程600m以上坝肩边坡开挖支护工程等前期工程，分左岸、右岸单独设标；主体工程中左、右岸引水发电系统工程，左岸泄洪洞工程等项目具有建筑物功能、空间位置和施工特性均相对独立的特点，应独立设标；旱谷地大坝砂石料系统建设运行相对独立且专业性强，应单独设标。

在上述项目分标框架基本确定的前提下，白鹤滩水电站工程分标方案的研究重点是大坝工程两岸坝肩边坡高程600m以下基础开挖及处理、河床基础开挖及处理、大坝混凝土浇筑，以及水垫塘和二道坝工程开挖支护、基础处理及混凝土浇筑等项目，需综合考虑标段规模、建设管理等因素，并参考类似工程经验拟定分标方案。拟定的分标方案见表4.2-1。

表 4.2-1　大坝、水垫塘、二道坝工程分标方案表

方案	标 段 范 围	标段数量	备注
方案一	1. 大坝标：含大坝坝肩高程600m以下开挖及支护、大坝基础处理及混凝土浇筑、大坝金属结构及启闭设备安装、大坝高低线供料平台土建施工、大坝骨料二次筛分系统及大坝高低线混凝土系统建设及运行、上下游围堰运行管理（围堰填筑划分在坝肩标内）、施工期基坑排水等； 2. 水垫塘及二道坝标：含水垫塘及二道坝区域高程603m以下基坑开挖及支护、基础处理及混凝土浇筑	2	大坝独立设标
方案二	1. 大坝一标（左岸大坝标）：含左岸坝肩高程600m以下开挖及支护，左岸水垫塘及二道坝高程603m以下开挖及支护，左岸1#～18#坝段基坑开挖、基础处理及混凝土浇筑，相应段的金属结构及启闭设备安装，大坝骨料二次筛分以及大坝混凝土生产； 2. 大坝二标（右岸大坝标）：含右岸坝肩高程600m以下和右岸水垫塘及二道坝高程603m以下开挖及支护，上、下游围堰运行管理（围堰填筑划分在坝肩标内），右岸19#～31#坝段基坑开挖、基础处理及混凝土浇筑，水垫塘、二道坝混凝土浇筑，相应坝段的金属结构及启闭设备安装	2	参考类似工程大坝分标方案

2）大坝、水垫塘、二道坝工程分标方案比选

表4.2-1中的两种分标方案是目前国内类似工程已成功采用的分标方案。结合白鹤滩水电站工程特点，经对比，两方案优缺点详见表4.2-2。

表 4.2-2 大坝、水垫塘、二道坝工程分标方案优缺点比较表

项目	优缺点	方 案 一	方 案 二	方案比较结果
标的范围	优点	标的范围清晰，界面少	两个标段规模相当，工程量均衡	方案二较优
	缺点	规模不均衡，大坝标规模大	大坝分界面需协调	
承包商资质	优点	有利于吸引综合实力强的大坝标施工承包商	两标承包商综合实力强且均衡	两方案相当
	缺点	大坝标资质、资信要求最高	资质要求高	
竞争积极性	优点	有利于投标竞争	有利于投标及施工期的竞争	方案二较优
	缺点	大坝标施工期竞争性差	增加两主标的管理协调工作量	
进度控制	优点	坝肩开挖和混凝土施工容易协调进度	各标内部容易协调进度	方案一较优
	缺点	受承包商管理水平影响大	两标之间进度不易协调	
投资控制	优点	有利于降低投标合同价格	招标和施工期均竞争明显，有利于投资控制	方案二较优
	缺点	竞争弱，不利于实施投资控制	—	
质量控制	优点	责任明确，易保证施工质量	有利于通过竞争保证大坝质量	两方案相当
	缺点	—	—	
合同管理	优点	合同界面清晰	合同界面相对不清晰	方案一略优
	缺点	大坝标签约后不容易控制，标内索赔管理难度较大	标间协调管理工作量较大	

（1）方案一优缺点分析

主要优点：标段范围及界面清晰，有利于承包商加大投入，容易保证施工质量。主要缺点：大坝标规模远大于水垫塘及二道坝标，对承包商资质、资信要求高，招标和施工阶段竞争性均较弱，不利于业主的投资控制和项目管理。

（2）方案二优缺点分析

主要优点：两标段间工程量均衡，标段规模相当，招标和施工阶段竞争性均较强，有利于业主对工程安全、质量、进度和投资的管控，也有利于协调地方关系。主要缺点：标段间工作界面相对复杂，业主协调管理工作量和难度相对较大。

（3）方案综合比选

两种分标方案各有优缺点，近年国内类似水电工程中均有选择相应分标方案而取得成功的经验。同时，各分标方案的不足也可在总结经验的基础上，通过完善合同条件和加强建设管理等措施予以改进。

方案二以河床中心 18# 横缝为界分左、右岸大坝标；帷幕、固结、接缝灌浆随混凝土及开挖范围划入相应标段；混凝土生产系统归左岸大坝标；水垫塘与二道坝、上下游围堰运行及基坑排水归右岸大坝标。方案二的标段划分规模均衡，能够增强承包商之间的竞争，实现拱坝均衡上升，保障工程进度和施工质量，强化业主对工程建设目标的管控。经对比分析，结合白鹤滩水电站工程特点，方案二的标段划分更优。

3）土建工程分标方案

根据分标方案比选成果，白鹤滩水电站土建工程标段划分为 13 个主体标和 2 个辅助标（与大坝混凝土施工有关），具体分标方案见表 4.2-3。

表 4.2-3　白鹤滩水电站土建工程标段推荐分标方案及标段主要内容

序号	类别	标段名称	标段主要工作范围	土建分标界面简述	备注
1	主体工程	左岸导流隧洞标	（1）1#～3# 导流隧洞进出口边坡开挖及支护。 （2）1#～3# 导流隧洞洞身段（含闸门门井）开挖支护及混凝土浇筑、灌浆等。 （3）1# 尾水洞出口高程 623m 以上边坡开挖及支护。 （4）进出口围堰浇筑及拆除。 （5）渗水处理及施工期排水。 （6）尾闸室高程 600.5m 以上的土建。 （7）1#～3# 导流隧洞闸门、埋件及启闭机安装。 （8）施工支洞下岔洞设计、开挖支护。 （9）导流隧洞相关施工支洞封堵	（1）进出口边坡上部包括所有边坡。 （2）施工支洞上岔洞，左岸 1# 导流隧洞 1# 支洞至 2# 支洞之间的中导洞已开工，不在本标范围内	筹建期启动
2	主体工程	右岸导流隧洞标	（1）4#～5# 导流隧洞进出口边坡开挖及支护。 （2）4#～5# 导流隧洞洞身段（含闸门门井）开挖支护及混凝土浇筑、灌浆等。 （3）6# 尾水洞出口高程 623m 以上边坡开挖及支护。 （4）进出口围堰浇筑及拆除。 （5）渗水处理及施工期排水。 （6）尾闸室高程 600.5m 以上的土建（以 6# 闸门门井西侧边墙为界）。 （7）4#～5# 导流隧洞闸门、埋件及启闭机安装。 （8）施工支洞下岔洞设计、开挖支护。 （9）导流隧洞相关施工支洞封堵	（1）进出口边坡上部包括所有边坡。 （2）施工支洞上岔洞，左岸 5# 导流隧洞 1# 支洞至 2# 支洞之间的中导洞已开工，不在本标范围内	筹建期启动

序号	类别	标段名称	标段主要工作范围	土建分标界面简述	备注
3	主体工程	左岸坝顶以上（高程834m以上）边坡开挖支护工程标	（1）左岸引水进水口开挖及支护。 （2）左岸泄洪洞进水口高程834m以上开挖及支护。 （3）左岸出线场开挖及支护。 （4）左岸坝肩高程834m以上开挖及支护。 （5）左岸水垫塘及二道坝顶高程834m以上边坡开挖及支护。 （6）水垫塘二道坝二期治理项目。 （7）左岸缆机轨道平台开挖及支护，缆机轨道结构施工。 （8）左岸高线混凝土系统平台（高程834m）开挖及支护。 （9）701#公路及103#公路明线段。 （10）延吉沟边坡治理。 （11）左岸坝顶以上边坡区域内的主要连接道路（包括102#出线场道路、缆机平台道路、大坝高线混凝土系统道路等）。	（1）与左岸引水发电系统分界面为引水进洞口、进水塔混凝土均在引水发电系统。 （2）与泄洪洞I标分界面划分在进洞口、泄洪洞进口混凝土均在泄洪洞I标。 （3）出线场混凝土及出线竖井在左岸引水发电系统标。 （4）与大坝标界面划分在高程834m。 （5）缆机轨道平台土建在本标内，首台缆机安装在右岸坝顶高程834m以上边坡施工标。 （6）高线混凝土系统平台混凝土、系统安装及运行均在大坝标	筹建期启动
4	主体工程	右岸坝顶以上（高程834m以上）边坡开挖支护工程标	（1）右岸引水进水口、右岸坝肩、右岸水垫塘、二道坝等部位高程834m以上开挖及支护。 （2）右岸出线场开挖支护施工。 （3）右岸大寨沟泥石流治理工程（含下堆渣红岩压坡、排导渠、排污槽、抗滑桩等）。 （4）右岸202#公路、右岸205#交通洞及上述两公路之间的2#公路、203#公路、204#公路、206#公路。 （5）右岸缆机轨道平台土建、首台缆机安装及二期混凝土浇筑（含左岸缆机轨道安装及二期混凝土浇筑，缆机运行至2014年年底后移交）。 （6）右岸引水进水口马脖子区开挖及支护。 （7）大寨沟临江挡渣坝。 （8）缆机平台轨道基础及埋件	（1）与大坝标界面划分在高程834m。 （2）出线竖井及出线竖井在右岸引水发电系统标。 （3）2#公路其他段在其他公路标。 （4）左岸缆机轨道平台土建完成后移交本标用于首台缆机安装	筹建期启动

续表

序号	类别	标段名称	标段主要工作范围	土建分标界面简述	备注
5	主体工程	左岸坝肩开挖（高程834～600m）工程标	（1）左岸高程834～600m坝基及拱肩槽边坡工程。 （2）左岸坝基（肩）帷幕灌浆洞、截渗洞、排水洞工程。 （3）下游高程730～600m水垫塘及上部边坡工程。 （4）3#泄洪洞进口明挖工程。 （5）柱状节理玄武岩开挖岩体保护试验配合。 （6）下游围堰填筑	（1）与延吉沟标在坝肩处的界面划分在高程834m。 （2）与延吉沟标在水垫塘左岸的界面划分在高程730m。 （3）与3#泄洪洞界面划分在进洞口，泄洪洞进口混凝土均在泄洪洞I标	
6	主体工程	右岸坝肩开挖（高程834～600m）工程标	（1）高程834～600m坝基及拱肩槽边坡工程。 （2）右岸坝基（肩）帷幕灌浆洞、截渗洞、排水洞工程。 （3）下游高程834～600m水垫塘及上部边坡工程。 （4）右岸进水口高程834～734m边坡开挖及支护工程。 （5）右岸马脖子高程780～734m边坡开挖及支护工程。 （6）上游围堰填筑	（1）与下红岩标界面划分在高程834m。 （2）与右岸进水口界面划分在高程834m。 （3）与右岸马脖子界面划分在高程780m	
7	主体工程	左岸大坝标	（1）左岸大坝高程600m以下坝基开挖支护、基础处理。 （2）1#～18#坝段坝体混凝土浇筑及接缝灌浆。 （3）左岸高程834～750m坝顶垫座混凝土工程。 （4）1#～18#坝段渗控工程。 （5）1#～7#泄洪深孔钢衬衬砌制作，1#～4#泄洪深孔钢衬钢室安装。 （6）坝顶门门机安装；1#～3#表孔闸门及启闭机安装，泄洪深孔出口启闭机室闸门及启闭机安装；1#～4#泄洪深孔闸门及启闭机安装与机室闸门的桥机安装。 （7）高程603m以下，大坝桩号0+091.28m上游，水垫塘中心线左侧的开挖及支护、基础处理、混凝土浇筑。 （8）1#～3#导流底孔下闸及封堵，1#～3#导流隧洞封堵，左岸5#过坝交通洞封堵，施工支洞封堵。 （9）大坝高低线供料平台土建施工。 （10）大坝骨料二次筛分系统以及大坝低线混凝土系统建设及运行。 （11）本标工作范围内的施工期基坑排水	（1）与右岸大坝标的界线为大坝18#横缝及上下游延伸线。 （2）与右岸大坝标在水垫塘的界面在桩号0+091.28m处，高程603m以下。 （3）截流、大坝上下游围堰填筑属于左、右岸坝标，周堰闭气后大坝基坑的初期排水，上下游围堰拆除及施工排水泵站集中抽排水由公共集中实施、运行，维护管理及施工排水由右岸大坝实施，及右岸大坝坝基深基坑工作面范围内的施工排水由施工排水由左岸大坝标负责抽排至公共集水坑。 （4）与左岸坝肩标界面在高程600～603m。 （5）大坝砂石料加工系统向本标提供成品骨料，界面本标指定位置接收。左岸大坝标向右岸大坝标供应坝体成品混凝土。 （6）左岸大坝坝前回填料由右岸大坝标负责。 （7）泄洪深孔的钢衬衬砌制作均由右岸大坝标负责，安装分两家负责。 （8）水垫塘混凝土、二道坝混凝土、硅粉混凝土、导流隧洞封堵混凝土由荒田砂石混凝土生产系统供应，其他临建工程所需混凝土由三滩或荒田砂石混凝土生产系统供应	

续表

序号	类别	标段名称	标段主要工作范围	土建分标界面简述	备注
8	主体工程	右岸大坝标	(1) 右岸大坝高程600m以下坝基开挖及支护、基础处理。 (2) 19#～31#坝段坝体混凝土浇筑及接缝灌浆。 (3) 19#～31#坝段渗控工程。 (4) 5#～7#泄洪深孔钢衬安装。 (5) 4#～6#表孔闸门及启闭机安装;5#～7#泄洪深孔闸门及启闭机安装;4#～6#导流隧洞底孔闸门及启闭机安装拆除。 (6) 水垫塘高程603m以下的开挖及支护、基础处理、混凝土浇筑等(不含划归左岸大坝标部分)。 (7) 二道坝开挖及支护、基础处理、混凝土浇筑、渗控工程等。 (8) 4#～6#导流底孔下闸及封堵,4#～5#导流隧洞封堵施工支洞封堵。 (9) 二道坝下游护坦末端～尾水洞出口河道防护工程。 (10) 大坝上、下游围堰闭气后基坑初期排水(包括围堰闭气后基坑初期排水)	(1) 与左岸大坝标的界线为大坝18#横缝及上下游延伸线。 (2) 与左岸大坝标水垫塘的界面在桩号0+091.28m处,高程603m以下。 (3) 截流、大坝上下游围堰填筑属于左、右岸坝肩标,围堰闭气后大坝基坑的初期排水、排水泵站设计与施工、运行、维护管理及拆除,及右岸大坝坝基础工作面范围内的施工排水均由右岸大坝标实施。 (4) 左岸大坝基坑工作面范围内的施工排水由左岸大坝标负责抽排至公共集水泵坑。 (5) 与右岸坝肩标界面在高程600～603m。 (6) 本标坝体混凝土由左岸大坝标供应;硅粉混凝土、导流隧洞封堵混凝土由荒田砂石混凝土生产系统供应,其他临建工程所需高混凝土由荒田砂石混凝土及三滩或荒田砂石混凝土生产系统供应。 (7) 大坝坝前回填料均由右岸大坝标负责。 (8) 泄洪深孔的钢衬制作均由左岸大坝标负责,安装分两家负责。	
9	主体工程	左岸引水发电系统标	(1) 左岸引水进水塔混凝土浇筑。 (2) 引水发电系统地下洞室群开挖及支护施工、混凝土浇筑施工。 (3) 导流隧洞封堵及改建工程。 (4) 除2#、3#尾水闸门外的其他引水发电系统门的机电安装以及桥机安装。 (5) 输水系统钢管制造及安装。 (6) 直锥管以下的机电安装以及桥机安装。 (7) 各施工支洞开挖、封堵	(1) 与左岸延吉沟边坡治理工程标界面划分在引水洞进口,全部引水发电系统的混凝土结构均在本标内。 (2) 与左岸导流隧洞标界面划分在1#尾水洞出口边坡开挖高程623m,1#尾水洞623m以下的开挖、出口混凝土浇筑以及闸门启闭门设备安装均在本标内,导流隧洞改建工程全部在本标内。 (3) 与机电安装标界面划分在直锥管,直锥管以上机电设备安装工程全部在本标内。 (4) 与机电安装标,永久桥标视情况进行独立招标,提供给本标使用。 (5) 筹建期工程未完成的左岸其他施工支洞通风洞、排水洞以及灌浆小洞等引水支洞放入左岸引水发电系统标。 (5) 未说明的左岸公路上游至隧洞及隧洞的封堵均在本标内	

续表

序号	类别	标段名称	标段主要工作范围	土建分标界面简述	备注
10	主体工程	右岸引水发电系统标	与左岸工作内容类同	(1) 与大坝标界面划分在引水洞入洞口，下游洞挖、支护及全部引水发电系统结构的混凝土结构均在本标内。 (2) 与右岸导流隧洞标界面划分在6#尾水洞出口边坡开挖高程623m，6#尾水洞高程623m以下的开挖，出口混凝土浇筑以及闸门启闭设备安装均在本标内，导流隧洞改建工程全部在本标内。 (3) 其他与同左岸引水发电系统标划分类同	
11	主体工程	泄洪洞Ⅰ标	(1) 3条泄洪洞进口、出口施工。 (2) 1#泄洪洞和3#泄洪洞洞身段的开挖、支护、混凝土及灌浆施工。 (3) 泄洪洞金属结构及设备安装。 (4) 通风平洞及通风竖井工程。 (5) 11#、13#堆积体处理。 (6) 施工支洞的开挖及封堵。 (7) 探洞封堵	(1) 与左岸延音沟边坡治理工程标界面划分在进口高程834m。 (2) 1#泄洪洞和2#泄洪洞进口边坡高程834~768m的开挖及支护（以2#、3#泄洪洞进口分隔墩为界）由左岸引水发电系统土建标负责，3#泄洪洞进口边坡高程834~768m的开挖及支护（以2#、3#泄洪洞进口分隔墩为界）由左岸坝肩边坡标负责。 (3) 泄洪洞混凝土由上游三滩和下游荒田两个混凝土系统供应拌成品	
12	主体工程	泄洪洞Ⅱ标	(1) 1#泄洪洞洞身段（桩号0+014~2+317m）洞挖、支护、固结灌浆、帷幕灌浆、回填灌浆、混凝土浇筑等。 (2) 通风竖井施工。 (3) 施工支洞的开挖及封堵。 (4) 探洞封堵	(1) 1#泄洪洞进口至洞身桩号0+014.00m的开挖、支护等工作由泄洪洞Ⅰ标负责。 (2) 泄洪洞混凝土由上游三滩和下游荒田两个混凝土系统供应拌成品	
13	主体工程	下游河道整治标	(1) 下游河床落渣清理。 (2) 两岸沿江边坡整治。 (3) 白鹤滩台地开挖。 (4) 下游河道水下清基开挖		
14	辅助工程	大坝砂石加工系统建设安装及运行标	(1) 旱谷地料场开采及弃渣。 (2) 大坝砂石料加工系统土建及设备安装。 (3) 大坝砂石料加工系统运行及成品骨料运输	与大坝标界面是成品骨料运输至指定堆放地	
15	辅助工程	缆机运行标	7台缆机的运行、维护保养、检修、拆除等工作	缆机安装由左岸延音沟负责	

2. 机电设备分标方案

1）机电设备采购分标方案

白鹤滩水电站机电设备包括水力机械、电气、控制、保护、通信、通风等设备，种类繁多、数量大、专业性强、供货时间跨度长。为便于工程建设管理，根据白鹤滩水电站工程总体规划，在满足工程施工进度与供货周期相匹配的基础上，综合考虑标段的专业性、系统性、竞争性等因素对机电设备采购进行分标规划。其中水轮发电机组及其辅助设备、主变压器等设备规模巨大，分标时主要考虑制造商研发能力、制造能力、运输能力，为降低研发的不确定性和制造能力的限制，提高制造商之间的竞争力，按左、右岸分两个标段。主要机电设备采购分标方案详见表 4.2-4。

表 4.2-4　白鹤滩水电站主要机电设备采购分标方案表

序号	设备分属	设备标段名称
1	水轮发电机组及附属设备	左岸电站水轮发电机组及其辅助设备采购
2		右岸电站水轮发电机组及其辅助设备采购
3		水电站水轮发电机组励磁系统及其附属设备采购
4		水电站调速系统及其辅助设备采购
5	起重设备	左、右岸电站主厂房 160t＋160t 桥式起重机采购及安装工程
6		左、右岸电站主厂房 1 300t 桥式起重机采购及安装调试
7		转轮加工厂 500/32t 桥式起重机采购及安装工程
8		起重设备负荷试验吊笼采购
9	水泵及滤水器	技术供水泵及其附属设备采购
10		左、右岸地下厂房潜水排污泵及其配套设备采购
11		左、右岸地下厂房长轴深井泵及其配套设备采购
12		含油及生活污水设备采购
13		水电站大坝及水垫塘渗漏排水系统水泵采购
14		水电站滤水器设备采购
15	压气系统设备	低压压缩空气系统设备采购
16		中压压缩空气系统设备采购
17	油系统设备	油系统设备采购
18		透平油采购
19	水力测量设备	电站辅助设备自动化元件采购
20		水电站超声波流量计采购
21	主变压器	右岸电站 550kV 主变压器及其附属设备采购
22		左岸电站 550kV 主变压器及其附属设备采购
23	厂用变	厂用干式变压器及其附属设备采购
24	GIS	500kV GIS 及其辅助设备采购
25	GCB	发电机断路器成套装置（GCB）及其附属设备采购
26	GIL	500kV GIL 及其辅助设备采购
27	GEBS	发电机电气制动开关装置（GEBS）及其附属设备采购
28	IPB	离相封闭母线及其附属设备采购

续表

序号	设备分属	设备标段名称
29	开关柜	10kV 开关柜及其附属设备采购
30		0.4kV 开关柜及其附属设备采购
31	电缆及桥架	动力电缆采购
32		控制、测量和计算机用电缆采购
33		电缆桥架及其附件采购
34	控制设备	计算机监控系统及主设备状态在线监测趋势分析系统采购
35		图像监控系统设备采购
36		辅助控制系统设备采购
37	保护系统设备	发电机－变压器组继电保护及保护信息管理系统
38		故障录波系统设备采购
39		GIS、GIL 保护设备采购
40		线路保护设备采购

2）机电设备安装分标方案

根据白鹤滩水电站枢纽布置特点，左、右岸机电设备安装相对独立，按左、右岸单独设标。其中左岸机电设备安装标包括中控管理楼、厂外油库等公共设施的安装内容。

3. 金属结构设备分标方案

根据白鹤滩水电站工程总体规划，白鹤滩水电站金属结构设备分布在泄水建筑物、引水发电系统建筑物、施工导流建筑物等处，金属结构设备工程量共计约 6.5 万 t（不含电梯和清漂船），包含各种规格的拦污栅、平面闸门、弧形闸门 237 扇，共计约 5.2 万 t（含门槽），门式启闭机、台车式启闭机、固定卷扬式启闭机 24 套，液压启闭机 33 套，共计约 1.3 万 t（含轨道）。

1）金属结构设备采购分标方案

白鹤滩水电站工程金属结构设备制造工程量大、种类繁多，为保证产品质量，满足工程进度要求，金属结构设备采购分标方案共划分 13 个标段，其中闸门及拦污栅分为 7 个标段，启闭机分为 6 个标段，详见表 4.2-5。由于运输条件限制，钢衬制造需布置在场内，因此按加工规模和部位，左、右岸划分两个钢衬加工制造标。

表 4.2-5　白鹤滩水电站金属结构设备采购分标方案表

序号	标段名称
1	导流洞闸门设备采购Ⅰ标
2	导流洞闸门设备采购Ⅱ标
3	导流洞启闭机设备采购标
4	左岸进水口、尾水管、1# 尾水隧洞出口闸门及拦污栅设备采购标
5	门机及尾水管台车式启闭机设备采购标
6	进水口液压启闭机设备采购标
7	右岸进水口、尾水管、6# 尾水隧洞出口闸门及拦污栅设备采购标
8	大坝泄洪系统闸门设备采购标

序号	标段名称
9	泄洪表孔及导流底孔液压启闭机设备采购标
10	泄洪深孔及泄洪洞液压启闭机设备采购标
11	固定卷扬式启闭机设备采购标
12	导流底孔及放空底孔闸门设备采购标
13	泄洪洞闸门设备采购标

金属结构设备采购分标除考虑前述分标原则外，还应考虑以下因素：①同一标内设备的制造难度尽量接近；②同一标内的设备类型相同；③各标的工程量或估算造价接近；④同一标内设备交货时间相对分散，保障交货进度。

白鹤滩水电工程建设过程中，结合工程进度与现场实际情况，实施阶段对金属结构设备采购标段进行了较大调整，实际标段划分见表4.2-6。

表 4.2-6　白鹤滩水电站金属结构设备采购实际标段划分表

序号	部位	标段名称
1	导流洞	导流洞与尾水隧洞场内制造闸门设备采购
2		导流洞场外制造闸门设备采购
3		1# 导流洞与尾水隧洞启闭机设备采购
4		2#～4# 导流洞启闭机设备采购
5	闸门第一阶段	左、右岸进水口拦污栅设备采购
6		左、右岸进水口分层取水闸门设备采购
7		左岸进水口检修门、快速门及大坝导流底孔闸门设备采购
8		右岸进水口检修门、快速门及左岸 1#、右岸 7#～8# 尾水隧洞检修闸门设备采购
9		尾水管检修闸门设备采购
10	闸门第二阶段	大坝表孔及泄洪洞闸门设备采购
11		大坝深孔闸门设备采购
12	启闭机第一阶段	1#、5# 导流底孔启闭机改造项目
13		导流底孔固定卷扬式启闭机设备采购
14		6# 导流底孔液压启闭机设备采购
15	启闭机第二阶段	门式启闭机设备采购
16		尾水管台车式启闭机及深孔检修桥机设备采购
17		大坝表孔及深孔液压启闭机设备采购
18		左岸进水口及泄洪洞液压启闭机设备采购
19		右岸进水口液压启闭机设备采购
20		左、右岸进水口 2×250kN 双向门式启闭机设备采购

2）金属结构设备安装分标方案

金属结构设备安装与土建施工关联紧密，埋件施工界面复杂，为减少界面交接、分清责任，不同部位的金属结构设备安装纳入相应的土建标内。金属结构设备安装工程分标方案详见表4.2-7。

表 4.2-7　白鹤滩水电站金属结构设备安装工程分标方案

序号	标段名称	标段主要工作范围	分标界面简述
1	左岸导流隧洞标	（1）左岸 1#～3# 导流隧洞进口闸门及启闭机安装。 （2）左岸 1#～3# 导流隧洞出口（即 2#～4# 尾水洞出口）闸门及启闭机安装	1# 尾水洞出口闸门及启闭机安装不在此标段
2	右岸导流隧洞标	（1）右岸 4# 导流隧洞进口闸门及启闭机安装。 （2）右岸 4#、5# 导流隧洞出口（5#、6# 尾水洞出口）闸门及启闭机安装	7#、8# 尾水洞出口闸门及启闭机安装不在此标段
3	大坝标	大坝金属结构及启闭设备安装	包括施工导流闸门及启闭机
4	左岸引水发电系统标	除 2#～4# 尾水出口闸门外的其他引水发电系统金属结构安装	包括 1# 尾水洞出口闸门及启闭机安装
5	右岸引水发电系统标	除 5#、6# 尾水出口闸门外的其他引水发电系统金属结构安装	包括 7#、8# 尾水洞出口闸门及启闭机安装
6	泄洪洞标	泄洪洞金属结构及启闭设备安装	

4. 专用施工机械设备分标方案

水电工程施工所需施工机械设备数量多、性能要求高。近年来，随着国内大型水电工程陆续投产发电，国内大型水电施工企业已积累了充足的通用大型施工机械，因此不考虑业主采购。白鹤滩水电站工程专用施工机械设备主要为缆机，需业主采购。

白鹤滩水电站工程共有 7 台 30t 缆机，分高低层双平台布置，左岸高缆 3 台为 A 支架结构，低缆 4 台为高塔架钢结构，右岸均为无塔架结构。为保证采购质量，缆机设备采购作为一个标段集中采购。

5. 安全监测工程分标方案

安全监测工程属于服务性工程，专业性强，应根据观测范围及特性独立设标。根据白鹤滩水电站工程特点，参照类似工程经验，安全监测工程分标方案共划分 7 个标段，分标方案见表 4.2-8。

表 4.2-8　白鹤滩水电站安全监测工程分标方案

序号	标段名称	标段主要工作范围
1	下红岩、金江、恩子坪滑坡体监测工程标	下红岩堆积体、金江滑坡体、恩子坪滑坡体等部位外部变形、内部变形、应力应变、渗流渗压安全监测项目
2	左岸边坡、坝肩及导流隧洞监测工程标	左岸边坡一期处理、左岸缆机平台、高线混凝土系统边坡、左岸高程 600m 以上坝肩及水垫塘二道坝边坡、左岸进水口及泄洪洞进水口、左岸导流隧洞等部位外部变形、内部变形、应力应变、渗流渗压安全监测项目
3	右岸边坡、坝肩及导流隧洞监测工程标	右岸高程 600～834m 坝肩、右岸缆机平台及高程 834m 以上自然边坡、大寨沟综合治理、右岸引水系统进水口边坡、右岸水垫塘及二道坝高程 834m 以上边坡及相关施工隧洞、右岸导流隧洞等部位外部变形、内部变形、应力应变、渗流渗压安全监测项目
4	大坝、水垫塘、二道坝安全监测工程标	大坝、水垫塘、二道坝及高程 600m 以下基坑边坡、上下游围堰、排水平洞、灌浆平洞的表面变形、内部变形、应力应变、温度、渗流渗压、坝体地震反应、库盘沉降等监测项目

序号	标段名称	标段主要工作范围
5	左岸引水发电系统、泄洪洞安全监测工程标	左岸进水塔、引水发电系统地下洞室群、泄洪洞、导流隧洞堵头的变形、应力应变、渗流渗压等安全监测项目
6	右岸引水发电系统安全监测工程标	右岸进水塔、引水发电系统地下洞室群、导流隧洞堵头的变形、应力应变、渗流渗压等安全监测项目
7	泄洪建筑物水力学、动力学安全监测工程标	大坝泄洪孔、水垫塘的水力学和动力学监测（不包括底座、预埋电缆的施工）

4.2.4 分标成效

白鹤滩水电站的分标规划是根据建设管理目标、工程特点，参照国内类似工程经验，本着有利于工程建设的原则，在进行多方案比选的基础上，科学合理地进行标段划分，提高了工程抗风险能力，为白鹤滩水电站实现安全准点发电目标奠定了坚实的基础，主要成效如下：

1. 实现了系统最优

工程建设是一个综合且复杂的系统工程。白鹤滩水电站工程规模巨大，通过科学合理的分标规划，工程建设系统运行良好，为安全、质量、进度、投资目标的实现提供了有力保障，实现了系统最优。

2. 引入了优质承包商

合理的分标规模对于增加竞争程度，选择优质承包商至关重要。标段规模过小，难以吸引有实力的承包商参与竞争；标段规模过大，有资格的承包商减少，可能因竞争不足而导致承包价格偏高[9]。白鹤滩水电站工程分标规模合理，通过充分竞争选择了优质承包商，实现了高质量的工程建设目标。

3. 提升了管理效能

通过合理的标段划分，白鹤滩水电站工程最大限度地减少了标段之间的施工干扰，明确了各标段之间的界面和责任，促进了各标段有序衔接，降低协调工作量和难度，形成了标段间的有序竞争，促进了管理效能的提升。

4. 降低了工程造价

白鹤滩水电站工程分标规划充分考虑了增加竞争程度、减少土地占用、便于施工组织、统筹施工临时设施建设等因素，有效降低了工程造价。

4.3 招标采购流程

白鹤滩水电站工程招标采购工作包括招标采购计划、招标采购立项、招标采购文件及评标（评审）大纲编制与审查、招标控制价编制与审查、评标（评审）、决标、合同签订等全过程的工作。建设管理单位招标采购领导小组在授权范围内，严格按照《中华人民共和国招标投标法》《中华人民共和国招标投标法实施条例》等国家法律法规及三峡集团招标采购管理制度，对各项工作进行审批和决策。

1. 招标采购计划与招标采购立项

工程建设招标采购应在履行完国家相关行政审批手续和三峡集团内部项目前期立项、投资决策等审批程序后，启动招标采购相关工作。根据工程建设总体进度计划和工作安排，建设管理单位统筹组织编制年度招标采购工作计划，经审批后发起招标采购立项等后续招标采购程序。

2. 招标采购文件与评标（评审）工作大纲

招标采购文件以国家、行业和企业招标采购文件范本为基础，结合项目特点编制。招标采购文件由建设管理单位组织编制、审查，重大、大型项目邀请三峡集团相关部门参与审查。建设管理单位负责编制评标（评审）工作大纲，整体安排开标与评标（评审）工作。

3. 招标控制价编制与审查

招标控制价编制应满足国家法律、法规、规章和行业规程规范以及招标文件的要求，招标控制价不得高于招标项目的同口径概算（预算）。招标控制价由建设管理单位自行或者委托咨询机构编制并组织审查，重大、大型项目邀请三峡集团相关部门参与审查。招标控制价由招标采购代理机构按照招标文件规定发布。

4. 评标（评审）与决标

依法必须招标项目的评标工作由招标代理机构组织。非依法必须招标的项目，由建设管理单位按评审工作大纲的规定组成评审（谈判）小组，由评审（谈判）小组按照采购文件、评审工作大纲规定的程序、标准和方法对报价文件进行评审。决标工作由建设管理单位招标采购领导小组、三峡集团招标采购委员会根据权限分级决策。

5. 公示与中标通知书

评标及决策完成后按照规定进行中标候选人公示。中标人（成交供应商）确定后，应向中标人（成交供应商）发出中标（成交）通知书，同时通知未中标人（未成交供应商）。未委托招标代理机构的非招标项目，成交通知书由建设管理单位起草、审批和递交。

6. 合同签订

中标通知书发出之日起 30 日内，招标人应与中标人（成交供应商）完成合同签订。合同文本优先选用企业合同示范文本；没有企业示范文本的，选用国家部委或行业指定的合同示范文本。合同签订审批在合同综合管理系统中完成。合同签订后，应及时按照国家相关规定和企业招标采购档案管理制度归档招标采购资料。

白鹤滩水电站工程招标采购实施流程见图 4.3-1。

	白鹤滩工程建设管理单位						三峡集团
	相关业务部门	技术、财务部门	招标采购归口管理部门（合同管理部门）	分管领导	主要负责人	招标采购领导小组	

招标采购计划审批流程
- 开始 → 编制本部门年度（含调整、紧急）计划 → 汇总、规范性审核 → 类型
  - 中小型 → 审批 → 备案
  - 大型、重大 → 审议 → 审批

招标采购立项审批流程
- 开始 → 规范填写立项申请表 → 项目类型
  - 中小型项目：审核 → 审核 → 审签 → 审批
  - 大型、重大项目：审核 → 审核 → 审签 → 审签 → 审批（三峡集团）

招采文件、评标（评审）大纲审批流程
- 1. 会同合同管理部门编制招标文件 2. 参与编制评标（评审）工作大纲
- 1. 组织招标文件审查、纪要发布 2. 组织编写评标（评审）工作大纲，发布澄清补遗
  - 中小型、单一来源项目：审签 → 审批
  - 大型、重大项目（单一来源除外）：审签 → 审批（三峡集团）

招标控制价审批流程
- 参与 → 自行或委托编制并组织审查
  - 中小型项目：审签 → 审批
  - 大型、重大项目：审签 → 审签 → 审批（三峡集团）

招标采购决策流程
- 根据评标、评审报告
  - 公开及邀请招标项目、竞谈和询价项目
    - 重大、大型：审议 → 决策（三峡集团）
    - 中小型：决策
  - 单一来源项目
    - 中小型：决策
    - 大型、重大：分管领导审批（三峡集团）

决标表审批流程
- 决标表
  - 公开及邀请招标项目、竞谈和询价项目
    - 重大、大型：审批（三峡集团）
    - 中小型：审批（主要负责人）
  - 单一来源项目：审批（主要负责人）

合同签订流程
- 组织谈判 ← 财务部门参与 ← 参与
- 拟订合同
- 合同文件审签 → 财务部门审核 → 审核 → 审签 → 审批
- 用印审批 → 盖章、登记、分发

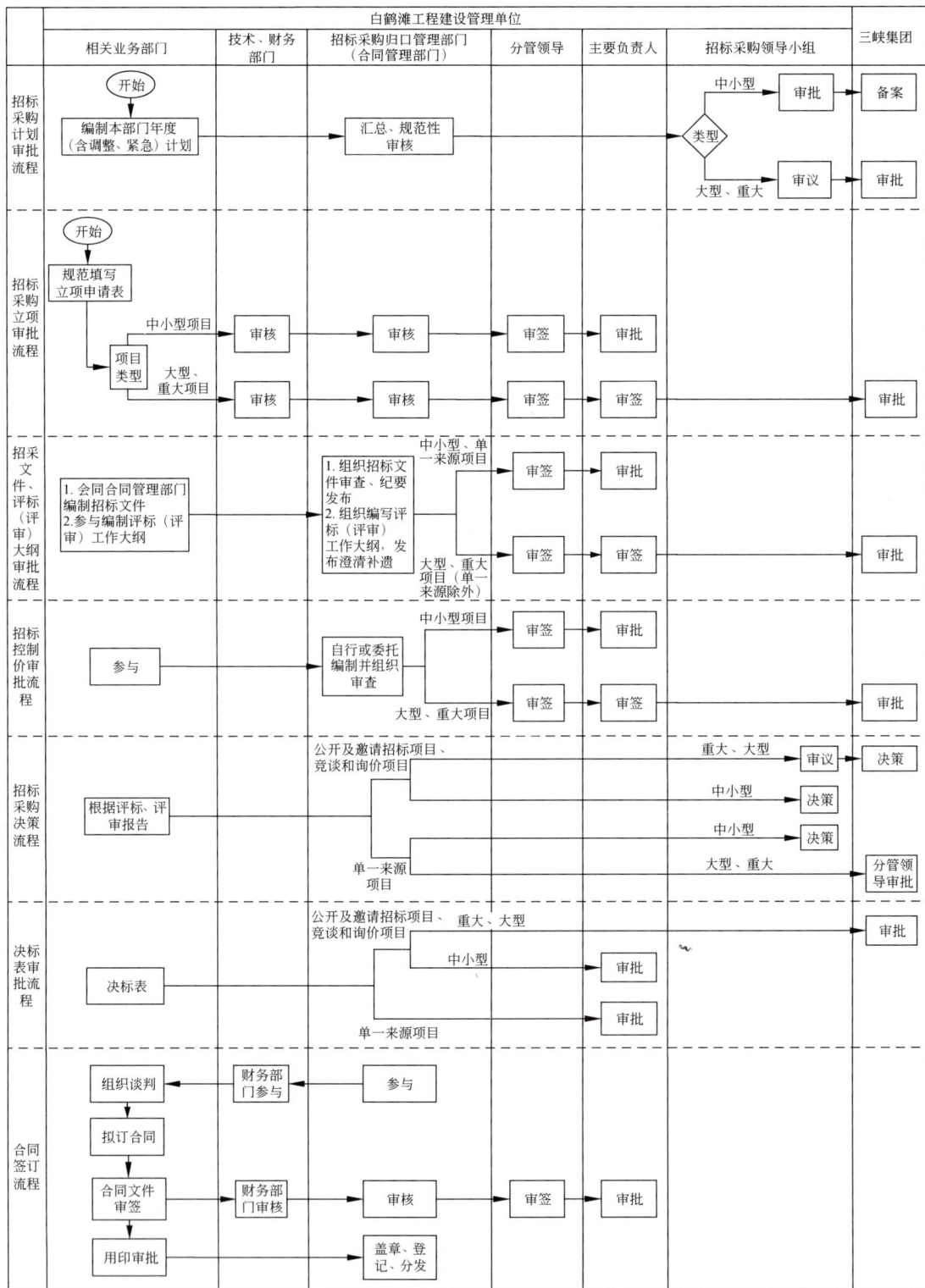

图 4.3-1　白鹤滩水电站工程招标采购实施流程图

为保证招标采购活动规范有序进行、保障招标人和投标人的合法权益，白鹤滩水电站工程按照"归口管理、分级负责"和"全覆盖、全流程"的原则，开展招标采购活动监督工作。监督范围包括招标采购前期工作、准备阶段、开标、评标（评审）、定标、合同管理等环节。监督方式包括日常监督、定期监督和专项监督等形式。评标阶段，监督人员在评标工作结束时应出具监督报告（见表 4.3-1），客观描述存在的问题和纠正处理情况，未纠正处理的，应提出处理建议，对严重违规且影响招标结果的问题应提出重新评标（或招标）、追究责任的建议。

表 4.3-1 招标采购监督报告

项目名称	白鹤滩水电站运行期外观变形监测项目			
项目编号	T211100120043			
项目单位	中国三峡建工（集团）有限公司			
招标代理机构	三峡国际招标有限责任公司	招标方式		公开招标
评标时间	2022-01-23 10:37:36	评标地点		成都三峡大厦 B 座 305 会议室
评标委员会组成情况	总人数	9	招标人代表人数 3	外部专家人数 6
	评标委员会主任（姓名）	×××		
	评标委员会成员（姓名）	×××、×××、×××、×××、×××、×××、×××、×××		
监督专家	姓名	单位和职务		联系电话
	×××	三峡集团西藏能源投资有限公司		***********

监督主要内容	监督情况（无违规打√，有违规打×并进行文字说明）
1. 评标委员会成员名单是否与《评标工作大纲》的规定一致、现场签到表与评标委员会成员名单是否一致	√
2. 评标委员会成员是否签署保密协议，通信工具、计算机、平板电脑等是否交由工作人员统一保管	√
3. 评标委员会成员是否签署《评标须知》及需要回避等情形的评标承诺	√
4. 评标委员会是否按《招标文件》及《评标工作大纲》规定的评标方法和标准开展评标工作	√
5. 评标步骤是否按照初步评审（形式评审、资格评审、响应性评审）、详细评审进行	√
6. 投标人是否未处于中国长江三峡集团有限公司限制投标的专业范围及期限内	√
7. 评标委员会是否对《招标文件》实质性内容进行澄清，或者评标委员会是否接受投标人的主动澄清	√
8. 当进入详细评审的投标人少于 3 家时，评标委员会是否对投标具有竞争性进行评审	√
9. 评标委员会成员是否遵守有关评标纪律，按要求客观、公正、独立进行评审和打分，评审分析内容、结论与评定档次是否一致	√
10. 评标委员会是否按照《招标文件》规定及打分排序情况推荐中标候选人	√
11.《评标报告》《打分汇总表》等材料的签字手续是否完备	√
12. 在评标过程中，是否存在他人干预评标委员会独立、公正评审的情况	√
13. 是否存在其他违规情况	√
监督综合意见及建议	已对评审过程合规性进行监督
监督专家签名	×××

4.4 招标采购管控措施

招标采购工作合规性、程序性要求高，建设管理单位严格按照国家法律法规、三峡集团招标采购规章制度开展招标采购工作。同时，结合工程实际情况，在规范招标采购管理、提高招标采购质量和效率等方面进行了积极的探索，取得了良好的成效。

4.4.1 夯实管理基础

1. 重视团队建设

白鹤滩水电站工程高度重视招标采购团队建设，以提升招标采购人员的业务能力为抓手，增强招标采购管理水平提升的内驱力。建设管理单位配置了专、兼职招标采购人员，招标采购团队人员稳定、结构合理，为招标采购工作规范开展奠定了基础。同时，高度重视招标采购团队能力建设，结合工程实际定期组织法律法规、政策文件、规章制度等的宣贯、学习和研讨，将巡视、审计典型案例剖析与招标采购培训相结合，对巡视、审计发现的招标采购典型问题深入剖析、举一反三，为业务人员自我学习和业务提升提供指导和支持，助力业务人员紧跟行业发展步伐，提高知识更新力度和业务水平，增强岗位责任心和工作认同感。

2. 健全考核机制

招标采购质量、效率、合同履约管理效果等纳入招标采购和合同管理办法作为年度招标采购、合同管理评优评先考核因素，年终考核与日常管理工作紧密结合，有效促进招标采购管理水平提升。

3. 强化后评价管理

为规范招标采购行为，持续提升招标采购管理水平，三峡集团按年度组织开展招标采购后评价工作。后评价遵循"全覆盖、有重点、强监督、梳经验、查问题、找原因、提整改、促提升"的工作方针，坚持以"促提升"为目标导向，以"问题检查"为抓手，消除存量问题，解决新增问题，总结经验，对标先进，优化创新。

通过开展招标采购后评价，对白鹤滩水电站工程招标采购活动进行了系统性、全方位、深层次的梳理、分析和检验，建立了长效可持续的改进提升机制，有效防范了招标采购合规性风险，规范了招标采购行为，提高了招标采购管理水平。

4.4.2 强化招标采购业务管理

1. 加强招标采购计划管理

招标采购计划审批后，为保证有序完成年度招标采购任务，建设管理单位组织相关部门制订项目采购节点计划，及时启动采购程序，为项目评审、谈判、决策、合同签订预留充足时间。建立招标采购立项、招标采购过程和合同签订三阶段管理台账，组织召开合同管理月例会，梳理招标采购项目进展情况，协调解决存在的问题，督促各执行部门按计划开展招标采购工作。

2. 重视招标采购文件质量

招标采购文件的质量对招标采购工作的实施，以及合同的履行起着至关重要的作用。建设管理单位高度重视招标采购文件编制质量，建立了设计单位、建设管理单位及外部专家协同的招标采购文件编制审查机制。招标采购文件以质量为导向全面兼顾商务和技术、合规性和风险防控，按照优质优价、风险共担的原则，重点对资格条件设置、评标办法的选择和评审要素的设置、风险条款的公平性、法律法规和政策文件的符合性、商务技术关键条款的一致性等内容进行把控。资格条件设置作为公平选择承包商的核心要素，纳入建设管理单位招标采购领导小组决策范畴。

3. 合理编制招标控制价

招标控制价编制的质量直接影响项目投资管理成效。如招标控制价过高，容易造成投资浪费；如招标控制价过低，合同执行过程中可能会发生大量的变更与索赔，不利于项目管理。为客观合理地评审投标报价，防止恶性投标带来的投资风险，白鹤滩水电站主体工程招标项目设置招标控制价招标，招标控制价即为投标最高限价。

招标控制价编制应满足国家法律、法规、规章和行业规程规范以及招标文件的要求，招标控制价不得高于招标项目的同口径概算（预算）。白鹤滩水电站工程招标控制价主要依据《水电工程工程量清单计价规范》《水电工程设计概算编制规定及费用标准》《水电建筑工程预算定额及配套施工机械台时费定额》等造价文件编制。招标控制价材料基础价格一般通过查询省级造价管理机构、建筑材料行业协会发布的价格信息、市场调研等方式获取。人工单价主要根据国内水电工程建筑劳务市场价格水平合理确定。机械台时费根据水电工程施工机械台时费定额计算确定。费率按照编制规定分析计取。人工和机械消耗量根据预算定额，结合项目规模、地域特点、地质条件、施工难度等项目特征合理确定。在此基础上，根据现场实际和总体施工组织设计，合理编制招标控制价。

4. 及时规整招标采购档案

档案管理是招标采购管理工作的重要环节，招标采购过程资料，如招投标文件、招标图纸、澄清答疑、备忘录、合同文本等，在后续合同履行和管理过程中需要长期使用和查阅，是合同执行和变更管理的基础，同时类似项目招标采购工作需要调阅借鉴前期招标采购资料，招标采购档案也是审计、巡视的重点。为确保白鹤滩水电站工程招标采购档案全面、真实、客观留存，相关资料可及时方便调取查阅，建设管理单位成立了招标采购档案移交和数字化工作组，及时规整招标采购和合同签订档案，按"招标完成一批，移交一批，数字化一批"的要求及时规整招标采购档案。

5. 加强招标采购统计分析

白鹤滩水电站工程加强招标采购统计管理，建立了计划完成率、立项完成率、节资率、公开采购率、上网采购率、采购周期等指标。通过各项指标的统计分析，及时掌握招标采购总体情况，指导和改进招标采购工作，促进招标采购管理水平提升。

4.4.3 创新采购策略和采购方式

1. 充分授权，提高采购效率

为了提高大型水电工程管理效率，三峡集团在坚持集中领导和分级管理的前提下，加大招标采购授权。根据授权，工程施工类 5 000 万元以下、货物类 2 000 万元以下、服务类 1 000 万元以下的中小型项目由建设管理单位招标采购领导小组负责招标采购计划、立项、招标采购文件、招标控制价、决标和异议处理等的审批和决策。招标采购授权后，建设管理单位完善相应规章制度，减少了审批环节，提升了招标采购效率，为工程建设创造了有利条件。

2. 优化物资采购策略，保障主材供应

白鹤滩水电站工程水泥、外加剂、粉煤灰需求量巨大，建设管理单位在深入分析技术、经济、管理和市场等因素后，优化采购策略，保证了水泥、外加剂、粉煤灰的长期有效供应。

1）低热水泥采购

注重施工期内技术指标的稳定性，中途更换厂家可能导致重新进行配合比实验、调整拌和楼工艺等问题。因此，白鹤滩水电站工程低热水泥采购采用一招到底、长期供货的采购方式。

2）外加剂采购

外加剂指标受水泥、砂石料等主材影响，仅依据标准材料和环境下的测试指标，难以准确评价其现场实际技术表现。招标采购时要求投标产品送样抽检、盲样编号，按照现场材料和环境，组织第三方检测单位开展随机双盲适配性实验，确保投标产品技术评价的客观性、科学性和准确性。

3）粉煤灰采购

粉煤灰需求量巨大且集中，为实现保供和经济性等目标，建设管理单位提前对市场、资源、物流等条件全面摸排调研。因潜在供应商供货能力主要依赖供应链上游的火电厂，存在季节性波动大和产量不稳定等特征，属卖方市场。为保障供应稳定，充分利用资源，保证货源可靠，招标采购时采用多家单位中标并划分供货比例的方案，多家主供加备用模式，明确部分中标单位无法供货情况下的调整办法，同时，通过增加中间储备能力（拌和楼增加现场仓储空间）等措施提高供货保障能力。

3. 探索零星项目采购方式，保障项目实施

水电工程建设规模大、周期长、点多面广，在防洪度汛或蓄水发电等关键节点，往往有大量临时的零星项目需要实施：如设施清理、拆除，道路应急修复，滑坡治理，防汛应急等。如就近委托场内施工单位实施，并按合同变更处理费用，存在零星项目体量小、风险大，施工单位承担意愿不强，变更处理难度大，程序不合规等问题。为确保零星项目及时安全实施完成，现场积极探索解决方案，对零星项目工作内容进行梳理，以暂估工程量的形式通过集中打捆后公开招标选择承包单位。实施过程中，根据零星项目特点，采用一事一委托方式委托承包单位施工，并根据已完工程量据实结算。

零星项目集中打捆采购的方式，合同边界条件清晰，便于现场组织管理，能够有效应对各类突发情况。通过公开招标确定项目单价，有效避免了合同费用的争议。同时，通过公开招标方式选择承包单位，规避了零星项目实施单位选择不规范的问题。

4. 创新工作机制，规范零星物资设备采购

水电工程建设过程中，涉及大量的工程类、办公生活类、应急类等零星物资设备采购。零星物资设备采购规模小、种类多、需求零散、程序烦琐、专业性强。为提高采购效率，规范采购业务管理，建设管理单位成立了零星物资设备采购小组，在建设管理单位招标采购领导小组的领导下，具体负责零星物资设备采购工作。各需求部门提出采购计划，零星物资设备采购小组及物资设备管理部门统一进行项目汇总归类、采购立项、采购文件编制、报价评议、合同谈判、合同签订、组织供货等工作。

零星物资设备采购工作遵循公开、公平、公正、效率原则，同质量、同规格、同型号、同售后服务下，价格最低或同价格下其他最优的原则。零星物资设备采购可根据需要对相同项目汇总后进行集中采购或分批次购买，节约采购成本。

通过建立规范有效的工作机制，实现了零星物资设备的集中采购，解决了零星物资设备采购不经济或市场竞争不充分的问题，提高了采购效率，降低了管理成本，有力地保障了工程建设。

5. 把握市场趋势，节约采购成本

根据工程建设需要，结合大宗物资的总体规划与市场行情，在大宗物资采购期综合研判市场价格变化对采购成本的影响，充分利用物资需求缓冲期和仓储空间，准确把握市场变化趋势，优价采购，有效降低采购成本。

如引水发电系统压力钢管所用的钢板采购，具有数量大、供货时段集中的特点。自2011年白鹤滩水电站工程筹建以来，国内钢材市场价格波动大，呈持续下降的趋势。至2015年1季度，钢材价格较2011年1季度降低约46%。市场价格的变化会对钢板采购成本产生较大影响。在对钢板市场价格走势进行综合研判和确保工程进度的基础上，建设管理单位于2015年4季度完成了钢板招标采购工作。与此同时，钢板市场价格在2015年4季度降至了2011年以来的最低点，较2011年1季度降低约60%。2015年以后钢板市场价格逐渐回暖，呈持续上升的趋势。钢板市场价格变化趋势见图4.4-1。

面对钢板价格的剧烈波动，现场综合研判，在确保工程建设进度的前提下，准确把握市场变化趋势，在钢板价格降至谷底时完成了钢板招标采购工作，节省了采购成本。经测算，如钢板招标采购提前到2015年2季度或3季度，或推后至2016年1季度或2季度，则招标签约金额将增加9%～35%。

6. 异地远程评标，保障工程建设

通常情况下，白鹤滩水电站工程评标工作在招标代理机构所在地集中开展。2020年年初，突如其来的新冠疫情对社会经济活动产生巨大影响，也给招标采购这一传统的聚集性工作带来严重挑战。疫情期间，为确保防疫安全，招标人、外地专家流动受限，不能集中评标，导致招标采购工作不能正常开展。

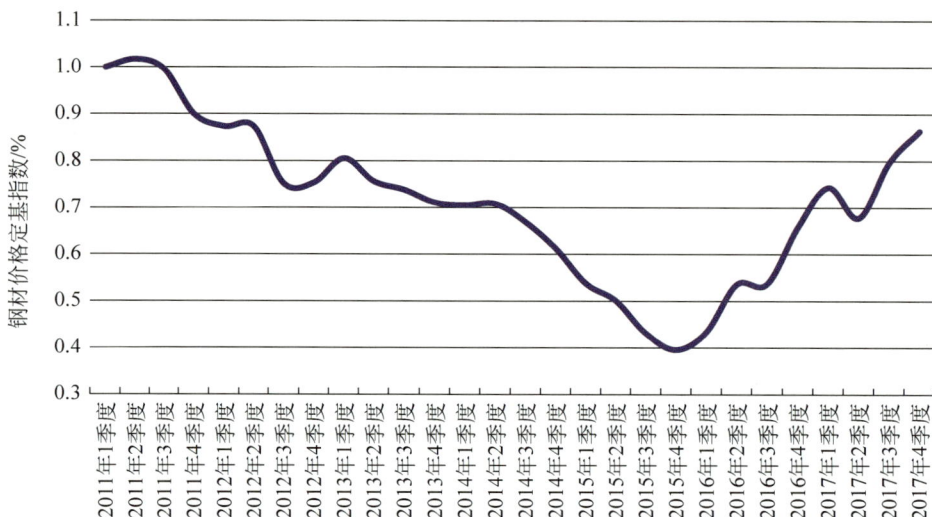

说明：2011年1季度为基期。

图 4.4-1 2011—2017 年钢材市场价格变化趋势图

为确保疫情期间招标采购工作能够正常安全开展，保障工程建设，建设管理单位创新开、评标工作方式，采用视频连线方式，实现了白鹤滩工区和评标地"异地远程评标"，有效解决了特殊时期的招标采购难题。为保证疫情期间异地远程评标工作依法合规、高效有效开展，建设管理单位有针对性地采取了以下措施：

1）实行两地全过程招标监督

一方面加强监督人员配置，在白鹤滩工区和评标地各配置一名监督人员，同时对两地评标活动进行监督。另一方面从技术层面强化监管手段，对两地评标过程进行全程录像，确保评标过程全程受控、全程可溯。异地评标活动始终处于有效监管之下，保证了异地评标的合规性。

2）发挥大水电工程建设者优势，就地选择评标专家

白鹤滩水电工程为在建的最大水电工程，汇聚了水电行业众多技术、经济专家，为就地选择评标专家创造了有利条件。疫情期间，在人员流动受限的情况下，为保证评标工作有序进行，充分发挥施工现场专家优势，就地选择与评标项目无关联的单位人员作为评标专家。

白鹤滩水电站工程"异地远程评标"实现了评标程序不简化、评标质量不降低、评标过程有监督的良好效果。通过"异地远程评标"，按计划完成了招标采购节点目标，确保工程关键节点项目能够及时完成招标采购工作，把新冠疫情对工程建设的影响降到最低。

4.4.4 获取内部专业化服务

在长期的水电工程开发建设过程中，三峡集团在基地服务、设备物资管理、信息化服务、造价咨询等方面形成了一批管理规范、技术力量突出的内部专业化公司，为保障工程建设提供了有力支撑。白鹤滩水电站工程充分利用内部的专业化力量，服务和保障工程建设。在满足招投标法律法规、企业招标采购管理制度的前提下，通过单一来源采购方式

与内部专业化服务公司签订委托服务合同，获取专业服务。同时，为规范内部专业服务合同费用的计取，按照市场定价、保本微利、分区分类的原则，形成不同专业服务的内部关联交易计费标准。在工程建设实践中，内部专业化服务的获取，在保障现场服务质量的同时，简化了采购程序，提升了采购效率。各内部专业化公司充分发挥各自专业技术优势，顾全大局、服从安排，为保障工程建设发挥了积极作用。

4.5　典型异议案例

招标采购活动涉及多个环节和众多参与人员，程序性强、合规性要求高，不可避免地存在异议。异议虽然不一定都属实，但它如同一把"双刃剑"：一方面异议处理会降低招标采购效率，影响招标采购活动开展；另一方面每条异议都具有警示意义，可以帮助招标人了解招标采购活动中的缺陷或风险，从而提升招标采购工作质量和水平，防范潜在风险。本节对招标采购中投标业绩、技术参数、产品质量、招标文件歧义、投标侵权等典型异议案例进行梳理，剖析产生原因，挖掘启示意义，以期能够举一反三，为工程建设招标采购提供借鉴[10]。招标采购典型异议案例清单见表 4.5-1，详见附录 A。

表 4.5-1　典型异议案例表

序号	案 例 名 称	案 例 启 示
1	业绩材料有造假　资格审查未通过	评标时应优化清标工作，合理设置资格条件
2	能效达标惹争议　产品质量遭质疑	完善招标文件带"*"要求判定标准，及时澄清技术问题
3	充分利用异议　加强项目管理	运用异议事项，加强产品质量管控，确保中标人保质保量履约
4	反映情况无依据　异议事项不成立	异议处理看证据，建立恶意投诉信用评价机制
5	专利权属引争议　法务机构解疑惑	法律事务部门协同开展异议处理，招标文件约定专利权归属

4.6　借鉴与思考

本章介绍了白鹤滩水电站工程招标采购组织体系、招标采购实施程序、分标规划的原则和思路，以及具体管理措施，对招标采购典型异议案例进行了剖析。白鹤滩水电站工程通过科学合理的分标规划、高效协同的组织体系、完善的监督机制、严格的程序执行，较好地完成了各项招标采购工作，为实现白鹤滩水电站安全准点投产发电的目标提供了保障。

白鹤滩水电站工程在招标采购方面取得了显著成效，杜绝了应招未招的情况，解决了零星项目、零星物资采购难题，既满足了工程建设需要，又满足了依法合规的要求。同时，由于招标采购工作体量庞大，白鹤滩水电站工程招标采购工作仍然存在一些瑕疵，仍需要在以后的工程建设管理实践中完善。

第 5 章　计量结算

计量结算是合同管理的关键工作，贯穿于项目实施全过程。规范、高效、准确的计量结算可确保工程资金及时有效地投入工程建设，保障工程顺利实施，有利于工程投资的动态精准管控。

5.1　计量结算理念

以往大型水电工程建设过程中，存在按形象、进度计量结算的问题，导致计量不够准确，完工清量工作量大、时间长等问题，过程质量验评和计量签证等材料集中签字、验评资料整理不及时等情况时有发生，项目完工后合同验收迟迟不能完成。

白鹤滩水电站工程具有建设规模大、周期长、合同项目多等特点，计量结算遵循照"依据充分、全面准确、操作规范、及时高效"的原则，践行工程量计算、单元工程质量验评、计量结算、资料归档"四同时"和"合同项目完工之日即完工结算之时"的理想目标，以合同工程量清单为基础，以设计文件工程量为控制基准，以现场签证工程量为计量依据，以单元工程为计量结算基本单元，将设计文件工程量分解到单元工程，在单元工程质量验评合格的前提下，按签证工程量计量结算。

充分利用信息化技术，开发计量结算系统、大坝工程"四同时"系统，规范、准确、高效地开展计量结算工作，确保结算支付与实体工程的精准匹配，实现对过程成本的有效控制和精细化管理，为工程建设提供了有力的资金保障，高效推进合同按时完工验收。

5.2　计量结算特点

白鹤滩水电站工程计量结算以设计工程量和现场实际签证工程量为根本遵循，建立了以单元工程为基础的工程量计算、施工、验评、签证、计量和结算相统一的计量结算模式，主要特点如下：

（1）单元工程既是计量结算的基本单元，也是按照质量验收标准划分的质量管理单元和进度管理单元，施工组织、验收、评定、计量结算等各环节的管理工作均围绕单元工程展开。

（2）工程量计算书工程量和现场实际签证工程量是单元工程计量结算控制基准和计量依据。单元工程的工程量计算书是分部工程能否开工的条件之一。

（3）工程量计算书以合同工程量清单为基础，以设计文件为依据，将设计工程量分解至单元工程，在项目开工前编制。工程量计算书工程量作为计量结算的控制基准，取代了传统的以合同清单工程量作为结算控制基准。

（4）计量签证以工程量计算书工程量为控制基准，按现场实际完成工程量，根据单元工程施工进度及质量验评情况，过程据实同步签证，按月结算。

（5）依托计量结算系统及大坝工程"四同时"系统，实现计量结算的规范化、精细化和数字化。

（6）严格规定计量结算各环节时限，高效开展计量结算工作。

白鹤滩水电站工程计量结算模式如图 5.2-1 所示。

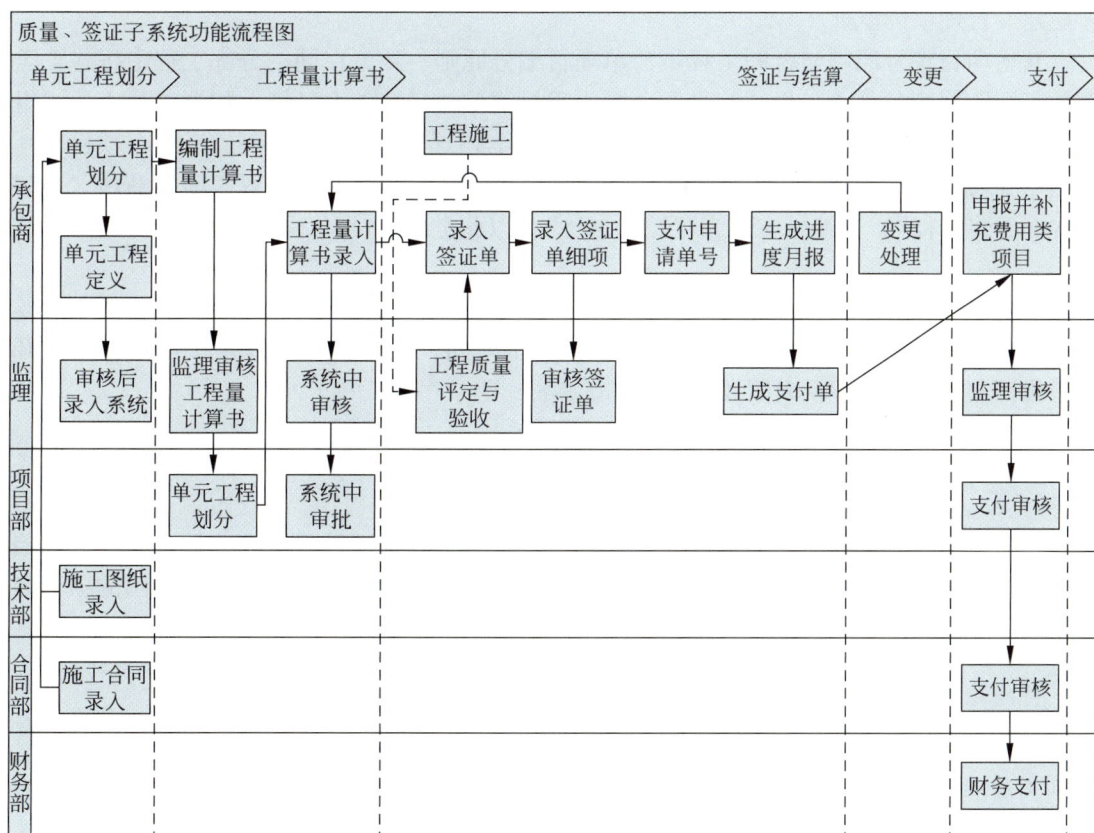

图 5.2-1　白鹤滩水电站工程计量结算模式图

5.3　计量结算措施

为规范、准确、高效地开展计量结算工作，白鹤滩水电站工程从设计文件审查、项目划分、工程量计算书编制审核、信息系统使用、现场工程量签证及工程价款结算等环节实施了严格、有效的管控措施。

5.3.1　全面复核设计文件

1. 设计文件复核

承包人在收到经监理单位审核的设计蓝图或设计变更文件后，应进行全面、细致的复核，对表述不清、与现场实际不符、尺寸矛盾、工程量出入较大（误差超过 ±5%）以及漏项等问题做好记录。监理单位组织设计交底，设计单位书面澄清。设计文件复核、交底及澄清工作要求在设计文件下发后 15 日内完成。

2. 合同新增项目处理

设计工程量与合同清单工程量对比，属合同新增项目的，承包人按合同变更处理原则及时申报新增项目单价，每份设计文件中的新增项目单价一次完成申报，经监理单位审核后报建设管理单位审批。

新增项目编号原则与合同工程量清单项目编号原则一致，在同一分部工程中按施工类型的不同归属到各分项工程，编号在合同工程量清单编号基础上延续。如泄洪洞 I 标"组号 7　11# 堆积体处理"项目，在工程量清单"7-1-13 支护工程"项下已有 14 个项目，其最后一个项目编号为"7-1-13-14 框格梁植草"，若在"7-1-13 支护工程"项下新增"$\phi 32$ $L = 9m$ 砂浆锚杆"，其编号应编为"7-1-13-15"，以此类推。

3. 复核流程及时限

严格约定监理单位、建设管理单位审核审批时间，确保设计文件复核规范、高效开展，设计文件复核流程及时限要求详见图 5.3-1。

5.3.2　科学划分单元及编码

项目划分及编码是规范开展计量结算的重要环节，为保证计量结算、质量验评、归档要求及计量结算系统中项目划分及编码的一致性，白鹤滩水电站工程制定了专门的项目划分手册，规范各工程项目划分和编码。

1. 项目划分原则

以水利水电工程、房屋建筑工程、交通工程等工程行业质量验收评定规范中项目划分原则为基准，确保单元工程划分与现场施工、质量验评、计量结算匹配，同时尽量保证同一单位工程中同类分部工程的工程量（或不同类分部工程的投资）相近、各单元工程的工程量相近。

2. 项目划分流程

项目开工前，建设管理单位组织设计、监理、施工等单位确定项目划分原则及方法，对单位工程、分部工程进行统一划分和编码。在此基础上，施工单位根据项目划分手册、设计图纸及合同文件等，充分考虑现场施工、质量验评和计量结算的一致性，科学进行分项工程、单元工程划分和编码，并报监理单位审核，建设管理单位审定。

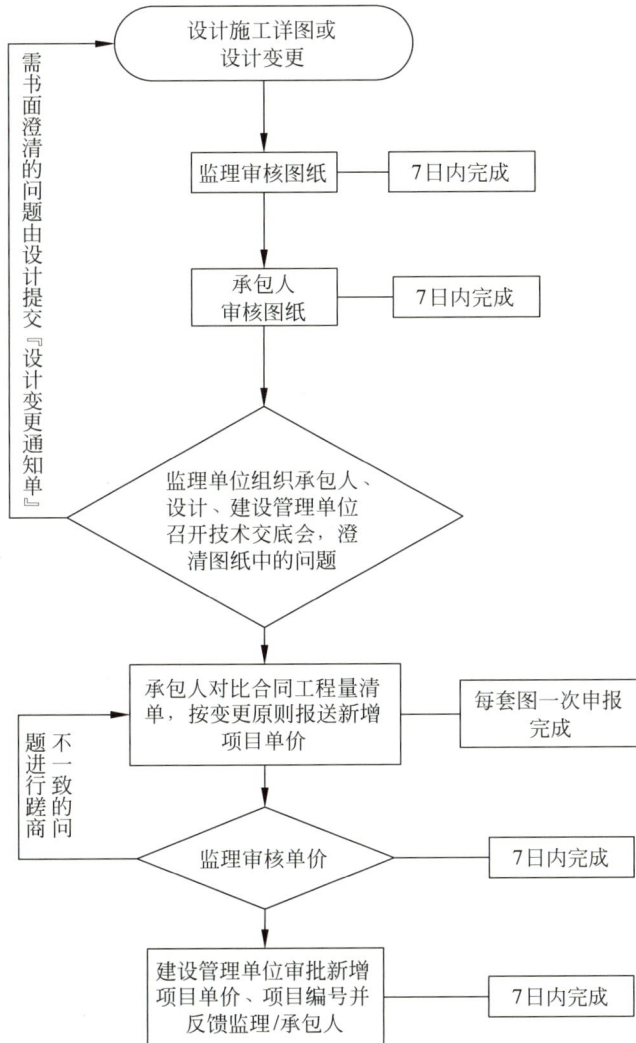

图 5.3-1　设计文件复核流程图

5.3.3　准确编制工程量计算书

1. 编制要求

工程量计算书作为计量结算和竣工验收的依据，需严格按照《白鹤滩水电站结算工程量计算书格式》编制（工程计算书编制示例详见附录 B），工程量应精确匹配报价单（bill of quantity，BOQ，也称工程量清单）编码。

每套设计图纸工程量只计算一次，如编制前设计单位对该图纸出具了设计变更通知，变更工程量应一并纳入计算。除特殊情况外，图纸中的工程量应全部计算。

2. 编制内容

工程量计算书主要包括以下几部分。

1）计算书编号

根据分部工程的划分结果，按计算次数编号（分部工程规模较小的，可以几个分部工程合成一个大的分部工程，也可按合同组号进行编号）。

2）过程计算

计算依据充分，文字叙述规范，计算过程清晰，逻辑严谨，便于审核，计算简图与施工图尺寸一致，计算结果正确。

3）工程量计算汇总表

汇总表中每一个工程量数据（需有对应的项目编号）都有对应的详细计算过程，对于一份图纸包含有几个分部工程的，应在汇总表中分别列出。

4）工程量计算单元列表

单元工程的工程量由分项工程的总量分解产生，因此各单元工程细目中同类工程量合计应与分项工程的工程量相同。

5.3.4 严格审核工程量计算书

工程量计算书中的单元工程工程量是计量结算的基础数据，是计量结算系统的核心，数据的准确性直接关系到计量结算系统应用的成败。因此，计算书的编制和审核人员需有高度的责任心，同时还应具备专业的工程建设经验，熟悉合同计量原则。

1. 完整性及规范性审核

审核内容包括：计算书封面及编号是否规范；有无工程量汇总表；单元工程工程量分解列表是否规范；计算依据是否齐全（除施工详图外，其他所有依据必须提供附件，如锚杆展开图、开挖断面尺寸图）；施工方案是否审批；单元工程划分是否符合划分原则；计算过程是否清晰、项目是否齐全（与计算依据对照，如图纸等），本次计算与关联部位的关系是否进行了说明，是否重复计算、漏算；有无计算简图、展开图等。

如审核结果不满足相关要求，则返回重新修改编制。

2. 正确性审核

1）工程量及其费用汇总表

项目及其编号、单价、计量单位是否与合同对应（新增项目需附单价审批表）；汇总工程量是否与计算过程的工程量一一对应；核对每项工程的费用总和是否正确，各项工程汇总费用是否正确。

2）计算简图

计算简图尺寸是否与施工详图一致，是否标注完整。

3）计算过程

所有数据来源是否有说明，如数据来源于施工方案、其他计算书、施工详图等；计算方法、计算结果是否正确，如用 CAD 计算的，需核对 CAD 模型、尺寸等，监理单位审核人须在此处签上"本人于某年某月某日对施工单位提供的 CAD 模型进行了专项审核，尺寸标注正确，计算结果正确"等字样。

4）单元工程计算列表审核

单元工程计算列表审核是工程量计算书审核的关键环节，重点审核以下内容：

（1）监理单位工程管理部门首先审核表头、说明、列表格式是否符合要求，如漏项、错项则应返回施工单位重新编报；其次审核单元编码、单元工程范围、单元工程量、分项工程汇总工程量等。

（2）监理单位合同管理部门审核项目组号、BOQ 编码、单价、合同工程量。

单元工程计算审核常见错误清单如表 5.3-1 所示。

表 5.3-1　单元工程计算列表审核常见错误表

列表项目	常见错误	检查方法
单元工程编码	（1）单元编码重复（由 Excel 下拉复制造成）； （2）数字"0"和字母"O"不分； （3）不按分部分项确定的字母或数字编单元工程编号	对照单元工程划分清单，核对编码
单元工程范围	（1）只填桩号，不填高程； （2）重复使用同一桩号，未严格按单元实际尺寸标示	核对图纸和单元划分清单
单元工程量	（1）分解工程量不准确，仅追求总值正确； （2）小数位不取整，采用简单的乘法后显示 2～3 位小数	检查施工单位报送的电子文档中是否采用取整函数，抽查列表项
分项工程量汇总	仅填入总量，与各单元列表工程量之和不相等	核查列表累加工程量
项目组号	新增项目未编制组号	查询新增项目单价审核表，补充项目组号
BOQ 编码及单价	（1）套同、价不同项的 BOQ 编码； （2）套用高单价的 BOQ 编码	核对 BOQ 编码清单
合同工程量	（1）不填合同工程量； （2）填施工图纸标示工程量	对照合同工程量清单及新增项目单价审核表进行核对修正

3.审核流程及时限

严格约定施工单位报送时间、监理单位审核时间，确保工程量计算书按时完成编制，满足现场计量结算需求。监理单位审核是工程量计算书审核的关键环节，对监理单位审核人员应形成考核与奖罚机制。

工程量计算书审核流程详见图 5.3-2。

5.3.5　细致校核单元工程信息

单元工程信息是建立工程量台账和计量结算系统运行的基础，应严格按照工程量计算书中的相关内容准确录入计量结算系统。录入工作由承包人完成，监理单位校核。承包人、监理单位和建设管理单位应配置经培训、考核合格取得系统操作证书的专人负责相关工作。严格按照计量结算系统程序定义单位 / 分部 / 分项工程，录入单元工程编码、单元工程量信息及工程量，确保录入信息的准确性。

为高效开展计量结算工作，承包人在工程量计算书批准后 5 日内完成单元工程信息录入；监理单位 2 日内完成审核；建设管理单位复核打印的系统报表，2 日内完成批准。

单元信息录入流程详见图 5.3-3。

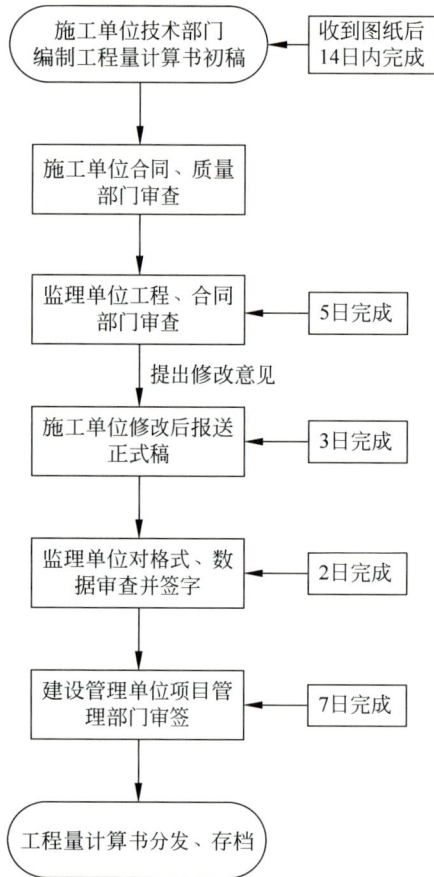

图 5.3-2　工程量计算书审核流程图

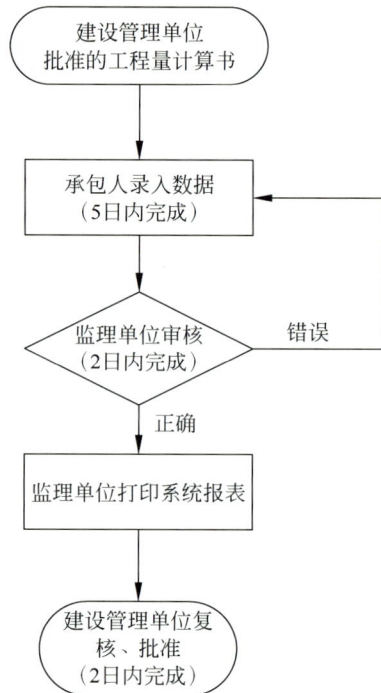

图 5.3-3　单元工程信息录入流程图

5.3.6　规范单元工程工程量签证

单元工程签证包括两个步骤：一是从系统中打印单元工程量计量签证单进行现场签证，二是在系统中完成现场签证工程量录入。

单元工程量计量签证单标准格式详见图 5.3-4。

1. 签证原则

（1）签证以单元工程为基本单元，经批准的单元工程划分不得随意更改，以免影响验收评定和计量结算。

（2）符合合同约定，依据充分。合同文件、设计图纸等是签证的基本依据，满足合同规定的书面指示、技术核定单、会议纪要等也可作为签证的依据。

（3）质量验收评定合格，质量验收评定资料规范、齐全、有效。对于混凝土工程量签证，为缓解施工单位资金压力，可在各施工工序验收合格，且拆模后混凝土外观检查合格后，先行计量签证，后续完成质量验收评定工作。

金沙江白鹤滩水电站单元工程计量签证单

签证单编号:			
合同名称:	金沙江白鹤滩水电站左岸引水发电系统土建及金属结构安装工程施工合同		
单位工程名称	左岸引水发电系统工程	单位工程编号	06
分部工程名称	厂房辅助工程	分部工程编号	0650
分项工程名称	路面	分项工程编号	065056
单元工程名称	左岸尾水管1#施工支洞左半幅路面砼第21单元	单元工程编号	0650561121
施工时段		部位桩号	1 + 200.000 至 1 + 246.078
验收通过日期		部位高程	至
设计文件	施工图名称及图号	2014-13	
	设计修改文号		

项目编号	项目名称	单位	工程量					备注
			系统初录量	修改次数	补充修改量(含设计通知)	参建单位申报量	监理单位认证量	
10031601	路面混凝土C30F100		47.3690	0				

申报说明(工程量计算公式或计算书)	
监理检查认证意见	现场监理工程师:　　年　　月　　日
附件	

参建单位签名及盖章	申报人:　　日期	监理单位签名及盖章	负责人: 日期
	负责人:　　日期		

RC074:　2022/04/26 09:26:56　　白鹤滩工程管理系统 V4.3　　页号:　2　/　2

图 5.3-4　单元工程计量签证单格式

（4）签证工程量必须是现场实际完成的工程量。工程量计算书工程量是计量签证控制基准，实际签证过程中应根据测量、检测等资料对工程量计算书进行校核，不能盲目套用计算书工程量，如现场实物工程量与计算书工程量不一致，应在计量签证单中说明。

2. 签证时限

计量签证属于工程动态管理的日常工作，现场质量验评完成后应即刻开展签证。

（1）单元工程签证时限。单元工程施工完成后，承包人14日内申请验收和签证，监理单位7日内完成现场验收和签证。

（2）临时支护计量签证时限。临时支护施工完成后，承包人3日内申请验收和签证，监理单位3日内完成现场验收和签证。

（3）地质缺陷超挖计量确认时限。地质缺陷超挖的确认按开挖地质工作流程进行，其确认时限应在单元工程验收前进行。地质超挖未确认、缺陷未处理，不得进行该单元工程验收，且不得进行下一道工序施工。

（4）超喷（超填）混凝土计量签证时限。超喷（超填）混凝土签证随该部位的单元工程验收同步进行。

（5）一般项目的签证时限。根据招标文件约定，需要进行签证的一般项目施工完成后，承包人7日内申请验收和签证，监理单位7日内完成验收和签证。

（6）资源闲置签证时限。工程停工期间，承包人和监理单位应分别详细做好施工日志和监理日志，承包人同步提出资源闲置签证申请，监理根据记录7日内完成签证。

3. 签证规定

在工程量签证过程中，监理单位应明确各级签证人员的权限和责任范围，根据划分的分部工程建立完善的签证登记制度（签证台账），建立监理单位签证内部审核制度和考核制度。单元工程计量签证单签证应遵循以下规定：

1）签证单编号

"签证单编号"由监理单位签证登记管理人员填写，"监理单位认证量""监理检查认证意见"由现场监理工程师手工填写，其余内容均由承包人填写，填写记录要求字迹工整。

2）申报说明

"申报说明（工程量计算公式或计算书）"栏应填写计算书编号和相关说明。

3）监理检查签证意见

"监理检查签证意见"栏填写时应含以下内容：本人于何时参与了现场检查验收；现场检查验收的内容；相关验收资料是否齐全、真实（与现场一致）；是否验收合格；经复核的工程量是否与计算书一致（如不一致，应说明变化的细节情况）。

监理检查签证意见填写示例如下：

（1）开挖单元工程签证。根据承包人申请，本人于 ×× 年 ×× 月 ×× 日组织对该开挖单元工程进行了现场验收，经检查，测量资料齐全、数据真实有效，无欠挖，缺陷处理完毕，验收合格，工程量复核结果与计算书一致，本表填写正确，同意申报工程量。

（2）锚杆单元工程签证。根据承包人申请，本人于 ×× 年 ×× 月 ×× 日对该锚杆支护单元工程进行了现场验收，资料显示，本单元锚杆已全部经我部监理旁站，各工序合格，经现场量测，锚杆间排距符合设计要求，现场清点数量与计算书一致，本表填写正确，同意申报工程量。

（3）喷混凝土单元工程签证。根据承包人申请，本人于 ×× 年 ×× 月 ×× 日对该喷混凝土支护单元工程进行了现场验收，资料显示，挂网工序已经我部监理 ××× 验收，喷混凝土厚度随机检查共 ×× 处，均满足设计厚度，强度检测满足设计要求，工程量复核结果与计算书一致，本表填写正确，同意申报工程量。

（4）与计算书结果不一致的单元工程，如锚杆单元工程签证。根据承包人申请，本人于 ×× 年 ×× 月 ×× 日对该锚杆支护单元工程进行了现场验收，资料显示，本单元锚杆已全部经我部监理旁站，注浆工序合格，因 ×× 桩号段为层内错动带，缓倾角发育，为 Ⅲ2 围岩，随机锚杆布设密集，致使 2 根系统锚杆无合理间距布设，经请示设计，同意取消两根系统锚杆，其余锚杆，经现场量测，间排距符合设计要求，现场清点数量比计算书（申报量）少 2 根，请补充计算书并在系统中核减，本表其余填写正确。

（5）混凝土单元工程签证。根据承包人申请，本人于 ×× 年 ×× 月 ×× 日对该混凝土单元工程进行了现场验收，经查资料，该混凝土单元的全部工序都通过我部监理验收，浇筑时混凝土各种性能指标符合规定，预埋件全部埋设到位，拆模后外观检查合格，现场量测尺寸符合设计要求，表面缺陷已处理（如有），单元质量评定待混凝土强度检测结果出具后进行，工程量复核结果与计算书一致，本表填写正确，同意申报工程量。

4）相关附件

承包人提供的与签证工程量有关的附件（如施工及计算简图、计算过程等），必须有监理单位现场复核意见，且必须有"监理工程师：×××，× 年 × 月 × 日"等签字字样。

4. 签证信息录入

单元工程现场签证完成后，承包人信息管理人员 5 日内将单元工程计量签证单签证信息录入计量结算系统，监理单位合同信息管理人员收到现场监理工程师提交的现场签证单后 2 日内完成签证信息核对和系统审批。签证流程详见图 5.3-5。

5.3.7 及时办理工程价款结算

单元工程签证工程量在计量结算系统中审批完成后，该单元工程费用即变为可支付状态，在月底结算时计量结算系统将自动累加汇总各次签证工程量，生成月结算报表，完成月度工程价款结算工作。月度价款结算流程详见图 5.3-6。

单元工程施工完毕自检合格

↓

承包人申请现场验收和签证 ← 验收前备齐相关资料

验收不合格 ←

↓

监理单位组织现场验收

验收合格 ↓

监理工程师单元工程计量签证单现场签证 ← 签证条件：
1. 验收合格
2. 资料齐全
3. 在规定签证时限内
签证要求：
1. 谁验收谁签证
2. 必须与现场实际相符
3. 不得事后补签或集中时间签证

不合格 ←

↓

监理单位内部签证审批

合格 ↓

监理单位合同管理部门审核、登记、存档 —不合格→ 单元工程量计量签证单返承包人

合格 ↓   ↓

监理单位合同管理人员在计量结算系统中审批 ← 承包人将签证工程量录入计量结算系统

↓

信息录入正确与否 —错误→

正确 ↓

月末打印结算汇总报表

↓

进入结算流程

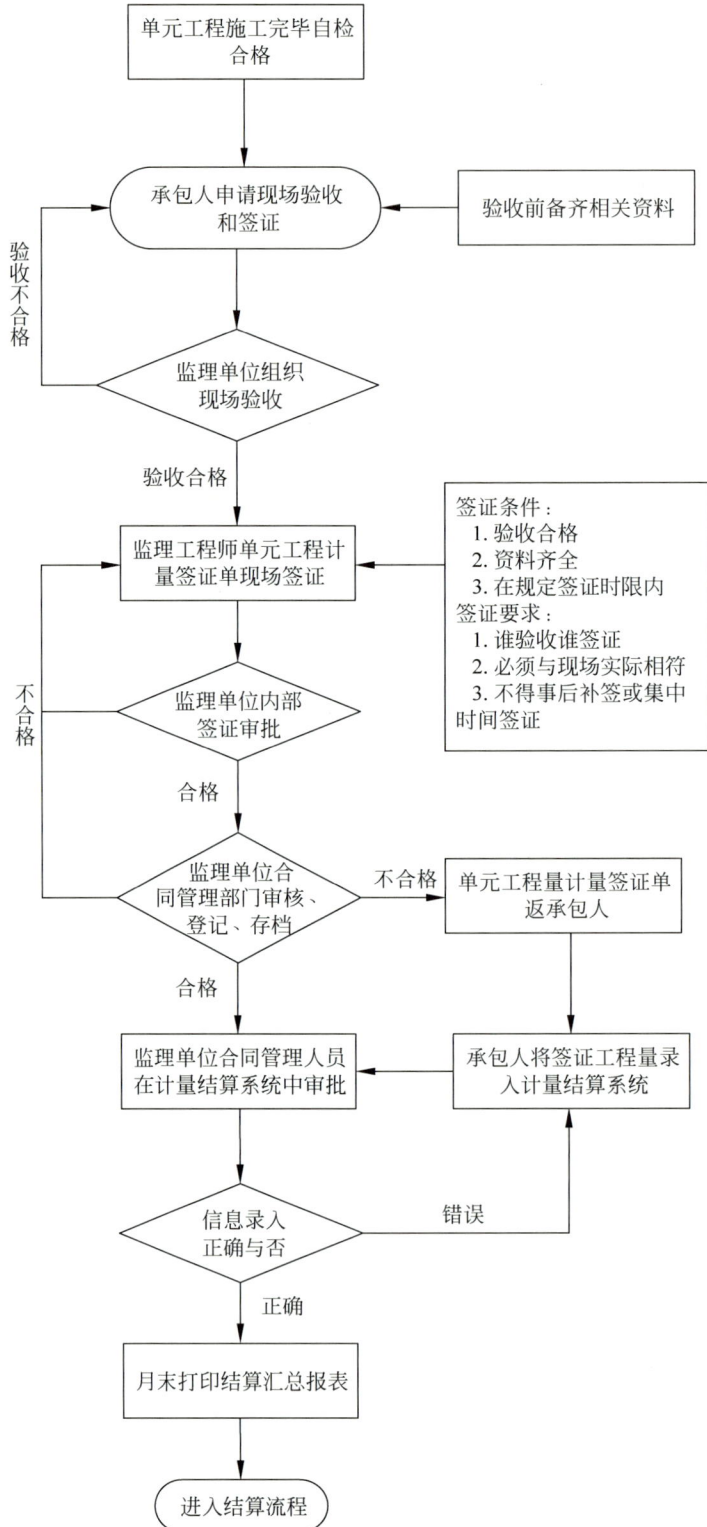

图 5.3-5　单元工程签证流程图

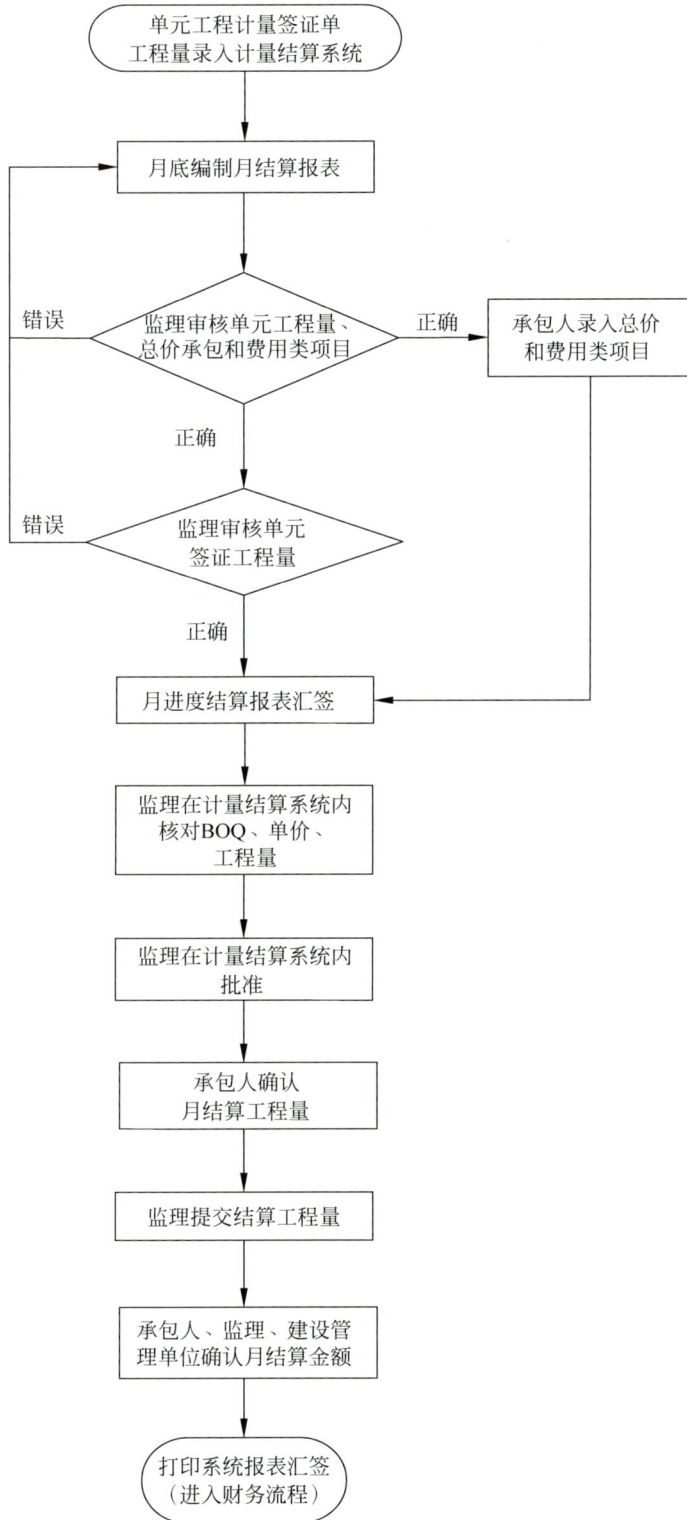

图 5.3-6　工程价款结算办理流程图

5.4 计量结算系统应用

5.4.1 工程管理系统简介

三峡工程管理系统（TGPMS）是中国工程界首次引进国外大型集成化管理信息系统，通过学习借鉴国际先进工程管理理念、方法、模型，并结合三峡工程建设的实际情况和中国工程项目管理实践进行改造与开发而形成[11]。白鹤滩水电站工程以 TGPMS 为基础，结合工程管理实际，不断完善、持续改进，开发了白鹤滩工程管理系统（BHTPMS）。BHTPMS 作为建设管理单位和各参建单位的日常工作管理平台，以概算、合同、设计图纸、质量控制单元、进度计划为基础，实现了对质量、进度、结算的协同和管理，保障了工程建设质量、进度和投资控制目标的实现。

5.4.2 计量结算系统简介

为规范、准确、高效地开展计量结算工作，白鹤滩水电站工程在 BHTPMS 系统中开发了计量结算系统。计量结算系统是 BHTPMS 合同支付模块的深化应用和功能拓展。计量结算系统作为白鹤滩水电站工程计量结算所依托的信息化管理系统，以分解至单元工程的设计工程量和现场实际签证工程量数据为核心，建立成本与质量管理的关联关系，在单元工程施工完成、质量验评合格、现场工程量签证完成的前提下，将现场签证工程量转换为系统结算工程量，形成工程价款结算报表，实现了计量结算过程中单元质量验收评定、工程量审核的规范化和标准化管理，以及计量结算申报、审核、审批的全流程信息化管理。

5.4.3 计量结算系统应用

计量结算系统使用流程见图 5.4-1。为规范计量结算系统应用，提高管理效率，确保验收与结算工作流程清晰、操作规范、数据准确、责任明确，白鹤滩水电站工程制定了《计量签证及结算管理办法》《计量结算系统业务操作指南》，对计量结算系统的操作原则、程序、要求及处理时限等进行了系统、全面的规定。

计量结算系统主要工作包括单位工程、分部工程、分项工程及单元工程定义，工程量计算书数据录入与批准，单元工程施工、验收、签证、汇总及结算。具体过程如下：

（1）工程施工之前，承包人根据已审批的单位工程、分部工程、分项工程、单元工程划分，在系统中录入单元工程信息（详见图 5.4-2～图 5.4-6），将工程项目细化为一系列的可控单元。

（2）承包人根据已审批的工程量计算书录入单元工程的工程量，监理单位和建设管理单位核对无误后批准录入的单元工程的工程量（见图 5.4-7）。

（3）承包人在完成单元工程施工后，提出质量评定与验收申请，经监理单位、建设管理单位批准后，完成单元工程验评，同步申请单元工程工程量签证。

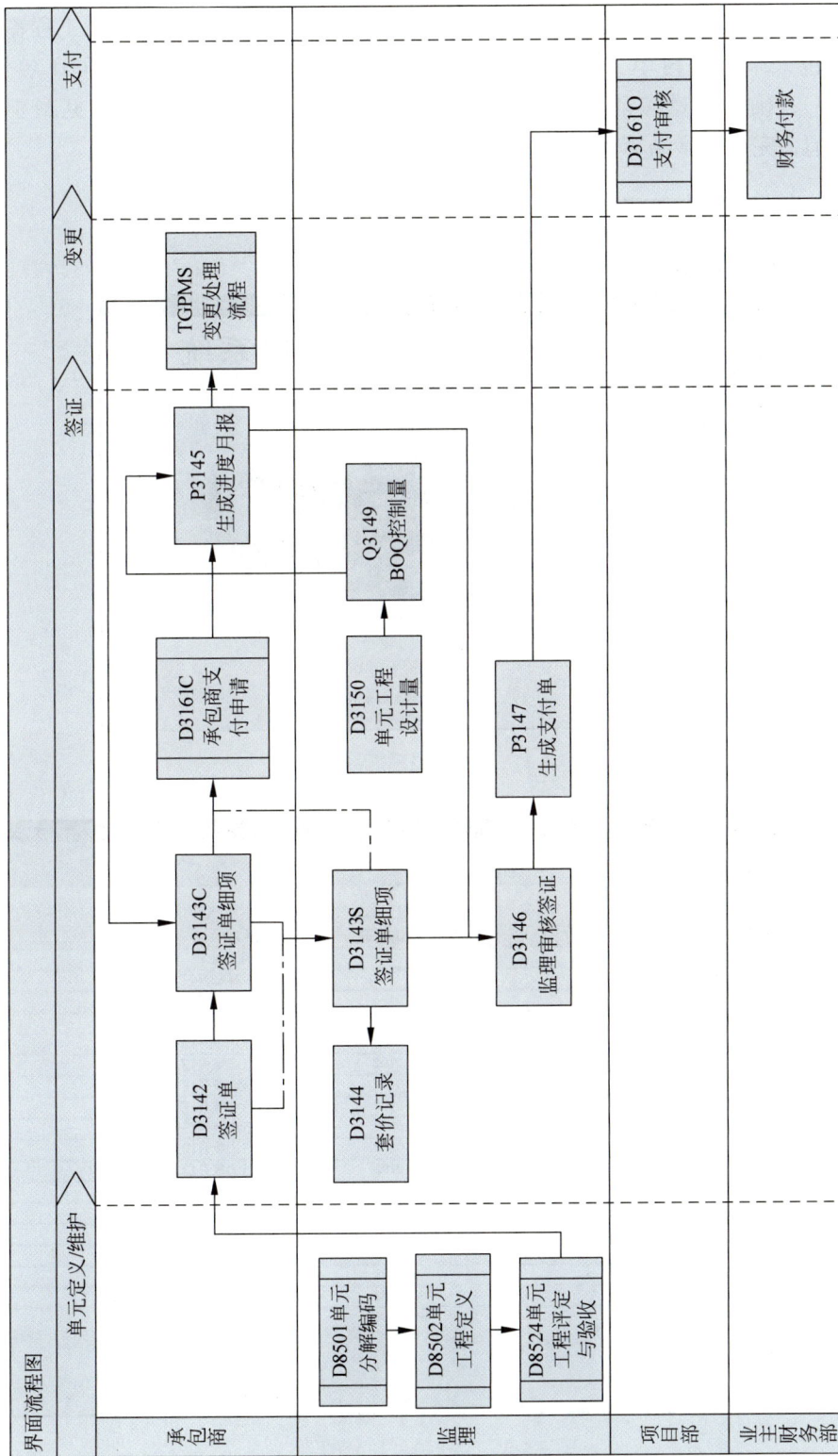

图 5.4-1　计量结算系统使用流程图

（4）承包人录入已验评合格的单元工程签证工程量（见图 5.4-8）、签证细项（见图 5.4-9），监理单位审核签证细项（见图 5.4-10）、签证单，完成系统中单元工程签证。

（5）承包人录入支付单（见图 5.4-11）并运行 P3145（系统指令，下同）签证月报（见图 5.4-12），确认计量签证金额，监理单位运行 P3147 生成结算报表（见图 5.4-13），发起支付申请，完成计量结算流程。

图 5.4-2　工程管理系统界面图

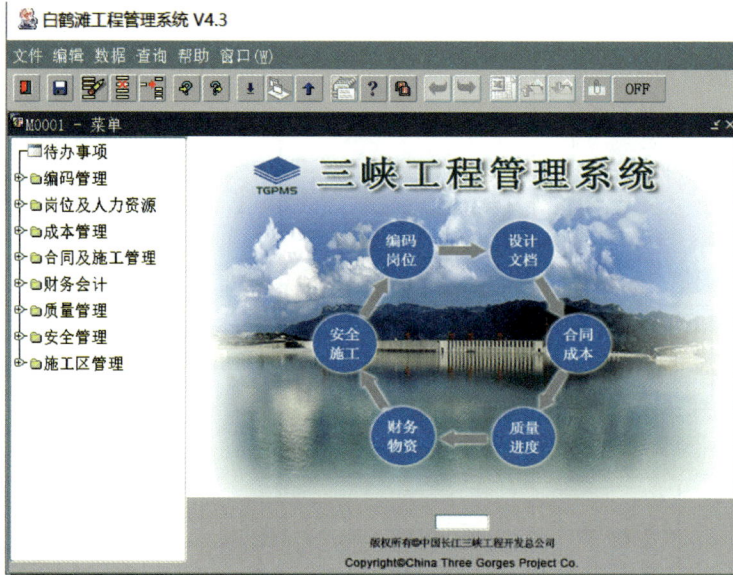

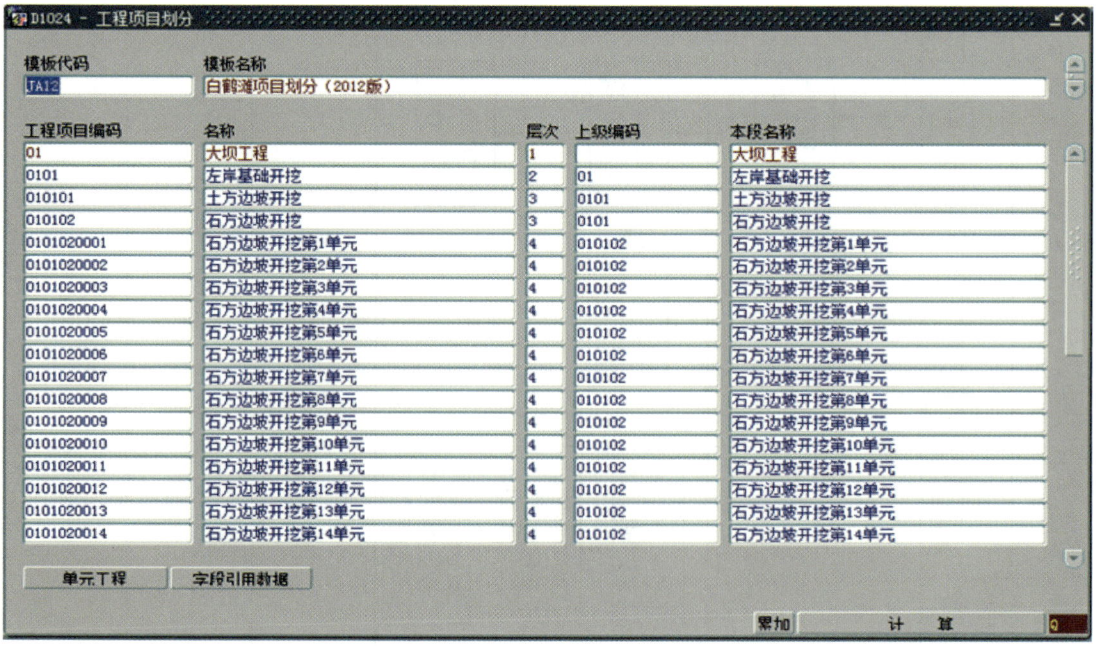

工程项目编码	名称	层次	上级编码	本段名称
01	大坝工程	1		大坝工程
0101	左岸基础开挖	2	01	左岸基础开挖
010101	土方边坡开挖	3	0101	土方边坡开挖
010102	石方边坡开挖	3	0101	石方边坡开挖
0101020001	石方边坡开挖第1单元	4	010102	石方边坡开挖第1单元
0101020002	石方边坡开挖第2单元	4	010102	石方边坡开挖第2单元
0101020003	石方边坡开挖第3单元	4	010102	石方边坡开挖第3单元
0101020004	石方边坡开挖第4单元	4	010102	石方边坡开挖第4单元
0101020005	石方边坡开挖第5单元	4	010102	石方边坡开挖第5单元
0101020006	石方边坡开挖第6单元	4	010102	石方边坡开挖第6单元
0101020007	石方边坡开挖第7单元	4	010102	石方边坡开挖第7单元
0101020008	石方边坡开挖第8单元	4	010102	石方边坡开挖第8单元
0101020009	石方边坡开挖第9单元	4	010102	石方边坡开挖第9单元
0101020010	石方边坡开挖第10单元	4	010102	石方边坡开挖第10单元
0101020011	石方边坡开挖第11单元	4	010102	石方边坡开挖第11单元
0101020012	石方边坡开挖第12单元	4	010102	石方边坡开挖第12单元
0101020013	石方边坡开挖第13单元	4	010102	石方边坡开挖第13单元
0101020014	石方边坡开挖第14单元	4	010102	石方边坡开挖第14单元

图 5.4-3　工程项目划分图

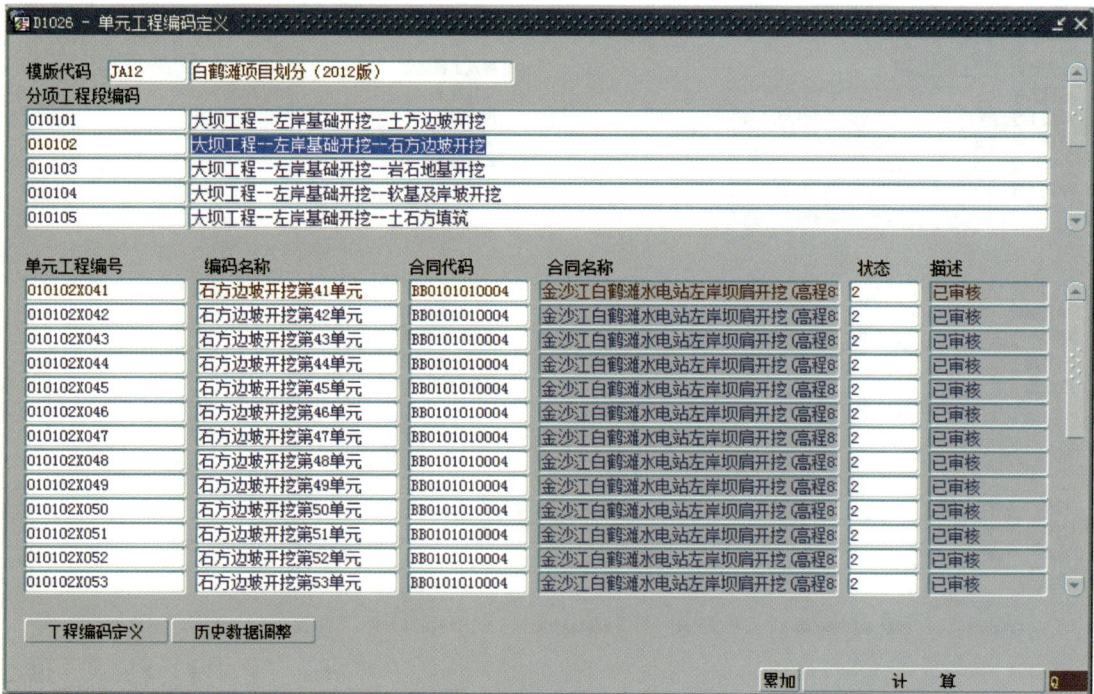

图 5.4-4　单元工程编码定义图

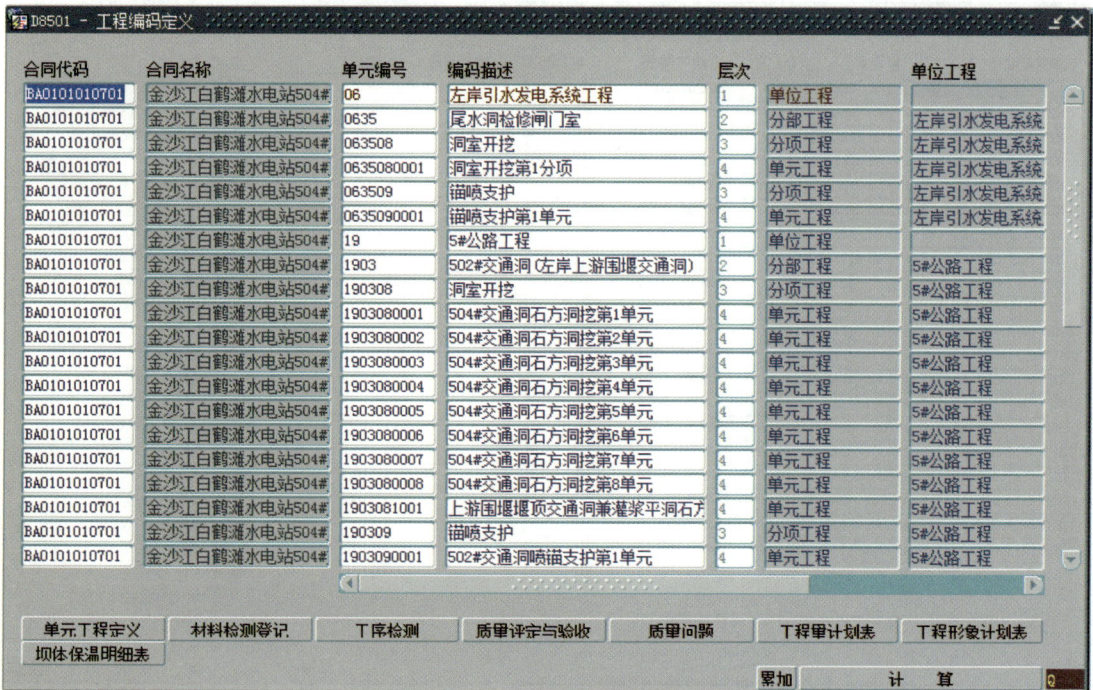

图 5.4-5　分部 / 分项 / 单元工程定义界面图

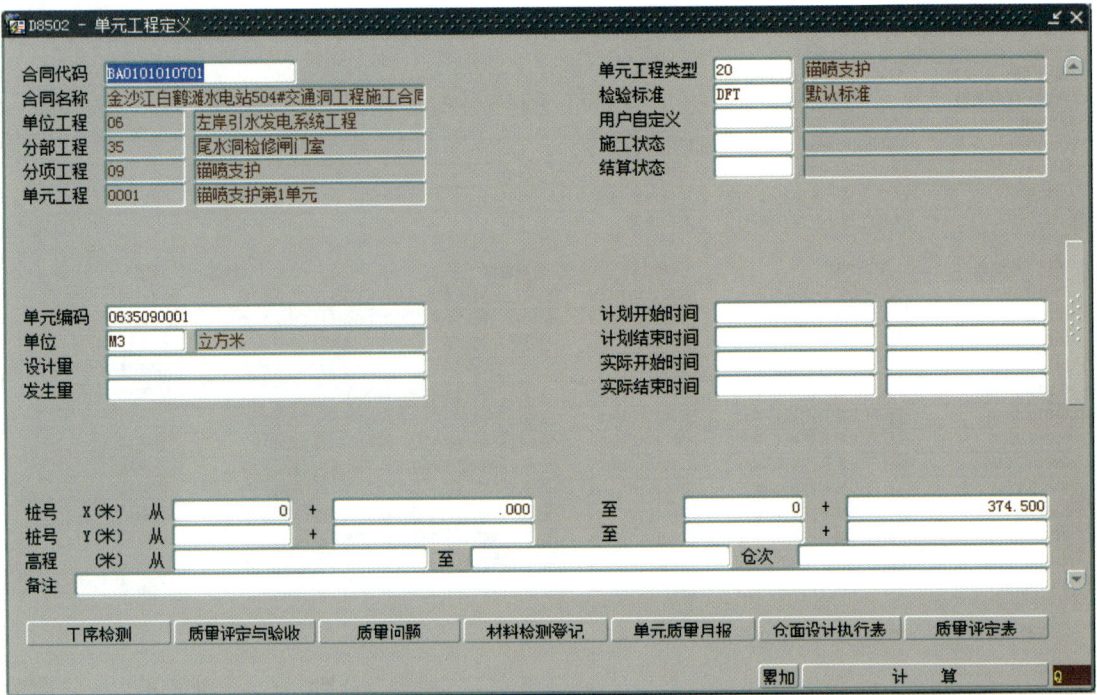

图 5.4-6　单元工程基本信息定义界面图

图 5.4-7　单元工程量录入、审核及批准界面图

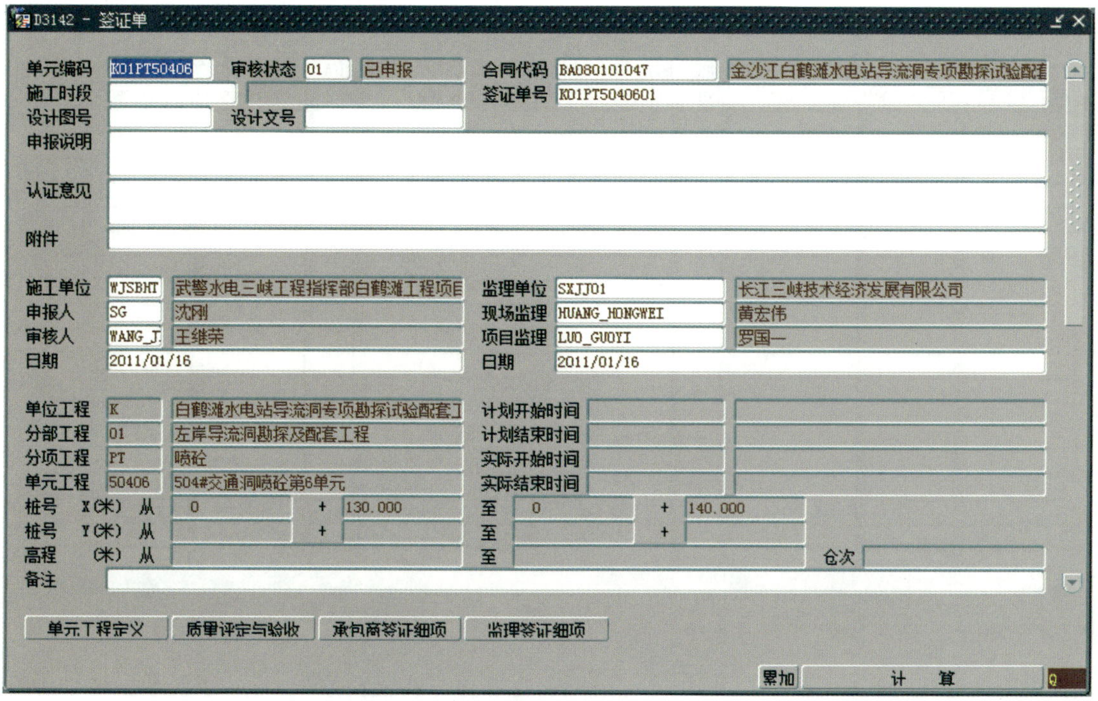

图 5.4-8　结算工程量签证单录入图

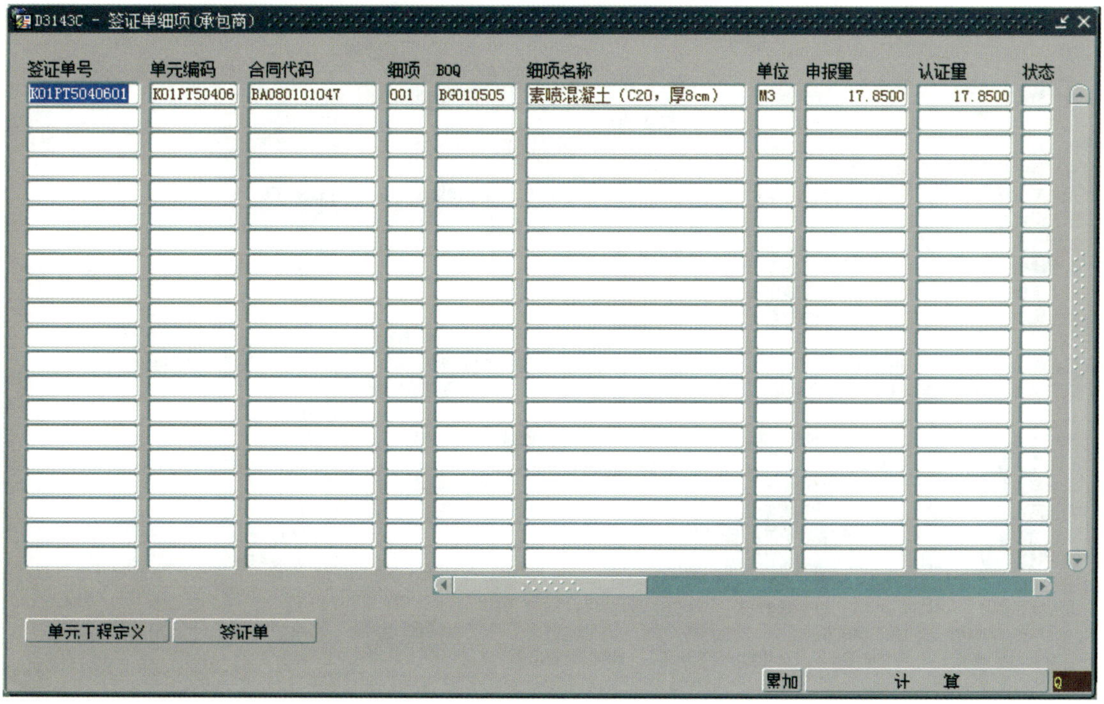

图 5.4-9　承包商签证单细项图

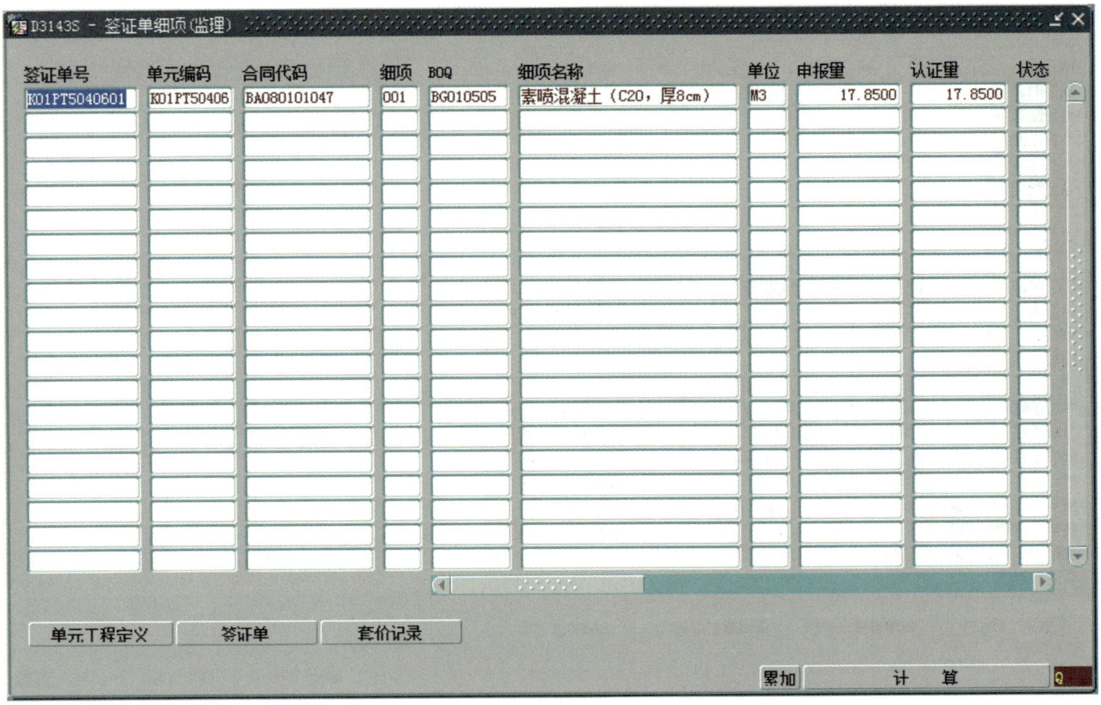

图 5.4-10 监理签证单细项图

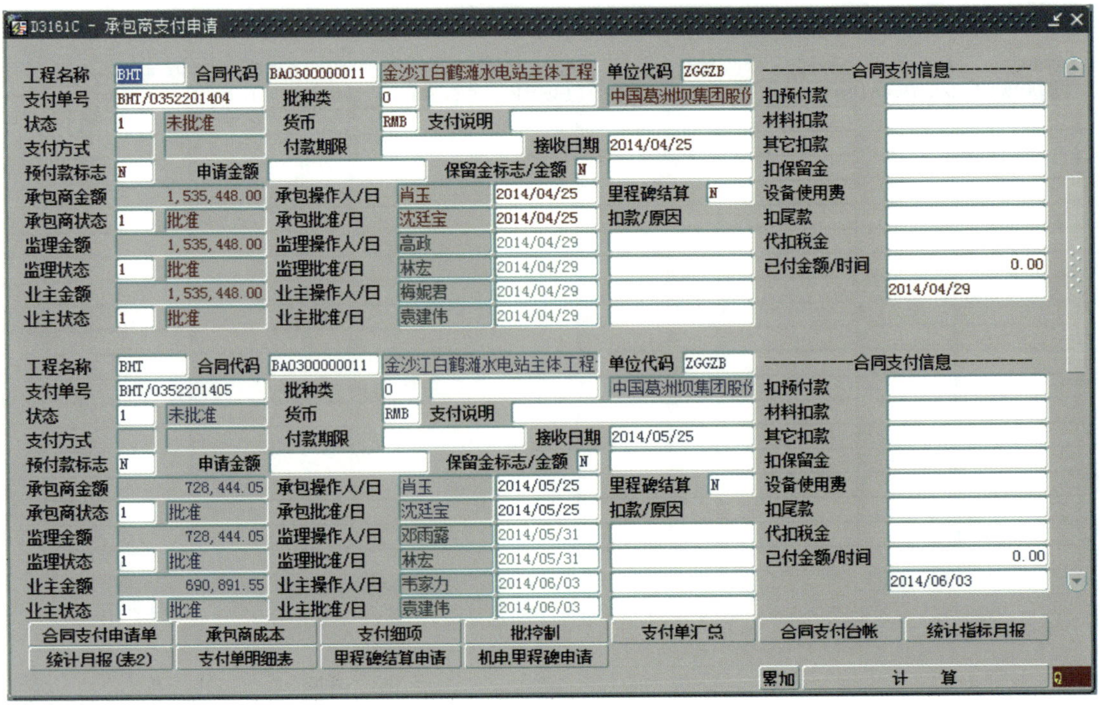

图 5.4-11 月支付金额审核及分级批准界面图

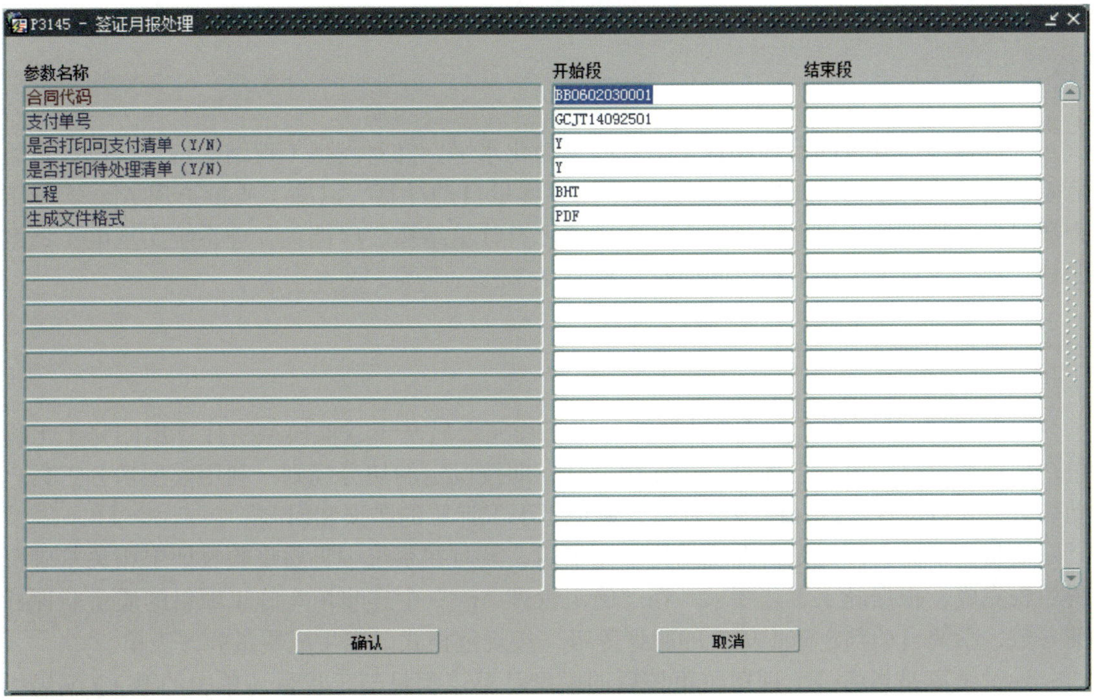

图 5.4-12　签证月报处理图

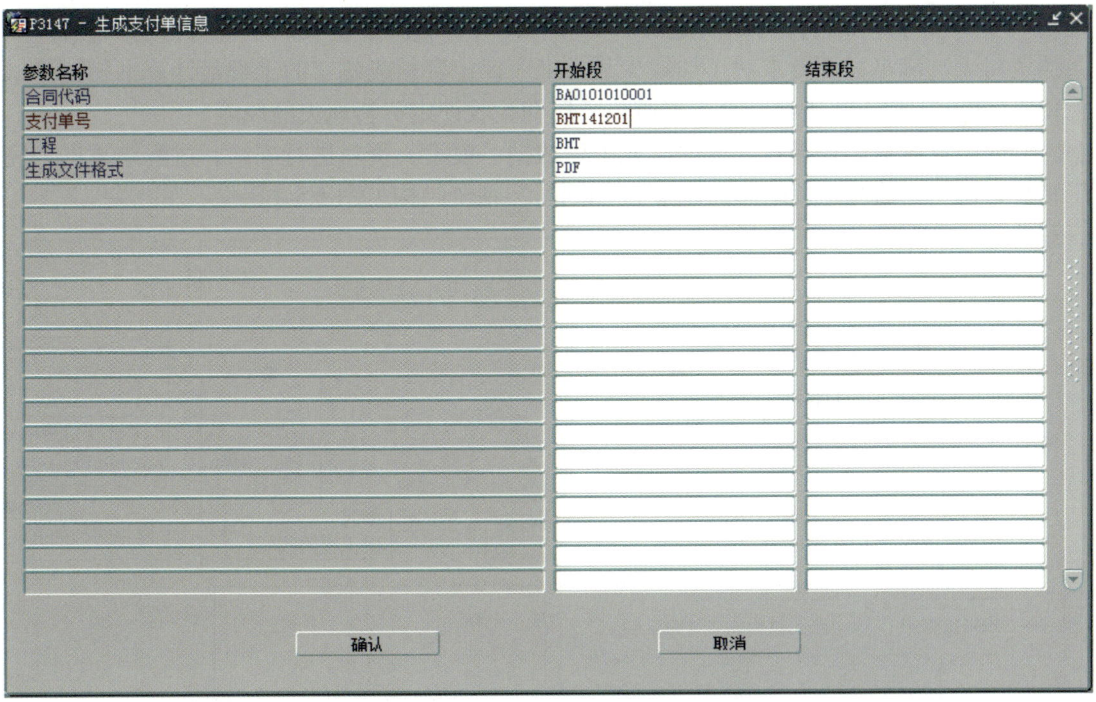

图 5.4-13　月支付工程量批准提交界面图

5.5 大坝工程"四同时"系统应用

5.5.1 系统概念

为进一步提升合同管理和计量结算的自动化水平，针对大坝工程结构特点，以计量结算系统为基准，以 BIM 设计模型完成单元工程量自动计算、以施工质量管理 App 实现工程质量自动化验评、以计量结算系统完成签证及计量结算、以档案管理系统实现电子档案归档，耦合形成了大坝工程"四同时"系统。

5.5.2 系统简介

"四同时"系统的工程量自动计算是指工程完工后基于数值模型所计算出的完工工程量，模型算量是对单元工程量进行深化设计，即按设定的切分规则，利用模型切分工具自动切分，并自动计算统计模型工程量，避免了手工计算的错误和误差。

质量自动验收评定是指在现场施工完工后，及时在系统中将质量验收评定相关基础资料填报完成，根据施工工艺要求，在"施工管理 App"中逐步填写施工项目的质量验评标准参数，系统自动判定施工单元的验评等级，按规范格式要求生成质量验评表单。

计量结算是指将经监理单位审核后的模型计算工程量与工程量清单中的 BOQ 编码相挂接，并自动生成完工工程量计算书作为单元工程完工后计量结算的依据。

资料自动归档是指在计量结算前，按单元工程资料归档规则自动读取所需结算单元工程的质量验收评定资料，判断满足归档要求后，所有的质量验收评定资料自动归档保存。归档资料无法满足规则要求时（如缺少某一工序评定资料或签字的工程量计算书扫描件未上传），单元工程无法进行结算，这避免了后期验收评定资料遗失的风险。

同时，系统对已经结算完成的单元工程数据、模型、资料进行冻结，过程结算即为完工结算，避免了后续重复结算的风险。"四同时"系统结构见图 5.5-1。

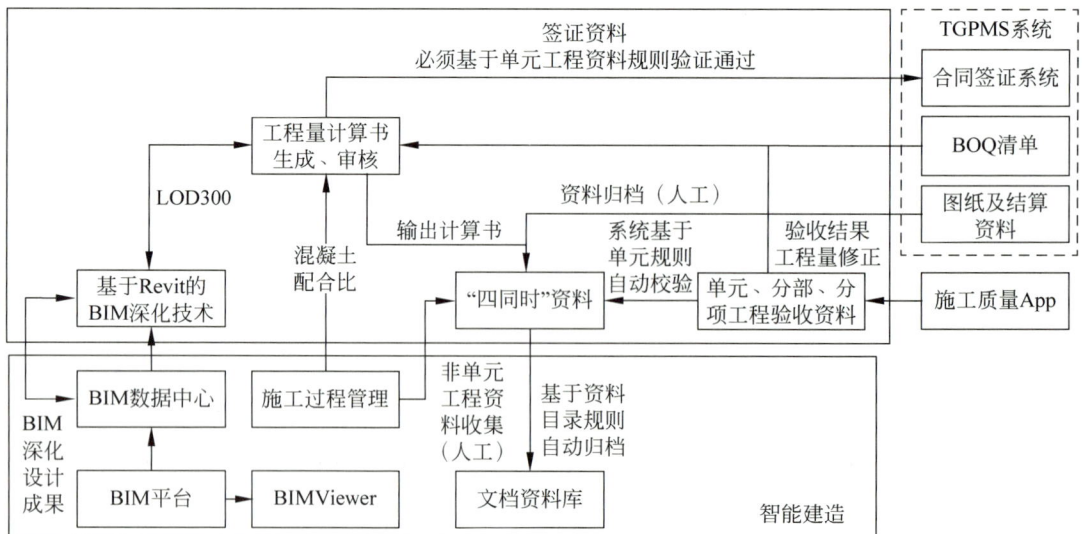

图 5.5-1 "四同时"系统架构图

5.5.3　系统应用

"四同时"系统已在白鹤滩水电站大坝工程约 810 万 m³ 混凝土，2 800 多项混凝土单元，170 多项灌浆单元，90 多项金属结构单元中成功应用，实现了大坝工程工程量计算、单元工程质量验评、计量结算、资料归档的同步，极大提升了大坝工程计量结算工作效率，大幅缩短了大坝工程完工验收时间。

5.6　成效

1.规范计量结算流程

通过有效的计量结算模式及过程数据的信息化，可对合同清单工程量、设计工程量、签证结算工程量进行全过程、全方位的对比分析，实现了计量结算的规范、准确和高效的全过程信息化管理。

2.做到了精确的成本控制

建立了成本与质量的直接关系，通过对施工现场工程质量的评定与验收，确保已支付的工程项目质量合格，在工程量结算客观准确的同时，实现了工程进度、质量与成本的统一管理，实现了对工程投资的有效控制，降低了潜在的工程质量风险和超结风险。

建设安装工程年度投资计划根据年度进度计划工程量编制。经对比，白鹤滩水电站主体工程 2015—2022 年度投资计划与实际结算产值，2015 年为主体工程开工阶段适应期，除 2015 年外，其余年份的年度投资计划与实际结算产值偏差较小，详见图 5.6-1。

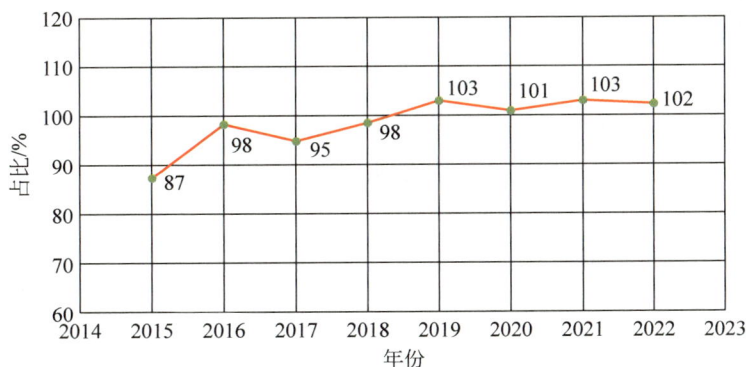

图 5.6-1　年度建设安装工程实际结算产值占投资计划比例图

3.显著提升项目管理效益

应用计量结算系统、"四同时"系统，白鹤滩水电站工程合同项目完工结算报表通过历次月度结算报表自动汇总形成，极大地缩短了完工结算办理时间，月度结算与单元工程质量验收评定挂钩，为合同项目完工验收奠定了良好的基础，有效缩短了工程收尾及完工验收时间。

经比较类似水电站项目，某大型水电站大坝工程完工后，历时 6 年，每年投入约 20 人进行合同完工工程量清理，估算耗费直接人力资源成本约 3 000 万元。白鹤滩水电站大坝工程"四同时"系统基本实现了"合同项目完工之日即完工结算之时"的理想目标，经济效益、时间效益显著。

4. 规范现场签证行为

应用计量结算系统，进一步规范了监理工程师的现场签证行为，杜绝了工程完工后再补签证（尤其是隐蔽工程）的现象。由于计量结算系统数据来源要求与施工现场同步，保证了工程量签证的及时动态完成[12]。

5. 及时办理物资核销

单元工程结算数据与物资核销子系统共享，可做到物资应耗量当月清理，完工后即可办理物资核销。

6. 显著提高精细化管理水平

白鹤滩水电站工程计量结算理念以及"四同时"管理系统在大坝工程建设中的应用，是大型水电工程建设管理的应用创新，显著提高了大型水电工程建设过程中的精细化管理水平，可在后续水电工程乃至其他工程领域推广。

5.7 典型计量案例

计量是工程项目建设管理的主要内容，是投资控制的重要组成部分，工程量计算是否准确、计算范围是否正确、是否漏项、是否重复等关系到承包人和发包人双方的直接利益，同时计量也是审计关注的重点。因此，招标文件中计量条款的约定十分关键，计量项目所包含的工作范围、单价中所包含具体内容、计量项目的计算边界等均应在招标文件中进行清晰和准确的规定。但在水电工程计量实践中，因工程项目专业面广、种类多、边界条件复杂，难免存在计量歧义和争议。本书对白鹤滩水电站工程建设过程中有特点的计量方法和存在计量异议的问题进行了梳理和探讨，为读者提供借鉴和参考。典型工程量计量案例详见附录 C。

5.8 借鉴与思考

白鹤滩水电站工程计量结算模式、计量结算系统和"四同时"系统的应用，对参建各方的管理水平提出较高的要求，施工前需将设计工程量计算分解到单元工程，并录入计量结算系统，实施过程中动态完成现场签证和质量评定，需参建各方高效配合。

计量结算的理想目标是"工程完工之日即完工结算之时"，但由于受项目建设过程中设计变更、工程量计算误差、计算书编制及时性不够、合同外新增项目等因素影响，实际执行过程中距离理想目标还存在一定差距，需要在后续工程建设中不断探索和完善。

　　计量结算系统的处理界面和人机交互模式对具体操作人员提出较高的要求，业务人员需完成专业培训后方可执行相关业务。随着现代信息技术的进一步发展，更加友好、便捷的操作界面和交互模式是系统后续升级优化的方向。同时，随着 BIM 技术的进一步普及，后续可进一步提前在施工图设计阶段进行 BIM 设计交付，提高 BIM 建模自动化程度，扩大应用范围，达到"合同项目完工之日即为完工结算之时"的高水平管理目标。

第6章 合同变更

合同变更管理是建设合同管理的重要内容，合同变更是合同双方利益的焦点，高效地处理合同变更既可以减少不必要的经济纠纷，确保工程资金有效投入工程建设，保证合同的顺利实施，又有利于工程造价的有效控制。白鹤滩水电站工程在"尊重合同、依法依规、实事求是、解决问题"的原则下，提出并践行了"事前变更"的管理理念，制定了事前控制、跟踪检查的管理措施，依托变更管理系统，主动掌控变更，提高变更处理效率，做到合同变更与工程建设同步。

6.1 背景

在水电工程建设实践中，由于合同变更意识欠缺、管理不到位等问题，导致变更识别滞后、变更申报和处理不及时、变更过程资料记录不全、原始资料丢失、变更争议难以协商一致等情况时有发生，造成变更处理难度大、周期长，变更项目计量结算滞后，影响了工程建设正常开展。现场为了实现工程安全、质量、进度目标，往往采取预结、暂结等方式支付工程价款，以保障工程正常施工所需要的资金，从而给工程建设带来多方面的管理风险。

6.2 变更管理特点

白鹤滩水电站工程具有工程规模巨大、建设周期长、技术难度高、质量要求高等特点，特别是高地应力条件下洞室群围岩稳定、高边坡变形稳定控制难度大，加之工程建设过程中受用工价格逐年上涨、主要材料价格波动、国家税收政策调整、新冠疫情等不可预见风险影响，导致合同边界条件不可避免地发生较大变化，造成建设过程中变更数量较多。强化变更管理，及时、有效、规范地处理变更，对于工程建设有序推进至关重要。白鹤滩水电站枢纽工程历年变更数量详见图6.2-1。由图可见，项目核准前以辅助工程施工为主，2014年为辅助工程施工高峰年，变更数量较多；项目核准后以主体工程施工为主，2021年为首批机组投产发电年，变更数量较多。

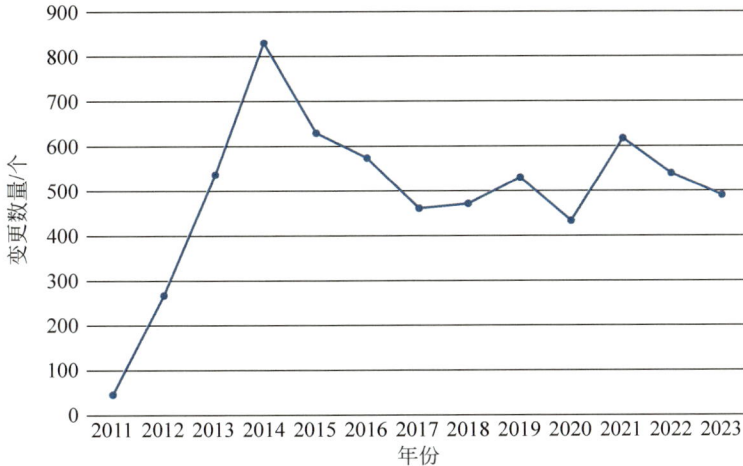

图 6.2-1　枢纽工程年度变更数量图

为提高变更效率，提升变更管理水平，解决变更处理不及时、不规范等难题，白鹤滩水电站工程合同变更管理应严格遵循，以服务工程为导向，以嵌入变更流程的变更管理系统为抓手，从事后问题分析转变到事前控制为主，重点控制变更关键流程；建立合同管理月例会、变更结算月例会机制，采用事前控制、跟踪检查、动态管理的闭环控制措施，充分调动设计、监理、施工等各方变更管理积极性，实现工程结算、变更索赔、合同审计与工程建设的"三同步"。

6.3　变更管理流程

白鹤滩水电站工程变更管理的主要控制流程包括变更识别、变更立项、变更申请、变更审核及审批，变更管理流程如图 6.3-1 所示。

6.3.1　变更识别

变更识别是变更事前控制最为关键的环节，是参建各方积极自觉的主动行为，起到了承前启后的作用。变更识别是在审查设计方案、设计图纸和施工方案时，对比招投标文件、合同约定、工程量清单是否发生变化，从而分析变化的必要性、可行性和经济性。变更识别是变更立项的前提，未能识别工程变更，变更也就无从谈起。

1. 变更范围

（1）增加或减少合同约定工程量；

（2）省略工程（但如果被省略的工作是由发包人或其他承包人实施的，则不算省略）；

（3）更改工程的性质、质量或类型；

（4）更改一部分工程的标高、基线、位置和尺寸；

（5）进行工程完工需要的附加工作；

（6）改动部分工程的施工顺序或施工时间；

```
                          ┌──────────┐
                          │  变更识别  │
                          └──────────┘
         ┌ ─ ─ ─ ─ ─ ─ ─ ─ ─ ┼ ─ ─ ─ ─ ─ ─ ─ ┐
                              │
         │    ┌──────────┐              ┌────┐  │
              │ 承包人申请 │              │ 变 │
         │    │  变更立项  │              │ 更 │  │
              └──────────┘              │ 立 │
         │          │                   │ 项 │  │
              ┌──────────┐              │ 审 │
         │    │ 监理初审  │              │ 批 │  │
              │  变更立项  │              │ 流 │
         │    └──────────┘              │ 程 │  │
                    │                   └────┘
         │    ┌──────────┐                      │
              │ 变更结算  │
         │    │ 月例会审批 │                      │
              └──────────┘
         │          │                           │
                  ◇◇◇◇◇
  变更不成立 │  ◇ 建设管理单位 ◇                   │
 ◄─────────   ◇ 批复变更立项? ◇
         │    ◇◇◇◇◇                          │
         └ ─ ─ ─ ─ ─ ┼ ─ ─ ─ ─ ─ ─ ─ ─ ─ ─ ─ ┘
  │                变更
  │                成立
  │          ┌──────────┐
  │          │ 发布变更指示 │
  │          └──────────┘
  │                │
  │              ◇◇◇◇◇
  │             ◇ 是否为  ◇        是
  │             ◇ 紧急项目? ◇ ────────────────┐
  │              ◇◇◇◇◇                      │
  │                │ 否                        │
  │          ┌──────────┐          ┌────┐   ┌──────────┐
  │          │ 承包人申报变更 │        │    │   │ 承包人申报变更 │
  │          └──────────┘        │ 项 │   └──────────┘
  │                │             │ 目 │         │
  │          ┌──────────┐        │ 施 │   ┌──────────┐
  │          │ 监理审核变更 │      │ 工 │   │ 监理审核变更 │
  │          └──────────┘        │    │   └──────────┘
  │                │             │    │         │
  │          ┌──────────┐        │    │   ┌──────────┐
  │          │ 建设管理单位 │      │    │   │ 建设管理单位 │
  │          │  审批变更  │       │    │   │  审批变更  │
  │          └──────────┘        │    │   └──────────┘
  │                │             │    │         │
  │          ┌──────────┐        │    │   ┌──────────┐
  │          │ 录入TGPMS │       └────┘   │ 录入TGPMS │
  │          └──────────┘                └──────────┘
  │                │
  └──────►   ┌──────────┐
             │  项目施工  │
             └──────────┘
                   │
             ┌──────────┐
             │  项目验收  │◄──────────────────────
             └──────────┘
                   │
             ┌──────────┐
             │ 计量签证结算 │
             └──────────┘
```

施工与变更同步

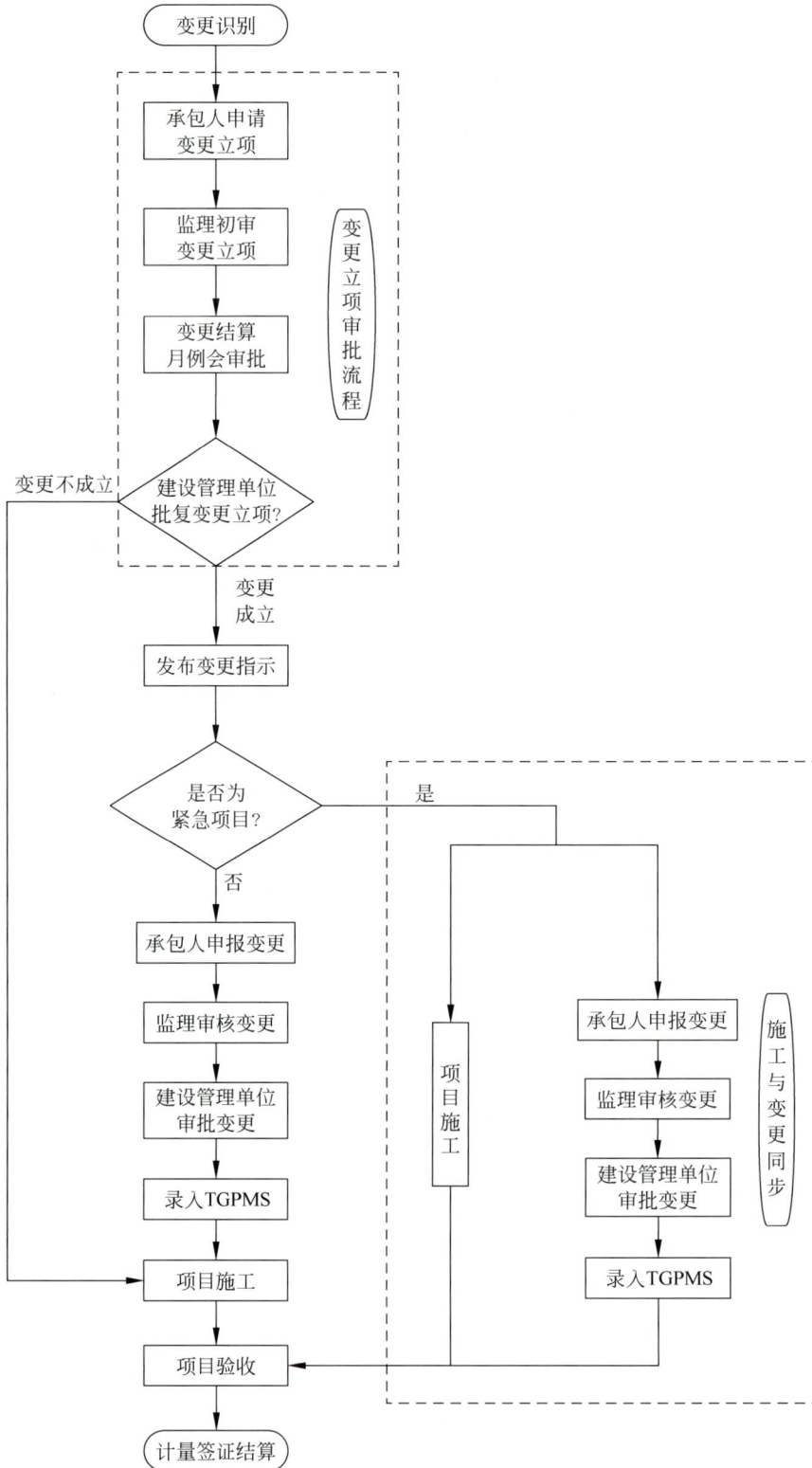

图 6.3-1 变更管理流程图

（7）增加或减少合同的工程项目；

（8）由于发包人提供的现场条件发生变化及因发包人原因引起承包人施工方案和措施发生实质性变化；

（9）特殊地质问题处理；

（10）合同约定的其他变更情形。

2. 变更识别的途径

（1）合同签订后，对施工图设计范围、标准、工程量与招投标文件、合同工程量清单、合同条款进行对比，分析是否存在工程量清单漏项、新增工程项目和重大方案调整等变更情形，以及施工图对工程进度、施工组织的影响。

（2）项目实施过程中，参建各方复核设计修改通知、技术核定单、备忘录等方案调整文件，识别变更。

（3）分析质量标准、安全文明施工标准、施工进度（延误或加速施工）、发包人施工条件、水文气象、特殊地质问题等合同边界条件变化，对施工工期、资源投入、施工方法、施工效率、工序衔接等的影响。边界条件变化应分清责任，对于非发包人责任和风险引起的边界条件变更应由承包人承担。

6.3.2　变更立项

变更立项是控制变更费用申报、审核及审批的总开关，其主要任务是判断变更是否成立。变更识别完成后，承包人收集变更支撑材料，并在变更管理系统中提出立项申请。监理单位对变更产生的原因、必要性、技术可行性和经济合理性（含组价原则）等提出初审意见后，提交变更结算月例会进行技术与经济审查，根据会议审查意见，建设管理单位完成变更立项批复。批复完成后的变更立项由建设管理单位在变更管理系统中推送承包人和监理单位，承包人按变更立项意见发起变更申请及后续变更流程。

对于重大变更立项，需编制立项申请报告并开展技术与经济专题审查，立项报告主要内容应包括：变更基本情况；变更实施的必要性，应从质量、安全、进度、投资等角度全面论述；技术可行性，应结合变更技术方案及现场实际情况论述；经济合理性，应包括变更范围、边界条件、变更估价原则、变更总额，以及变更对合同、核准概算、业主预算的影响等；潜在索赔风险分析，重点针对涉及压缩工期、资源投入增加等可能引发承包人索赔的变更；其他必要情况说明。

6.3.3　变更申请、审核及审批

1. 变更申请

合同变更原则上坚持"一事一报"，由承包人根据实际情况和现场记录、有关签证以及合同规定等提出合同变更申请报告。合同变更申请报告中应附有以下资料：合同变更立项审批表、报价编制说明、报价书、施工组织设计或施工方案、变更依据（设计文件、会议纪要、往来函件、签证资料、施工日志、票证票据及影像资料等）、工程量计算以及其他需要提交的材料等。

2. 变更审核

1）变更工程量审核

（1）已实施完成变更工程量，应为符合合同计量原则且实际实施完成并验收合格的工程量；

（2）未实施但已有监理确认施工图等资料的变更工程量，应为依据施工图等资料计算的工程量；

（3）未实施且尚无监理确认施工图等资料的变更工程量，应为根据变更项目基本情况合理估算的工程量。

2）变更单价审核

（1）仅工程量增减，施工方案未发生实质性变化时，采用合同单价，合同另有约定的除外；

（2）确需调整合同价格时，按以下原则确定单价或合价。

① 原合同工程量清单中有适用于变更工作的项目时，采用该项目的单价或合价；

② 原合同工程量清单中无适用于变更工作的项目时，可在合理的范围内参考原合同类似项目单价或合价作为变更估价的基础；

③ 原合同工程量清单中无类似项目的单价或合价可供参考时，根据投标报价的基础价格及取费标准确定新的单价或合价。

3. 变更审批

白鹤滩水电站工程合同变更按照金额大小分为重大合同变更、大型合同变更、中小型合同变更，其中重大合同变更分为一类重大合同变更和二类重大合同变更：一类重大合同变更是指超出合同条款约定或需要新编单价的重大合同变更；二类重大合同变更是指仅工程量发生变化，未超出合同条款约定且不需要重新编制单价的重大合同变更。合同变更项目按照类别、规模及审批权限分级审核审批。对变更项目的整合或拆分不得改变合同变更的审批权限。白鹤滩水电站工程合同变更分类及审批权限划分详见表 6.3-1。变更完成审批后，审批结果反馈给监理单位及承包人。

表 6.3-1　白鹤滩水电站工程合同变更分类及审批权限划分表

变更分类		变更金额	变更审核分级授权与决策
重大合同变更	工程类	2 000 万元及以上	一类重大变更由监理单位、建设管理单位分级审核，建设管理单位办公会审议后，报三峡集团审批； 二类重大变更由监理单位、建设管理单位分级审核，建设管理单位办公会决策后审批
	货物类	1 000 万元及以上	
	服务类	500 万元及以上	
大型合同变更	工程类	2 000 万～500 万元（含）	监理单位、建设管理单位分级审核，建设管理单位办公会决策后审批
	货物类	1 000 万～500 万元（含）	
	服务类	500 万～300 万元（含）	
中小型合同变更	工程类	500 万元以下	监理单位、建设管理单位分级审核、建设管理单位主要负责人审批
	货物类	500 万元以下	
	服务类	300 万元以下	

6.4　变更管理措施

6.4.1　事前控制

1. 事前预控

设计变化、工程技术方案调整及其他边界条件变化是变更发生的主要原因。为从源头上控制变更，应加强设计变化和工程技术方案的审查，从安全、质量、进度、投资控制等角度进行必要性审查，从技术的角度进行可行性审查，结合设计变化和工程技术方案的特点进行估价，与原合同、概算、潜在的变更索赔风险进行比较分析，并通过以下措施，从源头上控制变更的发生。

（1）加强设计管控，将招标阶段设计方案的细化、完善及调整纳入设计考核。对设计图纸与招标文件、合同工程量清单的变化，设计单位应进行说明，并估算对投资的影响，经建设管理单位审批后方可调整，减少无效变更。

（2）非承包人原因导致工期变化、质量和安全文明施工标准提高、特殊地质问题处理等合同边界条件变化涉及合同费用变更时，应充分开展变更方案技术经济分析、比选，严格控制变更方案审批程序和审批权限。

2. 事前立项审查

变更申报之前开展变更立项审查工作，事前审核变更是否成立，是事前控制的关键环节。按照"先立项、后实施"的原则，变更立项审查采用"集体审议、按月审批、滚动管理"的模式开展，实现公开、透明的变更管理，同时形成变更管理计划清单，主动掌控变更，为变更后续工作奠定基础。

3. 事前约定变更价格

事前约定变更价格是在变更立项完成后，根据变更设计文件、暂估工程量、批复的施工方案等，在项目实施前或实施过程中商定变更单价。变更申报时变更文件所列工程量为估算量，变更批复主要审核变更项目和变更单价，变更批复后，通过编制工程量计算书，经监理单位、建设管理单位审核、批复后办理计量签证结算。事前约定变更价格可为变更实施过程中的现场签证或记录确定方向，明确签证或记录资料的内容和方式，确保变更及时处理，不占用结算直线时间，有利于建设管理单位的投资控制和承包人的成本管理。

4. 事前商定组价原则

变更项目受条件限制，无法事前确定变更价格时，建设管理单位、监理单位与承包人商定变更组价原则，包括基础价格、调整系数、取费标准、参考定额等，形成备忘。实施过程中，根据商定的组价原则，做好施工工序记录、签证和相关资料的收集，为确定变更价格提供依据和支撑，并根据现场记录和工程量签证计算变更费用，确保变更的审核审批有理有据。变更申报时变更项目已实施完成，变更申报文件所列工程量为验收合格且符合计量规则的实际完成工程量，变更批复包括工程量的批复和价格的批复，变更批复费用就是最终结算金额。

5. 开展定额测量

定额测量是白鹤滩水电站工程变更管理事前控制的重要措施，通过定额测量能够有理、有据、高效地开展变更管理工作。在变更管理实践中，对采用新工艺、施工边界条件变化较大、无定额子目匹配的变更项目开展定额测量，科学、客观地测算承包人的直接施工成本，并作为变更价格协商的重要参考依据，为解决变更费用分歧提供有力支撑。本书6.6节对定额测量的流程、方法及编制等内容进行了详细介绍。

6.4.2 跟踪检查

传统的变更文件多为纸质文件，文件流转时间长、跟踪困难、容易遗失。依托变更管理系统在线跟踪功能，可有效解决上述问题。变更跟踪检查主要包括已立项未申报变更项目情况检查、变更效率检查、已完工未申报变更问题检查等。

1. 已立项未申报变更项目情况检查

已立项未申报变更项目检查是变更立项后，督促承包人加快变更项目申报的一种控制措施。通常结合工程施工情况，重点督促已开始施工或施工完成项目加快变更项目申报，以免影响工程结算。

2. 变更效率检查

变更效率不高的原因主要是变更争议不能及时协商一致，或者变更审核中某些工作人员不作为导致变更效率低。变更效率检查，就是通过变更管理系统的统计功能，查询变更申报、审核、审批等各流程的处理时长，对于变更处理时间较长的项目（如超过1个结算周期），应要求相关当事人说明原因，从机制上督促大家认真履职、主动工作。

3. 已完工未申报变更问题检查

通过召开合同管理月例会，分析已完工程结算产值与已完工程实际产值的匹配性。理想的结算状态是结算产值与实际产值一致，但受结算的周期性、施工与验收的时差、变更滞后等因素影响，结算产值常滞后于实际产值。为尽量缩小这种差距，必须掌握结算产值与实际产值差异的动态关系及原因，从而有的放矢地对结算滞后或超前的影响因素进行干预、控制和纠偏，使结算产值与实际产值趋近。主要分析方法有香蕉曲线图法和鱼骨图法。

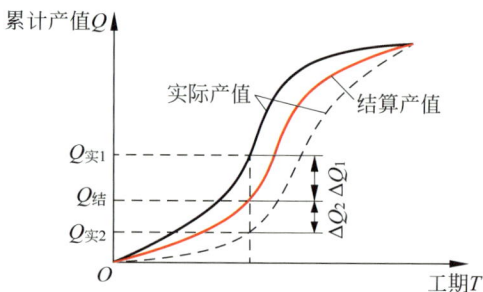

图 6.4-1 结算产值与实际产值香蕉曲线图

1）香蕉曲线图法

香蕉曲线图作为进度、费用偏差分析技术，能直观反映工程项目的实际进展情况。白鹤滩水电站工程利用香蕉曲线图进行结算分析和控制。如图6.4-1所示，香蕉曲线图横轴表示工期，纵轴表示累计产值，实际施工过程中的已完工程结算产值与已完工程实际产值分别用一条S形曲线表示。

结算偏差的公式为：结算偏差 = 已完工程实际产值 − 已完工程结算产值

当结算偏差为负值时，表示超结，应严格杜绝；当结算偏差为正值时，存在欠结，其偏差占已完工程实际产值的 5%～10% 比较合理，辅助合同可按上限控制，主体合同可按下限控制。

2）鱼骨图法

鱼骨图是一种发现问题"根本原因"的分析方法。工程结算超结、欠结的常见原因分析如图 6.4-2 所示。

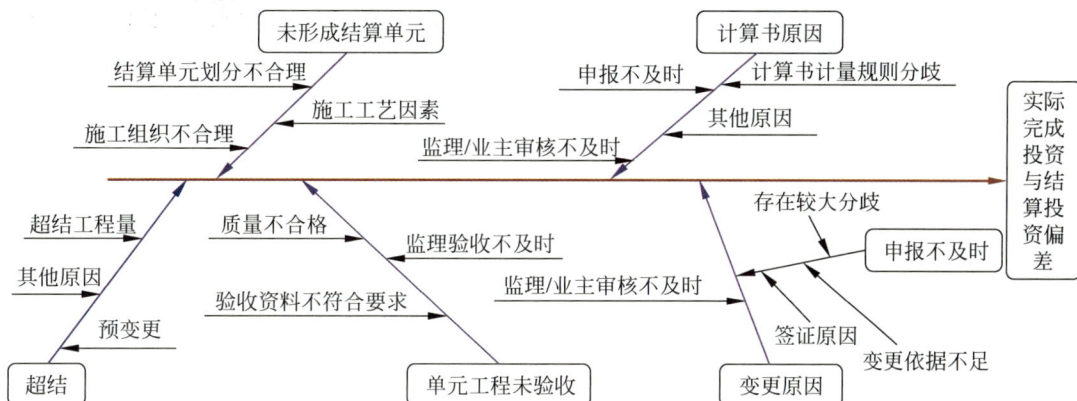

图 6.4-2　结算偏差原因分析鱼骨图

6.4.3　动态管理

白鹤滩水电站工程每月定期召开变更结算和合同管理月例会，对变更进行动态管理。变更结算月例会由建设管理单位分管经济领导主持，建设管理单位、监理单位及承包人参会，会议协调解决变更争议、监督检查变更进展、审议决策重大事项；会议通过参会各方集体讨论的方式，使变更信息公开披露、决策过程公开透明，提高了变更处理效率。通过合同管理月例会，建立已完工程实际产值与已完工程结算产值的差异分析机制，梳理变更审核进度，以反馈分析的成果弥补变更事前控制的不足，提升变更管理效率。

6.5　变更管理系统

为了实现从变更立项到结算支付的一体化管理，白鹤滩水电站工程开发并成功应用了变更管理系统，为高效开展变更管理奠定了坚实的基础。白鹤滩水电站主体工程合同变更均通过变更管理系统运转，建设管理单位、监理单位、施工单位等相关管理人员全部应用该系统进行协同办公。

6.5.1　系统简介

根据流程化、可操作、可评价、可发布、可持续改进的系统开发理念，结合工程实际、用户需求调研及解决方案分析，对变更管理系统实现方式进行创新性思考，基于白鹤滩工程管理系统（BHTPMS）开发平台 Oracle Forms，开发了变更处理与合同支付一体化变更管理系统。

2012 年 5 月变更管理系统在白鹤滩水电站工程投入运行，其核心构架为"合同变更处理流程"，嵌入变更识别、变更立项、变更申请、变更审批等主要环节，同时具备变更跟踪、检查及统计分析能力，实现了信息化与管理业务的深度融合，进一步强化和规范了合同变更管理。白鹤滩合同变更管理系统界面见图 6.5-1。

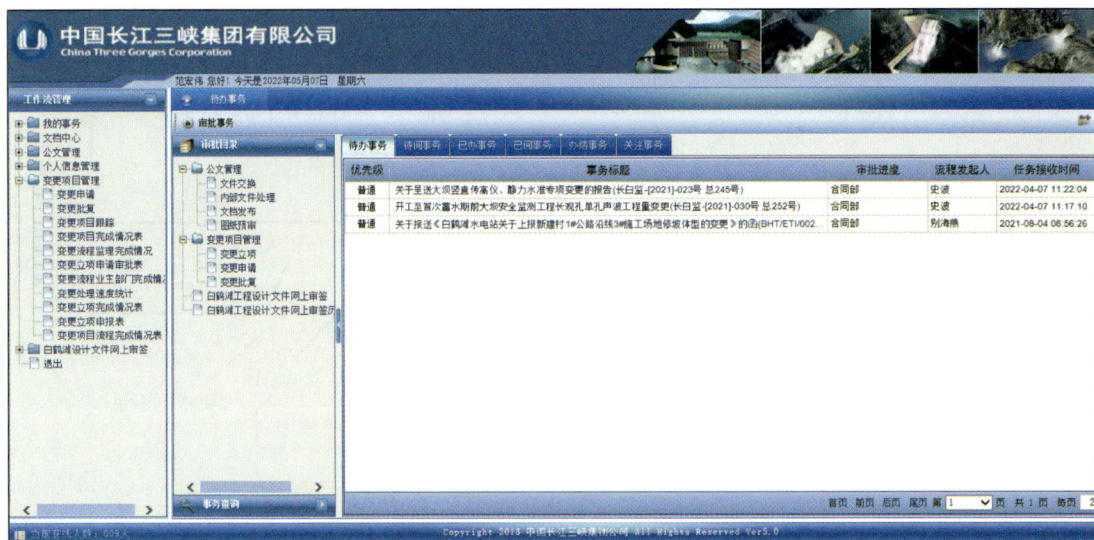

图 6.5-1　白鹤滩合同变更管理系统界面

6.5.2　系统应用展示

变更管理系统的主要功能包括变更立项、变更申请、变更审核及审批，同时兼具变更查询与统计功能，满足变更跟踪的要求。此外，变更管理系统还完善了合同管理"大数据"功能。变更查询与统计具体内容详见表 6.5-1。

表 6.5-1　变更业务查询与统计功能表

序号	名　称	内容及作用
1	变更申请流程处理进度查询	查询正在办理的单个变更申请流程的进展，用于建设管理单位跟踪流程处理进度（定位至变更流程节点）
2	所有变更申请流程查询	查询承包人所有已申报的变更申请流程（含已结束流程及正在办理的流程），用于建设管理单位定位变更流程的当前处理人
3	变更项目完成情况查询	以单个变更立项为处理单位，查询已批准立项的变更进展情况（定位至变更流程节点）
4	变更流程监理完成情况查询	查询监理单位在某段时间内处理的变更申请流程情况，用于建设管理单位统计监理单位某时段内完成的工作量或工作效率
5	变更流程业主完成情况查询	查询建设管理单位业务部门在某段时间内处理的变更流程情况，用于统计某时段内完成的工作量或工作效率

序号	名　称	内容及作用
6	变更处理速度统计	统计监理单位及建设管理单位业务部门在某段时间内处理变更申请的平均用时，用于把握该时段内变更批复总体效率
7	变更立项完成情况查询	查询从变更立项申请到变更立项审批过程所处的状态，用于施工单位准确掌握立项是否通过及其状态
8	变更项目流程完成情况查询	以单个变更申报流程为处理单位，查询流程的变更进展情况（定位至变更流程节点），用于统计某个时间段内新增的变更申请流程统计数据

变更申请流程处理进度查询如图 6.5-2、图 6.5-3 所示。

图 6.5-2　变更申请流程处理项目情况

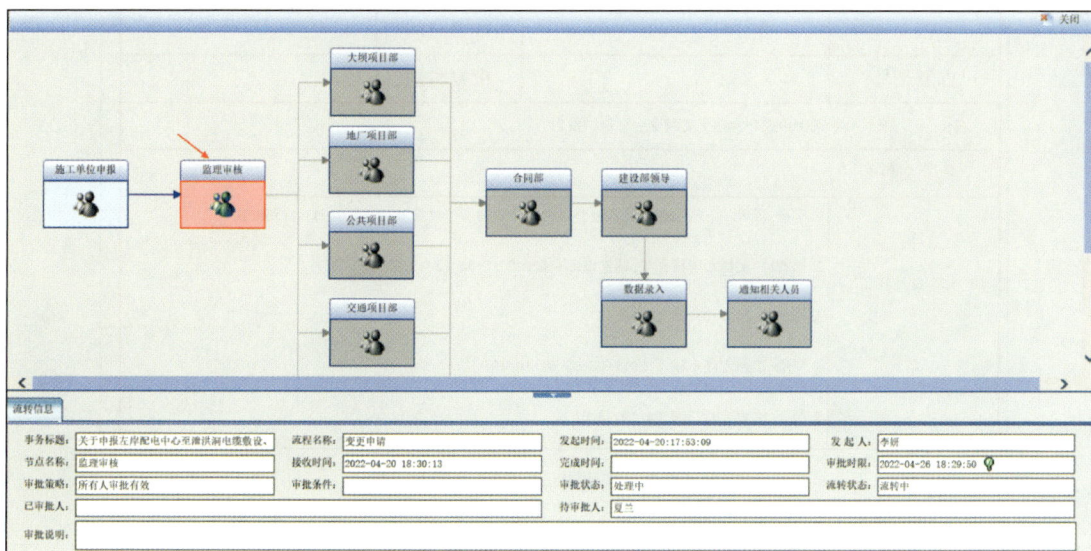

图 6.5-3　变更申请流程处理进度查询界面

变更申请及审批过程流程查询如图 6.5-4、图 6.5-5 所示。

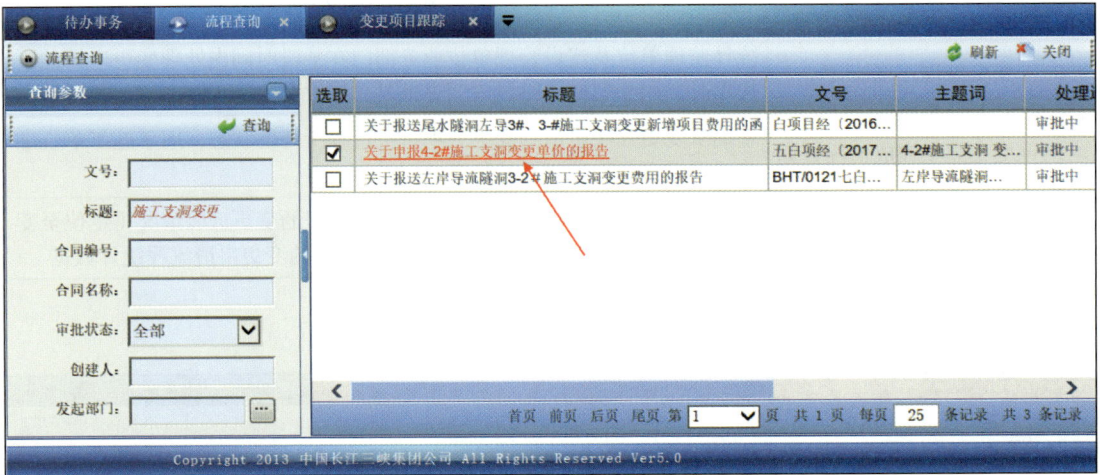

图 6.5-4　变更申请流程处理进度查询图

图 6.5-5　变更申请流程审批界面

变更项目完成情况查询如图 6.5-6 所示。
变更流程监理完成情况查询如图 6.5-7 所示。
变更流程业主完成情况查询如图 6.5-8 所示。

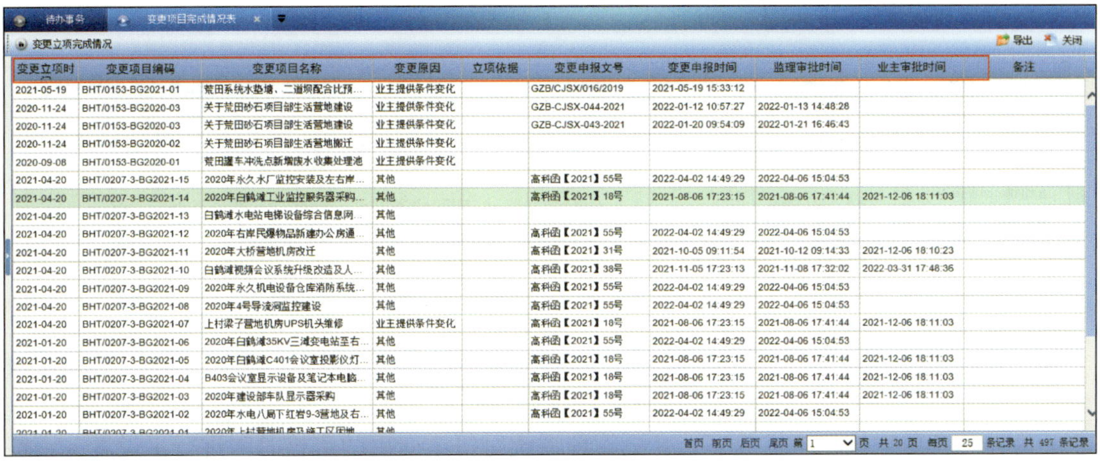

图 6.5-6 变更项目完成情况查询

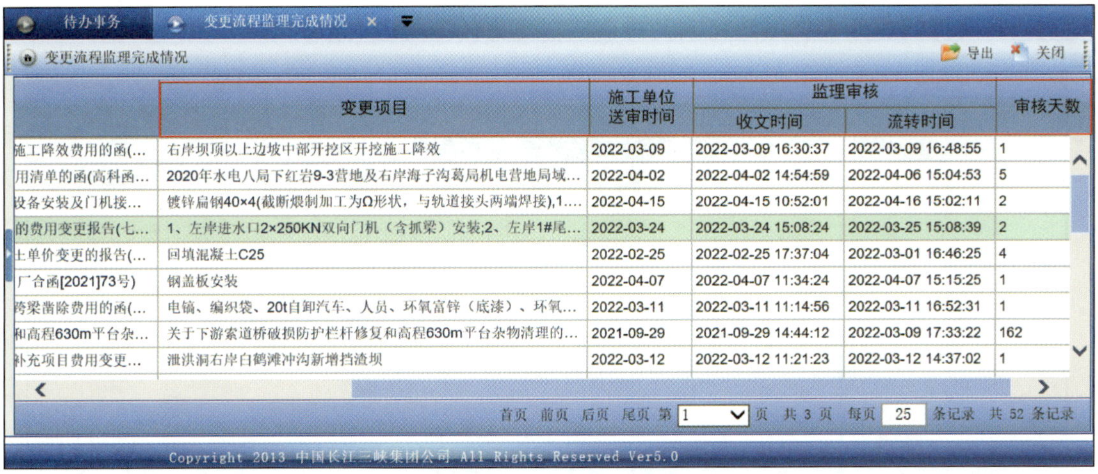

变更立项时间	变更项目编码	变更项目名称	变更原因	立项依据	变更申报文号	变更申报时间	监理审批时间	业主审批时间	备注
2021-05-19	BHT/0153-BG2021-01	营田系统水垫塘、二道坝配合比预	业主提供条件变化		GZB/CJSX/016/2019	2021-05-19 15:33:12			
2020-11-24	BHT/0153-BG2020-03	关于营田砂石项目部生活营地建建	业主提供条件变化		GZB-CJSX-044-2021	2022-01-12 10:57:27	2022-01-13 14:48:28		
2020-11-24	BHT/0153-BG2020-03	关于营田砂石项目部生活营地建迁	业主提供条件变化		GZB-CJSX-043-2021	2022-01-20 09:54:09	2022-01-21 16:46:43		
2020-09-08	BHT/0153-BG2020-01	营田装车冲洗点新增废水收集处理池	业主提供条件变化						
2021-04-20	BHT/0207-3-BG2021-16	2020年永久厂区控安设及左右岸	业主提供条件变化		高科函【2021】55号	2022-04-02 14:49:29	2022-04-06 15:04:53		
2021-04-20	BHT/0207-3-BG2021-15	2020年白鹤滩工业监控服务器采购	其他		高科函【2021】18号	2021-08-06 17:23:15	2021-08-06 17:41:44	2021-12-06 18:11:03	
2021-04-20	BHT/0207-3-BG2021-13	白鹤滩水电站电梯设备综合信息采购	其他						
2021-04-20	BHT/0207-3-BG2021-12	2020年右岸民爆物品新建办公房通	其他		高科函【2021】55号	2022-04-02 14:49:29	2022-04-06 15:04:53		
2021-04-20	BHT/0207-3-BG2021-11	2020年大桥营地机房改迁	其他		高科函【2021】31号	2021-10-05 09:11:54	2021-10-12 09:14:33	2021-12-06 18:10:23	
2021-04-20	BHT/0207-3-BG2021-10	白鹤滩视频会议系统内升级改造及人	其他		高科函【2021】38号	2021-11-05 17:23:13	2021-11-08 17:32:02	2022-03-31 17:48:36	
2021-04-20	BHT/0207-3-BG2021-09	2020年永久机电设备仓库消防系统	其他		高科函【2021】55号	2022-04-02 14:49:29	2022-04-06 15:04:53		
2021-04-20	BHT/0207-3-BG2021-08	2020年4号导流洞监控建设	其他		高科函【2021】55号	2022-04-02 14:49:29	2022-04-06 15:04:53		
2021-01-20	BHT/0207-3-BG2021-07	上村梁子营地UPS机头维修	业主提供条件变化		高科函【2021】18号	2021-08-06 17:23:15	2021-08-06 17:41:44	2021-12-06 18:11:03	
2021-01-20	BHT/0207-3-BG2021-06	2020年白鹤滩35KV三湖安电站至右	其他		高科函【2021】18号	2021-08-06 17:23:15	2021-08-06 17:41:44	2021-12-06 18:11:03	
2021-01-20	BHT/0207-3-BG2021-05	2020年白鹤滩C401会议室投影仪灯	其他		高科函【2021】18号	2021-08-06 17:23:15	2021-08-06 17:41:44	2021-12-06 18:11:03	
2021-01-20	BHT/0207-3-BG2021-04	B403会议室显示设备及笔记本电脑	其他		高科函【2021】18号	2021-08-06 17:23:15	2021-08-06 17:41:44	2021-12-06 18:11:03	
2021-01-20	BHT/0207-3-BG2021-03	2020年建设华队显示器采购	其他		高科函【2021】18号	2021-08-06 17:23:15	2021-08-06 17:41:44	2021-12-06 18:11:03	
2021-01-20	BHT/0207-3-BG2021-02	2020年水电八局下红岩9-3营地及右	其他		高科函【2021】55号	2022-04-02 14:49:29	2022-04-06 15:04:53		
2021-01-20	BHT/0207-3-BG2021-01	2020年上村营地机房及施工区互联							

首页 前页 后页 尾页 第 1 页 共 20 页 每页 25 条记录 共 497 条记录

图 6.5-7 变更流程监理完成情况查询

变更项目	变更项目	施工单位送审时间	监理审核		审核天数
			收文时间	流转时间	
施工降效费用的函(...	右岸坝顶以上边坡中部开挖区开挖施工降效	2022-03-09	2022-03-09 16:30:37	2022-03-09 16:48:55	1
用清单的函(高科函...	2020年水电八局下红岩9-3营地及右岸海子沟葛局机电营地区域...	2022-04-02	2022-04-02 14:54:59	2022-04-06 15:04:53	5
设备安装及门机接...	镀锌扁铜40×4(截断煨制加工为Ω形状,与轨道接头两端焊接),1...	2022-04-15	2022-04-15 10:52:01	2022-04-16 15:02:11	2
的费用变更报告(七...	1、左岸进水口2×250KN双向门机(含抓梁)安装;2、左岸1#尾...	2022-03-24	2022-03-24 15:08:24	2022-03-25 15:08:39	2
土单价变更的报告...	回填混凝土C25	2022-02-25	2022-03-01 16:46:25	2022-03-01 16:46:25	4
厂合函[2021]73号)	钢盖板安装	2022-04-07	2022-04-07 11:34:24	2022-04-15 15:15:25	1
跨梁凿除费用的函(...	电镐、编织袋、20t自卸汽车、人员、环氧富锌(底漆)、环氧...	2022-03-11	2022-03-11 11:14:56	2022-03-11 16:52:31	1
和高程630m平台杂...	关于下游索桥破损防护栏杆修复和高程630m平台杂物清理的...	2021-09-29	2021-09-29 14:44:12	2022-03-09 17:33:22	162
补充项目费用变更...	泄洪洞右岸白鹤滩冲沟新增挡渣坝	2022-03-12	2022-03-12 11:21:23	2022-03-12 14:37:02	1

首页 前页 后页 尾页 第 1 页 共 3 页 每页 25 条记录 共 52 条记录

Copyright 2013 中国长江三峡集团公司 All Rights Reserved Ver5.0

图 6.5-8 变更流程业主完成情况查询

项目	施工单位申报时间	工程部			合同部		
		收文时间	流转时间	审核天数	收文时间	流转时间	审核
运行;上游围堰运行管理	2022-01-04	2022-03-16 09:22:24	2022-04-12 10:48:22	28			
道排水孔扫孔费用变更	2022-01-04	2022-01-11 16:38:41	2022-01-20 09:14:32	10	2022-01-21 09:14:32	2022-03-08 14:39:40	47
剂	2022-01-04	2022-02-07 10:45:03	2022-03-09 09:28:00	18	2022-02-25 09:28:00	2022-04-16 21:26:48	51
	2021-12-31	2022-02-21 16:28:32	2022-03-04 15:46:41	11	2022-03-04 15:46:41	2022-04-03 22:18:20	31
目	2021-12-29	2022-02-21 16:38:35	2022-03-10 10:08:10	17			
洞加强支护及调整项目	2021-12-29	2022-02-07 10:42:04	2022-03-04 15:47:33	26	2022-03-04 15:47:33	2022-03-12 14:41:15	8
闭门	2021-12-28	2022-01-03 16:39:18	2022-01-18 17:22:03	16	2022-01-18 17:22:03	2022-03-19 16:30:16	60
	2021-12-28	2022-01-03 16:37:24	2022-01-18 17:22:14	16	2022-01-18 17:22:14	2022-03-19 16:32:19	60
	2021-12-24	2022-01-06 17:27:35	2022-01-18 11:31:44	12	2022-01-18 11:31:44	2022-02-25 09:08:02	38

首页 前页 后页 尾页 第 3 页 共 3 页 每页 25 条记录 共 74 条记录

Copyright 2013 中国长江三峡集团公司 All Rights Reserved Ver5.0

变更处理速度统计如图 6.5-9 所示。

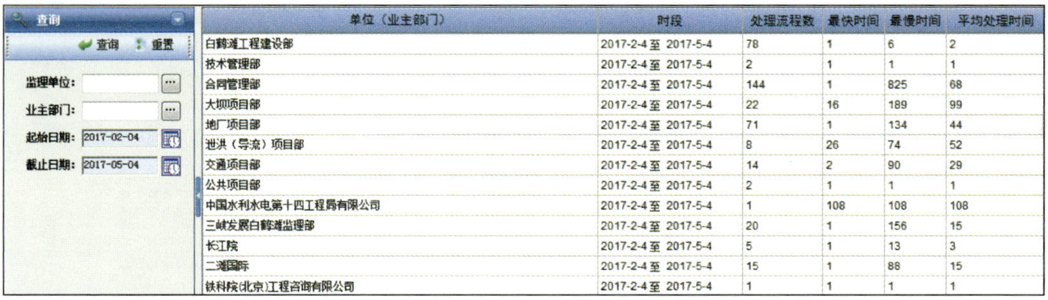

单位（业主部门）	时段	处理流程数	最快时间	最慢时间	平均处理时间
白鹤滩工程建设部	2017-2-4 至 2017-5-4	78	1	6	2
技术管理部	2017-2-4 至 2017-5-4	2	1	1	1
合同管理部	2017-2-4 至 2017-5-4	144	1	825	68
大坝项目部	2017-2-4 至 2017-5-4	22	16	189	99
地厂项目部	2017-2-4 至 2017-5-4	71	1	134	44
泄洪（导流）项目部	2017-2-4 至 2017-5-4	8	26	74	52
交通项目部	2017-2-4 至 2017-5-4	14	2	90	29
公共项目部	2017-2-4 至 2017-5-4	2	1	1	1
中国水利水电第十四工程局有限公司	2017-2-4 至 2017-5-4	1	108	108	108
三峡发展白鹤滩监理部	2017-2-4 至 2017-5-4	20	1	156	15
长江院	2017-2-4 至 2017-5-4	5	1	13	3
二滩国际	2017-2-4 至 2017-5-4	15	1	88	15
铁科院(北京)工程咨询有限公司	2017-2-4 至 2017-5-4	1	1	1	1

图 6.5-9　变更处理速度统计

为提高变更审核、审批效率，变更管理系统对每个变更的审核时限进行了设置，一般情况需 7 天内完成本职工作环节的审核，如超过 7 天未完成审核及处理，任务处理时限界面给予黄灯提示，如超过 14 天未完成审核及处理，任务处理时限界面给予红灯提示严重超期，从而提醒业务人员尽快完成变更审核。变更任务处理时限提示详见图 6.5-10。

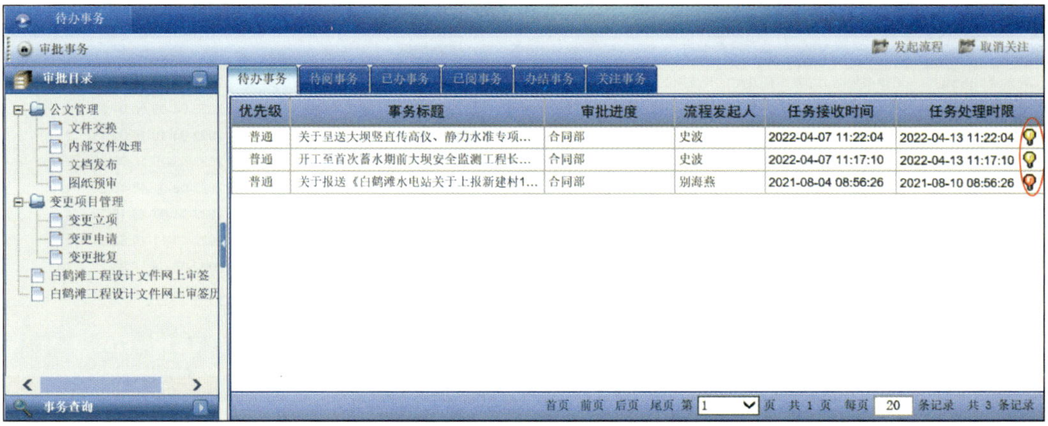

图 6.5-10　任务处理时限提示图

变更立项完成情况统计如图 6.5-11 所示。

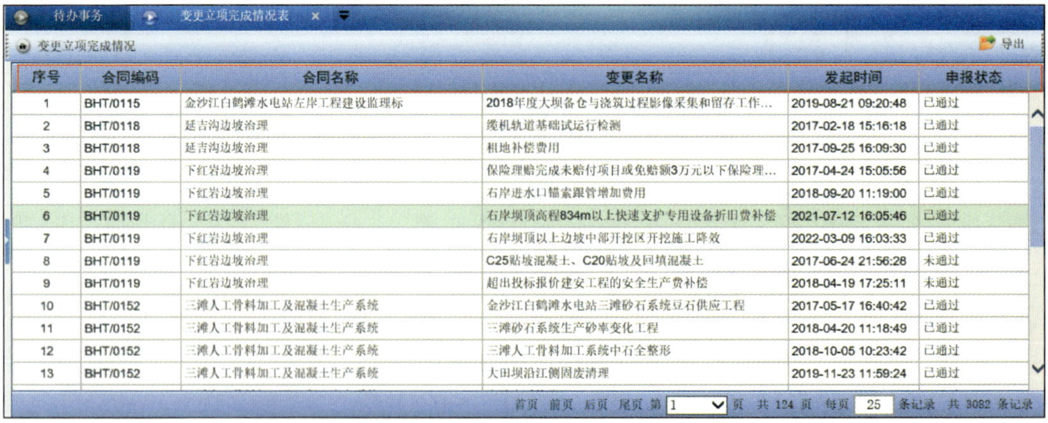

序号	合同编码	合同名称	变更名称	发起时间	申报状态
1	BHT/0115	金沙江白鹤滩水电站左岸工程建设监理标	2018年度大坝备仓与浇筑过程影像采集和留存工作…	2019-08-21 09:20:48	已通过
2	BHT/0118	延吉沟边坡治理	缆机轨道基础试运行检测	2017-02-18 15:16:18	已通过
3	BHT/0118	延吉沟边坡治理	租地补偿费用	2017-09-25 16:09:30	已通过
4	BHT/0119	下红岩边坡治理	保险理赔完成未赔付项目或免赔额3万元以下保险理…	2017-04-24 15:05:56	已通过
5	BHT/0119	下红岩边坡治理	右岸进水口锚索跟管增加费用	2018-09-20 11:19:00	已通过
6	BHT/0119	下红岩边坡治理	右岸坝顶高程834m以上快速支护专用设备折旧费补偿	2021-07-12 16:05:46	已通过
7	BHT/0119	下红岩边坡治理	右岸坝顶以上边坡中部开挖区开挖施工降效	2022-03-09 16:03:33	已通过
8	BHT/0119	下红岩边坡治理	C25贴坡混凝土、C20贴坡及回填混凝土	2017-06-24 21:56:28	未通过
9	BHT/0119	下红岩边坡治理	超出投标报价建安工程的安全生产费补偿	2018-04-19 17:25:11	未通过
10	BHT/0152	三滩人工骨料加工及混凝土生产系统	金沙江白鹤滩水电站三滩砂石系统豆石供应工程	2017-05-17 16:40:42	已通过
11	BHT/0152	三滩人工骨料加工及混凝土生产系统	三滩砂石系统生产砂率变化工程	2018-04-20 11:18:49	已通过
12	BHT/0152	三滩人工骨料加工及混凝土生产系统	三滩人工骨料加工系统中石全整形	2018-10-05 10:23:42	已通过
13	BHT/0152	三滩人工骨料加工及混凝土生产系统	大田坝沿江侧固废清理	2019-11-23 11:59:24	已通过

图 6.5-11　变更立项完成情况统计

变更项目流程完成情况统计如图 6.5-12、图 6.5-13 所示。

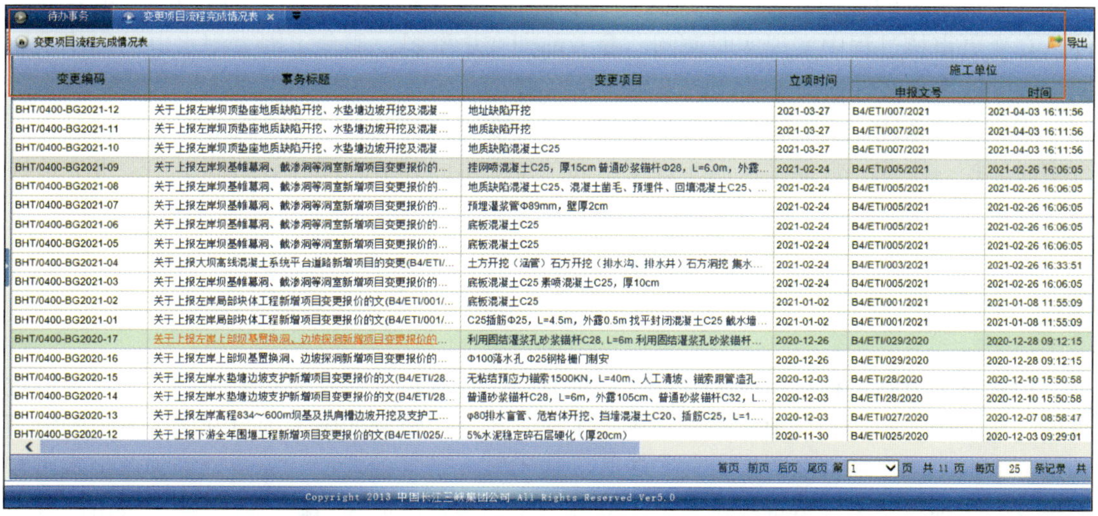

待办事务　变更项目流程完成情况表

变更项目流程完成情况表　导出

变更编码	事务标题	变更项目	立项时间	施工单位	
				申报文号	时间
BHT/0400-BG2021-12	关于上报左岸坝顶垫座地质缺陷开挖、水垫塘边坡开挖及混凝…	地址缺陷开挖	2021-03-27	B4/ETI/007/2021	2021-04-03 16:11:56
BHT/0400-BG2021-11	关于上报左岸坝顶垫座地质缺陷开挖、水垫塘边坡开挖及混凝…	地质缺陷开挖	2021-03-27	B4/ETI/007/2021	2021-04-03 16:11:56
BHT/0400-BG2021-10	关于上报左岸坝顶垫座地质缺陷开挖、水垫塘边坡开挖及混凝…	地质缺陷混凝土C25	2021-03-27	B4/ETI/007/2021	2021-04-03 16:11:56
BHT/0400-BG2021-09	关于上报左岸坝基帷幕洞、截渗洞等洞室新增项目变更报价的…	挂网喷混凝土C25，厚15cm 普通砂浆锚杆Φ28，L=6.0m，外露…	2021-02-24	B4/ETI/005/2021	2021-02-26 16:06:05
BHT/0400-BG2021-08	关于上报左岸坝基帷幕洞、截渗洞等洞室新增项目变更报价的…	地质缺陷混凝土C25、混凝土凿毛、预埋件、回填混凝土C25、…	2021-02-24	B4/ETI/005/2021	2021-02-26 16:06:05
BHT/0400-BG2021-07	关于上报左岸坝基帷幕洞、截渗洞等洞室新增项目变更报价的…	预埋灌浆管Φ89mm，壁厚2cm	2021-02-24	B4/ETI/005/2021	2021-02-26 16:06:05
BHT/0400-BG2021-06	关于上报左岸坝基帷幕洞、截渗洞等洞室新增项目变更报价的…	底板混凝土C25	2021-02-24	B4/ETI/005/2021	2021-02-26 16:06:05
BHT/0400-BG2021-05	关于上报左岸坝基帷幕洞、截渗洞等洞室新增项目变更报价的…	底板混凝土C25	2021-02-24	B4/ETI/005/2021	2021-02-26 16:06:05
BHT/0400-BG2021-04	关于上报大坝高线混凝土系统平台道路新增项目的变更(B4/ETI/…	土方开挖（涵管）石方开挖（排水沟、排水井）石方洞挖 集水…	2021-02-24	B4/ETI/003/2021	2021-02-26 16:33:51
BHT/0400-BG2021-03	关于上报左岸坝基帷幕洞、截渗洞等洞室新增项目变更报价的…	底板混凝土C25 素喷混凝土C25，厚10cm	2021-02-24	B4/ETI/005/2021	2021-02-26 16:06:05
BHT/0400-BG2021-02	关于上报左岸局部块体工程新增项目变更报价的文(B4/ETI/001/…	底板混凝土C25	2021-01-02	B4/ETI/001/2021	2021-01-08 11:55:09
BHT/0400-BG2021-01	关于上报左岸局部块体工程新增项目变更报价的文(B4/ETI/001/…	C25插筋Φ25，L=4.5m，外露0.5m 找平封闭混凝土C25 截水墙…	2021-01-02	B4/ETI/001/2021	2021-01-08 11:55:09
BHT/0400-BG2020-17	关于上报左岸上部坝基置换洞、边坡探洞新增项目变更报价的…	利用固结灌浆孔砂浆锚杆C28, L=6m 利用固结灌浆孔砂浆锚杆…	2020-12-26	B4/ETI/029/2020	2020-12-28 09:12:15
BHT/0400-BG2020-16	关于上报左岸上部坝基置换洞、边坡探洞新增项目变更报价的…	Φ100落水孔 Φ25钢格栅门制安	2020-12-26	B4/ETI/029/2020	2020-12-28 09:12:15
BHT/0400-BG2020-15	关于上报左岸水垫塘边坡支护新增项目变更报价的文(B4/ETI/28…	无粘结预应力锚索1500KN，L=40m、人工清坡、锚索跟管造孔…	2020-12-03	B4/ETI/28/2020	2020-12-10 15:50:58
BHT/0400-BG2020-14	关于上报左岸水垫塘边坡支护新增项目变更报价的文(B4/ETI/28…	普通砂浆锚杆C28，L=6m，外露105cm、普通砂浆锚杆C32，L…	2020-12-03	B4/ETI/28/2020	2020-12-10 15:50:58
BHT/0400-BG2020-13	关于上报左岸高程834～600m坝基及拱肩槽边坡开挖及支护工…	φ80排水盲管、危岩体开挖、挡墙混凝土C20、插筋C25，L=1…	2020-12-03	B4/ETI/027/2020	2020-12-07 08:58:47
BHT/0400-BG2020-12	关于上报下游全年围堰工程新增项目变更报价的文(B4/ETI/025/…	5%水泥稳定碎石层硬化（厚20cm）	2020-11-30	B4/ETI/025/2020	2020-12-03 09:29:01

首页 前页 后页 尾页 第 1 页 共 11 页 每页 25 条记录 共

Copyright 2013 中国长江三峡集团公司 All Rights Reserved Ver5.0

图 6.5-12　变更项目流程完成情况统计 1

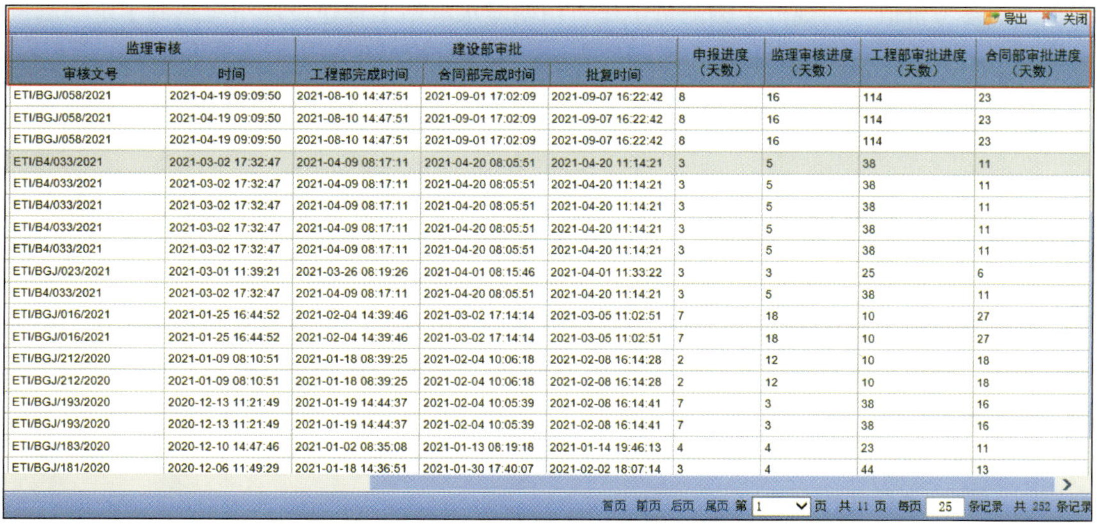

导出　关闭

监理审核		建设部审批			申报进度（天数）	监理审核进度（天数）	工程部审批进度（天数）	合同部审批进度（天数）
审核文号	时间	工程部完成时间	合同部完成时间	批复时间				
ETI/BGJ/058/2021	2021-04-19 09:09:50	2021-08-10 14:47:51	2021-09-01 17:02:09	2021-09-07 16:22:42	8	16	114	23
ETI/BGJ/058/2021	2021-04-19 09:09:50	2021-08-10 14:47:51	2021-09-01 17:02:09	2021-09-07 16:22:42	8	16	114	23
ETI/BGJ/058/2021	2021-04-19 09:09:50	2021-08-10 14:47:51	2021-09-01 17:02:09	2021-09-07 16:22:42	8	16	114	23
ETI/B4/033/2021	2021-03-02 17:32:47	2021-04-09 08:17:11	2021-04-20 08:05:51	2021-04-20 11:14:21	3	5	38	11
ETI/B4/033/2021	2021-03-02 17:32:47	2021-04-09 08:17:11	2021-04-20 08:05:51	2021-04-20 11:14:21	3	5	38	11
ETI/B4/033/2021	2021-03-02 17:32:47	2021-04-09 08:17:11	2021-04-20 08:05:51	2021-04-20 11:14:21	3	5	38	11
ETI/B4/033/2021	2021-03-02 17:32:47	2021-04-09 08:17:11	2021-04-20 08:05:51	2021-04-20 11:14:21	3	5	38	11
ETI/B4/033/2021	2021-03-02 17:32:47	2021-04-09 08:17:11	2021-04-20 08:05:51	2021-04-20 11:14:21	3	5	38	11
ETI/BGJ/023/2021	2021-03-01 11:39:21	2021-03-26 08:19:26	2021-04-01 08:15:46	2021-04-01 11:33:22	3	3	25	6
ETI/B4/033/2021	2021-03-02 17:32:47	2021-04-09 08:17:11	2021-04-20 08:05:51	2021-04-20 11:14:21	3	5	38	11
ETI/BGJ/016/2021	2021-01-25 16:44:52	2021-02-04 14:39:46	2021-03-02 17:14:14	2021-03-05 11:02:51	7	18	10	27
ETI/BGJ/016/2021	2021-01-25 16:44:52	2021-02-04 14:39:46	2021-03-02 17:14:14	2021-03-05 11:02:51	7	18	10	27
ETI/BGJ/212/2020	2021-01-09 08:10:51	2021-01-18 08:39:25	2021-02-04 10:06:18	2021-02-08 16:14:28	2	12	10	18
ETI/BGJ/212/2020	2021-01-09 08:10:51	2021-01-18 08:39:25	2021-02-04 10:06:18	2021-02-08 16:14:28	2	12	10	18
ETI/BGJ/193/2020	2020-12-13 11:21:49	2021-01-19 14:44:37	2021-02-04 10:05:39	2021-02-08 16:14:41	7	3	38	16
ETI/BGJ/193/2020	2020-12-13 11:21:49	2021-01-19 14:44:37	2021-02-04 10:05:39	2021-02-08 16:14:41	7	3	38	16
ETI/BGJ/183/2020	2020-12-10 14:47:46	2021-01-02 08:35:08	2021-01-13 08:19:18	2021-01-14 19:46:13	4	4	23	11
ETI/BGJ/181/2020	2020-12-06 11:49:29	2021-01-18 14:36:51	2021-01-30 17:40:07	2021-02-02 18:07:14	3	4	44	13

首页 前页 后页 尾页 第 1 页 共 11 页 每页 25 条记录 共 252 条记录

图 6.5-13　变更项目流程完成情况统计 2

6.5.3　应用成效

白鹤滩水电站工程应用变更管理系统后，主体工程合同变更申报审核率达 100%，其他辅助标段合同达到 90% 以上，基本实现了变更处理与工程建设同步。

变更管理系统实现了合同变更管理过程全覆盖。白鹤滩水电站主体工程合同均使用变更管理系统处理合同变更业务，施工单位、监理单位、建设管理单位相关管理人员均使用该系统协同办公。自变更管理系统投入运行以来，共计 195 份合同、3 615 份变更在系统中完成审批。

通过在系统中不断丰富业务信息，并将其结构化，不但有效实现了变更管理过程可追溯、状态可查询、数据可核查，提升了数据分析与报送效率，而且为工程建设数字化管理沉淀了大量宝贵的合同管理"大数据"。同时，形成了电子化、可动态追溯的变更管理文件，在变更审核过程中实现实时调阅、参考前期变更资料，避免了因大型水电工程建设周期长而导致变更文件遗失等情况的发生。

变更管理系统以变更管理流程为主线，通过变更流程的自动化，可对变更流转过程进行实时监控、跟踪、督促，从而实现了不同单位、不同环节之间高效协同工作，极大地提高了变更处理工作效率。

6.6　定额测量

白鹤滩水电站工程规模巨大、施工环境复杂、技术难度高及质量要求高，工程建设过程中，对采用"四新"技术、非常规施工工艺、无适用定额的施工项目开展了系统的定额测量，掌握了测量项目的资源投入、工效、成本等大量基础数据，为建设管理单位解决变更争议、合理控制工程造价提供了有力支撑，定额测量已成为白鹤滩水电站工程事前变更管理的重要措施。同时，定额测量积累的大量数据，对补充完善企业定额、行业定额等具有重要的参考价值。为规范定额测量工作，白鹤滩水电站工程建设部组织编制了定额测量工作规范。本节将对定额测量工作流程、方法、数据分析处理等进行简要介绍。

6.6.1　测量编制原则与流程

定额测量和编制工作应按照"保证定额测量工作安全，不干扰现场施工正常作业；客观真实反映现场实际，保证定额测量数据相对准确性和定额测量成果实用性"的原则开展现场测量，数据采集、分析、校正，定额成果编制等工作。

定额测量和编制流程主要包括准备阶段、选择定额项目、选择测量与编制方法、编制测量方案、数据采集与测量、数据分析与定额编制、编制定额成果、归档与信息管理等阶段，详见图 6.6-1。

6.6.2　测量与编制方法

根据设计施工图、施工组织设计、现场施工环境、施工工艺和拟测项目的实际情况，选择定额测量与编制方法。

1. 测量方法

（1）写实记录法，是一种研究工作时间消耗的方法，可获得分析工作时间消耗和制定定额的全部资料，包括基本工作时间、辅助工作时间、不可避免中断时间、准备与结束时间以及各种损失时间。适用于测量人工工作时间、机械工作时间消耗量及材料消耗量。

（2）测时法，主要用于测定定时重复循环工作的工时消耗，是精确度比较高的一种计时观察方法，适用于测量人工的基本工作时间和机械循环作业时间，不研究工人休息、准备与结束及其他非循环的工作时间。

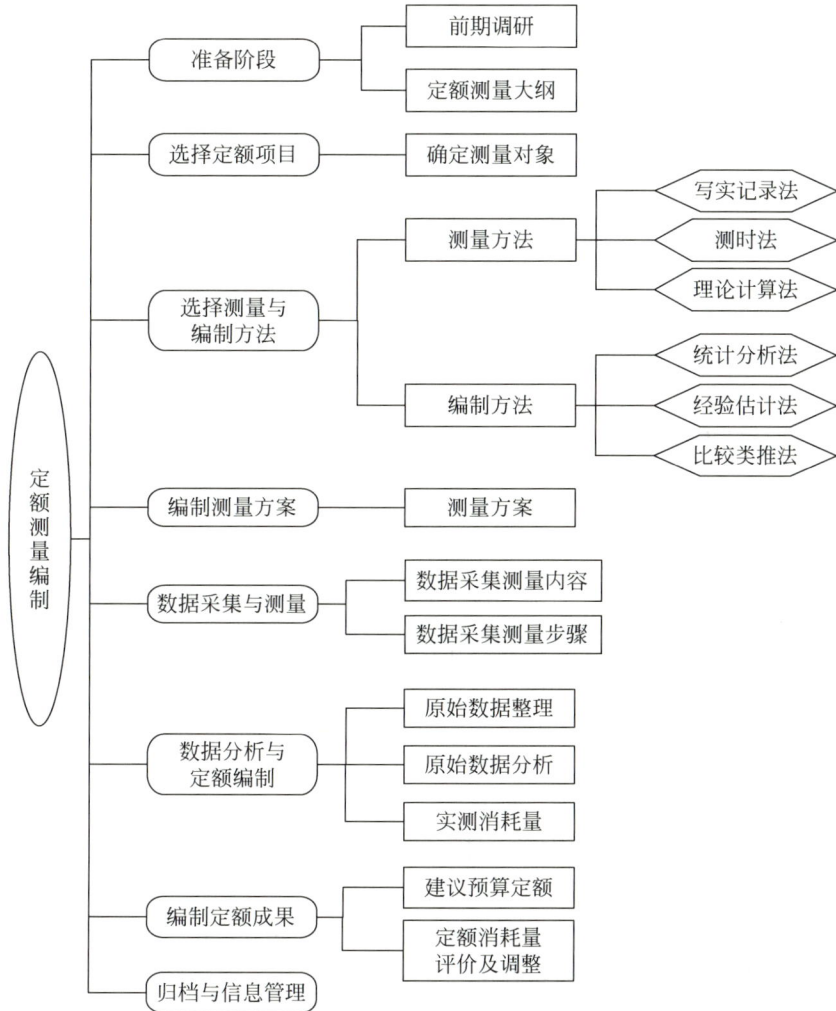

图 6.6-1　定额测量与编制框图

（3）理论计算法：包括试验室试验法和直数法，适用于材料消耗量的确定。试验室试验法根据施工配合比计算水泥类、砂浆等各类混合料中原材料的净消耗量。直数法用于计算钢筋、型材、周转材料等构件材料的净消耗量，损耗量可分析得出。

2. 编制方法

（1）统计分析法，采用统计学的理论，对定额统计资料进行综合整理和分析研究，确定定额水平的一种方法。适用于在原始数据积累丰富、真实、可靠的情况下，人工、机械、材料施工定额的分析、编制。

（2）经验估计法，根据个人或集体的实践经验，通过分析、计算确定定额消耗量的方法。适用于次要定额、临时性定额、缺项定额及不易计算工作量的零星工程施工定额的估计。

（3）比较类推法，采用主要工程项目作为典型定额来类推其他项目定额水平的方法。适用于同类型规格多、批量小的中间产品或工序的施工定额编制。

6.6.3 现场测量与数据采集

1. 测量项目与对象选择

测量项目的选择应满足以下要求：①所选择项目必须在正常施工条件下组织生产，且已经形成稳定、连续的施工作业环境；②质量、安全、环保体系健全，项目管理有序，施工组织合理；③分部分项工程质量、工序质量及产品质量应符合国家或行业技术标准、安全操作规程和工程质量评定标准要求；④作业班组健全，生产工人安全施工、执行环保及劳动保护的操作要求，重要岗位持证上岗；⑤已进行人、材、机消耗量观察测量的工序，工序质量检验合格，否则所测数据应予剔除。

测量对象的选择：①劳动定额、机械定额、主要材料与部分辅助材料应以工序作为测量的对象；②部分辅助材料及周转材料应以分部分项工程或者单位工程作为测量对象。

2. 测量前准备工作

1）全面了解项目情况

现场测量前应全面调查、掌握现场施工作业环境，工程项目概况、技术特性和质量要求，施工方案、施工工艺、设计图纸、技术规范，施工单位的技术水平、生产能力、生产工人和机械设备的配置情况，材料供应及工器具配备情况等影响定额测量的因素，同时做好测量人员的技术和安全交底，保障现场测量工作顺利实施。

2）做好测量工序划分

根据测量项目类型、施工进度、施工方案、施工工艺等情况，将测量对象按单位、分部、分项工程逐级分解至工序，现场数据采集按工序测量采集。分解的工序能检测并评价其质量，能独立描述工作内容、施工工艺及机械配套，能够计量产品数量，能够测量人工工时、机械台时、材料消耗量。在使用测时法时，工序应准确划分基本工作与辅助工作，应将定量作业与变量作业分开，重复作业与间断作业分开，手动操作与机动操作分开。

3）合理拟定样本数量

一般采用巴辛斯基测时法优选测时次数，明确样本精度和数量。样本实测历时不超过 2h 的，不得少于 20 个，实测历时超过 8h 的，不得少于 7 个，样本数量（最低观察次数）应满足表 6.6-1 的要求。

表 6.6-1 测时法样本最低数量表

稳定系数 $K_p = \dfrac{t_{max}}{t_{min}}$	要求的算术平均值精度 $E = \pm \dfrac{1}{\bar{x}} \sqrt{\dfrac{\sum \Delta^2}{n(n-1)}}$				
	5% 以内	7% 以内	10% 以内	15% 以内	25% 以内
1.5	9	6	5	5	5
2	16	11	7	5	5
2.5	23	15	10	6	5
3	30	18	12	8	6
4	39	25	15	10	7
5	47	31	19	11	8

注：t_{max} 为最大观测值；t_{min} 为最小观测值；$\bar{x}$ 为算术平均值；n 为观察次数；Δ 为每次观察值与算术平均值之差。

3. 现场测量记录

测量人员应早于施工人员就位，测量前统一计时时间。每班记录应从工人到工作面开始至工人离开工作面止，按工序顺序进行记录。测量交接时，应按要求履行交接手续，做好交接班人员记录。现场应做好人工、材料、机械投入情况的测量记录。

（1）人工投入情况测量记录。测量工序的各工班人员（含机上操作人员）配备，及完成某工程数量所需的纯作业时间。

（2）材料投入情况测量记录。主要记录以下内容：①完成某工程数量所需的主要材料和辅助材料的数量；②周转性材料一次使用量及周转次数或使用周期；③混凝土或水泥砂浆配合比及添加剂；④工地搬运及操作损耗量（率）；⑤现行预算价格缺项的材料，调查材料名称、规格、出厂价、单位重量等；⑥零星材料名称、规格、数量。

（3）机械投入情况测量记录。主要记录以下内容：①完成某工程数量所需的纯作业时间或一个工作日（台班）中的有效作业时间（施工组织不合理或其他非正常因素的停置时间不计入定额消耗量）；②现行机械台班费用定额缺项的机械，调查机械名称、规格型号；购入价格、运输方法、实际支付运输费用；动力功率、折旧年限/耐用总台班、大修次数、大修单价、经修费系数、司机数量；每小时消耗的动力燃料数量。

（4）观测过程中如有中断，时间应如实记录，并注明起止时间。不正常因素也应予以记录。

6.6.4　测量数据分析

1. 样本数据预处理

定额测量数据采集后，应按表 6.6-2 计算样本观测值的最大极限和最小极限，极限范围以外样本应予去除，去除后的样本数量应满足表 6.6-1 样本最低数量要求，如不满足，则应补测。

表 6.6-2　误差调整系数表

观察次数	4	5	6	7～8	9～10	11～15
调整系数 K	1.4	1.3	1.2	1.1	1	0.9

$$L_{\max}=x+K(x_{\max}-x_{\min});\ L_{\min}=x-K(x_{\max}-x_{\min})$$

式中：$L_{\max}$——最大极限；

　　　$L_{\min}$——最小极限；

　　　K——调整系数。

整理测时数据时，应删掉完全由人为因素和施工因素影响而出现的偏差极大的数据。

2. 工时分析

根据工作时间消耗的数量及其特点分类，工作时间消耗分为工人工作时间和工人操作的机械工作时间。工人工作时间和机械工作时间，按消耗的性质分为定额时间（必须消耗时间）和非定额时间（损失时间）两大类。工人工作时间和机械工作时间分类详见

图 6.6-2、图 6.6-3。

```
                        工人工作时间
            ┌───────────────┴────────────────┐
        必须消耗时间                        损失时间
      ┌─────┼─────┐              ┌──────────┼──────────┐
   工人休息  有效工作  不可避免的      多余和偶然    停工时间    违背劳动纪律
    时间     时间    中断时间      工作时间              时间
         ┌────┼────┐                       ┌────┴────┐
      准备和结束  基本工作  辅助工作           施工本身造成  非施工造成
       时间     时间     时间
```

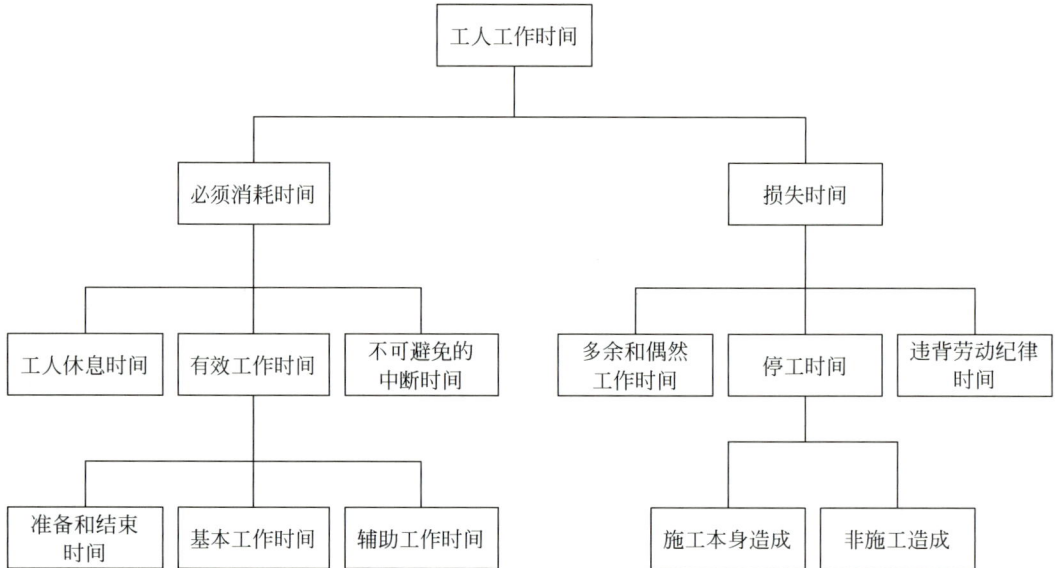

图 6.6-2　工人工作时间分类

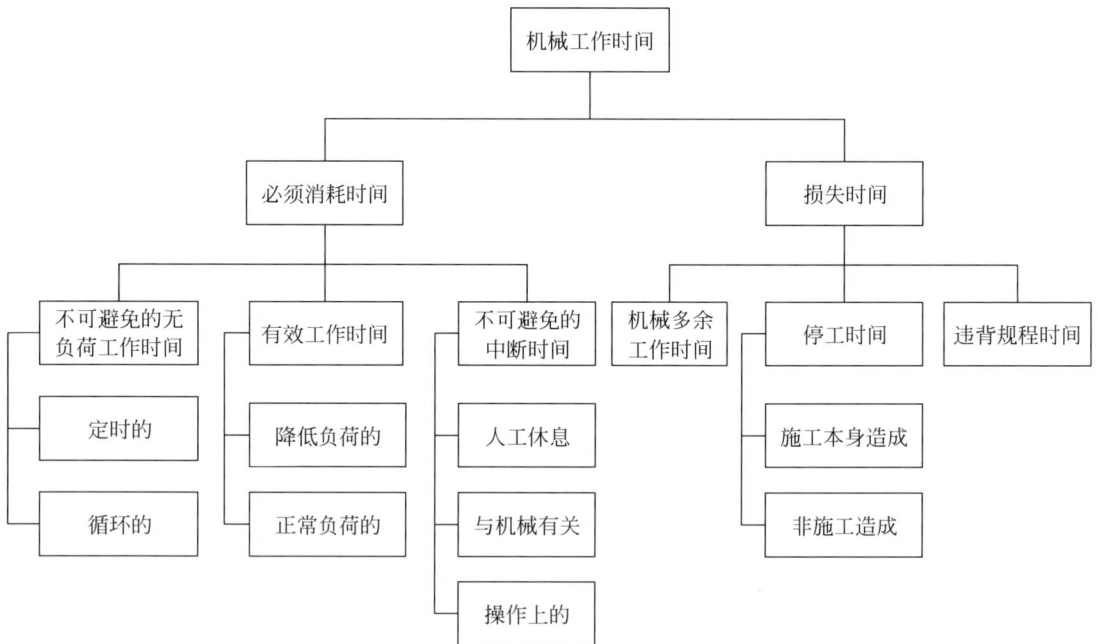

```
                        机械工作时间
            ┌───────────────┴────────────────┐
        必须消耗时间                        损失时间
     ┌───────┼────────┐            ┌─────────┼─────────┐
  不可避免的无  有效工作  不可避免的    机械多余    停工时间    违背规程时间
   负荷工作时间   时间    中断时间    工作时间
      │         │        │                    │
    定时的     降低负荷的   人工休息            施工本身造成
      │         │        │                    │
    循环的     正常负荷的  与机械有关           非施工造成
                          │
                        操作上的
```

图 6.6-3　机械工作时间分类

将采集数据按样本数量归类，提炼工序中有效工作时间，去掉非定额时间，剔除不合格样本，计算"调整后单位定额时间消耗量"数据。

$$定额单位产品时间平均消耗量 = \frac{\sum（项目产品时间消耗量 / 各项目完成工程量）}{\sum 样本数量}$$

6.6.5　定额消耗量编制

1. 编制步骤（图 6.6-4）

（1）原始数据收集和录入：确定工序划分和定额测量方法，制定原始记录表，收集原始数据，原始数据录入。

（2）编制实测施工定额：在实测原始数据的基础上分析人工、材料和机械台时消耗量及施工效率，剔除不合理样本数据，形成实测施工定额。

（3）编制建议预算定额及对比分析：在实测施工定额的基础上，补充完善人工、材料和机械台时消耗量，编制建议定额，并与行业定额、中标单价消耗量进行对比，分析变化原因。

（4）单价计算及对比分析：根据建议预算定额和基础价格，计算建议预算定额单价，并与行业定额单价、中标单价进行对比，分析变化原因。

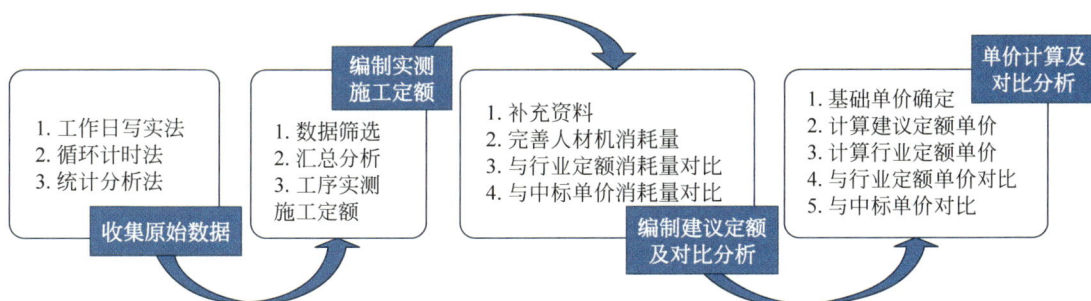

图 6.6-4　定额消耗量编制步骤

2. 实测施工定额

实测施工定额应为完成一个单位实际施工工程量所消耗的人工、材料和机械使用量。

（1）人工消耗量，分机上和机下人工，以一个循环为测量单元。机上人工消耗量按机械进入工作面开始直至一个循环或工序结束终止的实际配置计算；机下人工消耗量按工人上班至下班的实际配置计算，现场记录按工种（如模板工、辅助工等）划分。

（2）材料消耗量，对测量获取的原始数据，按主要材料、辅助材料和周转材料分别进行分析计算。

（3）机械消耗量，以一个循环为测量单元，按机械进入工作面开始直至一个循环或工序结束终止的实际配置计算，实际配置机械（不含备用机械）根据规格型号分类。

（4）实测平均定额工程量，除包括以工程设计图示轮廓尺寸计算的实体工程量外，还应包括超挖及超填量、施工附加量、操作损耗量和体积变化因素所增加的施工量。

以白鹤滩水电站工程大坝混凝土浇筑定额测量为例（表 6.6-3），根据现场情况及施工工艺，划分为模板安拆（含多卡平面悬臂模板、球形键槽模板、普通钢模板）、自卸车运输混凝土、缆索起重机运输、混凝土浇筑等 6 个主要工序。如悬臂模板安拆工序，底部仓面 1 台塔式起重机（25t）配合 1 台汽车起重机（16t）吊装，中高层缆索起重机（30t）配合，每班 3~5 人。实测包括吊运固定悬臂支架、安装模板、堵缝、安装锚筋、校正固定、刷油、堵缝隙、拆模等工作班内所有时间。测得有效样本 18 组加权平均去掉非定额时间，得出多卡平面悬臂模板安拆实测定额，详见表6.6-3。

表 6.6-3　多卡平面悬臂模板实测施工定额　　　　　　　　单位：100m²

序号	项　　目	单位	底层数量	中层数量	高层数量
人工	指挥	工时	18.93	6.92	18.04
	起重机操作手	工时		7.44	15.91
	模板工	工时	96.22	27.67	129.82
	杂工	工时		11.23	67.22
	……				
材料	锚筋 φ32×0.9	kg	126.20	126.20	126.20
	φ14拉条	kg	120.93	120.93	120.93
	悬臂模板	套	0.22	0.22	0.22
	……				
机械	塔式起重机 25t	台时	3.25		
	汽车起重机 16t	台时	6.51	4.24	5.81
	直流电焊机 17kW	台时			0.38
	……				

适用范围：大坝混凝土浇筑脱离基岩面3m以上部位。
工作内容：模板拆除、安装、清理、维修。

3. 建议预算定额

在实测施工定额基础上，适当考虑工效系数及人工、机械幅度差系数，分析得出建议预算定额。

1）人工消耗量

根据项目技术复杂程度和劳动者素质，人工划分为高级熟练工、熟练工、半熟练工、普工四个等级。在实测施工定额基础上，通过调整系数，考虑相对合理的非工作时间。调整系数=(1−A)÷(1−B)，A为实测施工定额中人工非工作时间占工作班时间的比例，B为拟定相对合理的非工作时间占工作班时间的比例。同时，考虑实测和社会平均定额水平的差异，计取人工幅度差系数。

2）材料消耗量

材料包括主要材料、辅助材料及周转材料。主要材料消耗量按主材净用量和损耗率计算。

$$主材净用量 = \frac{\sum \dfrac{项目产品材料消耗量}{各项目完成工程量}}{\sum 样本数量}$$

$$损耗率 = \frac{场内运输和操作过程不可避免的损耗量}{材料净用量} \times 100\%$$

辅助材料采用理论计算法、统计分析法得出。周转材料按一次性消耗及多次周转计算。在实测定额材料消耗量的基础上，如有主要材料消耗量和规格型号选用不当或缺项的，通过搜集相关资料，根据相关技术参数分析校验，确定合理消耗量和补充缺项，保证主要材料的消耗定额完整、合理；其他材料，可在实测平均定额的基础上，通过调查研究获得的资料，分别计算其他材料费，以金额或占主要材料费的比例表示；若因现场客观非正常因素造成实测主要材料的平均消耗量偏高或偏低，应通过调查研究进行适度调整。

3）机械消耗量

机械消耗量，应结合实际施工情况考虑机械幅度差系数。机上人工量按实际配置数量和机械合理台时时间比值系数计算，并据以计算机械台时费中的人工费。同时，计入相对合理的台时定额非运转时间。

4）建议定额工程量

建议定额工程量按施工图示尺寸计算的有效工程量进行编制，对实测平均定额中的超挖超填量、施工附加量和操作损耗量所需的人工、材料和机械消耗量，摊入有效工程量的定额。

白鹤滩水电站工程大坝混凝土浇筑多卡悬臂模板安拆建议预算定额人工消耗量，"起重机操作手"计入机械台时二类费用，预算定额中不再计列；指挥工以熟练工、模板工以半熟练工、辅助工以普工表示；系数调整见表6.6-4。

表6.6-4　预算定额人工消耗量调整系数

调　整　项	高　程	施工定额	建议预算定额	调整系数
吃饭休息时间	底部	9.47%	6.67%	0.97
	中部	13.86%	6.67%	0.92
	上部	18.53%	6.67%	0.87
公共人工摊销系数	全坝段			1.02
人工幅度差	全坝段			1.05
综合系数	底部			1.04
	中部			0.99
	上部			0.93

材料消耗量据实统计不作调整；同一类型材料统一计算；模板、木方按摊销量计取。悬臂模板安拆的机械消耗量，在实测基础上计取非运转时间系数1.11（每10h考虑0.5h的合理维护）；机械幅度差系数1.1。

白鹤滩水电站工程大坝混凝土浇筑分六个工序，统一计量单位，按底、中、上部高程工程量1：1：1比例分配。根据实测结合典型仓面布置，计算钢模板换算系数0.017m²/m³，多卡模板换算系数0.032m²/m³，球型键槽模板按跳仓法计算换算系数0.046m²/m³。浇筑、拌制、自卸汽车运输、缆机运输工序定额按子定额计入，得出综合建议预算定额。

4.消耗量及单价对比分析

建议预算定额形成后，与中标单价消耗量、行业定额消耗量对比，分析消耗量差异及原因。同时，根据建议预算定额，编制建议定额单价，并与行业定额单价、中标单价进行对比分析，能够直观反映不同定额水平的单价差异。

6.6.6 定额测量实例

为反映定额测量编制的完整流程，本书以复杂岩石地层跟管钻孔定额编制为例进行说明，详见附录 D。

6.7 变更典型案例

本书甄选了表 6.7-1 中五项事前变更典型案例，供读者借鉴和参考，案例内容详见附录 E。

表 6.7-1 变更典型案例表

编号	变更项目名称	变更项目内容	备注
1	左岸导流洞进出口围堰拆除变更	事前谋划变更计费方式，在施工过程中开展施工工艺定额测量，确保变更费用处理有据可依	
2	右岸地下厂房小桩号洞段应急加固变更	事前约定变更价格，通过补充协议制订详细的节点考核计划，保证右岸地下厂房洞室围岩的安全和稳定	
3	料场专用公路机械破碎石方开挖变更	事前进行多方案技术经济比选，采用定性分析与定量分析相结合，有效控制工程变更施工成本	
4	"安全准点"发电目标保障措施费变更	采用事前变更方式，规定变更资金全部用于工程建设一线，确保工程按期实现投产发电目标	
5	新冠疫情防控措施费变更	事前合理制定新冠疫情防控措施，保证施工现场人员的投入，将新冠疫情对工期和成本的影响降到最低	

6.8 借鉴与思考

白鹤滩水电站工程形成了一套完备、高效的变更管理流程和制度，及时、规范处理工程变更，不断提升项目变更管理水平。如图 6.8-1 所示，通过统计分析，各主标工程变更审批总时长基本控制在 70 天以内，变更处理与结算进度相匹配，基本实现了工程结算、变更索赔与工程建设同步的管理目标。

白鹤滩水电站工程践行"事前变更"的管理理念，建立合同管理月例会、变更结算月例会的"双会"机制，将变更从面向事后问题分析转变为事前控制，依托变更管理系统，主动掌控变更，提高变更处理效率，实现了变更流程标准化、决策公开化、工作协同化和工作平台信息化，为合同变更管理工作依法依规、公开透明、高效实施、互利共赢地开展提供了重要保障。

（1）开展事前变更，充分调动建设管理单位、设计单位、监理单位、承包人变更管理的积极性，从不同视角识别变更，主动掌控变更，形成变更管理合力，避免了变更管理的被动和无序。

（2）实行"先立项、后实施"的管理模式，采用"集体审议、按月审批、滚动管理"的措施，开展变更立项，通过变更月例会形成变更项目管理计划清单，确保变更处理有序开展。

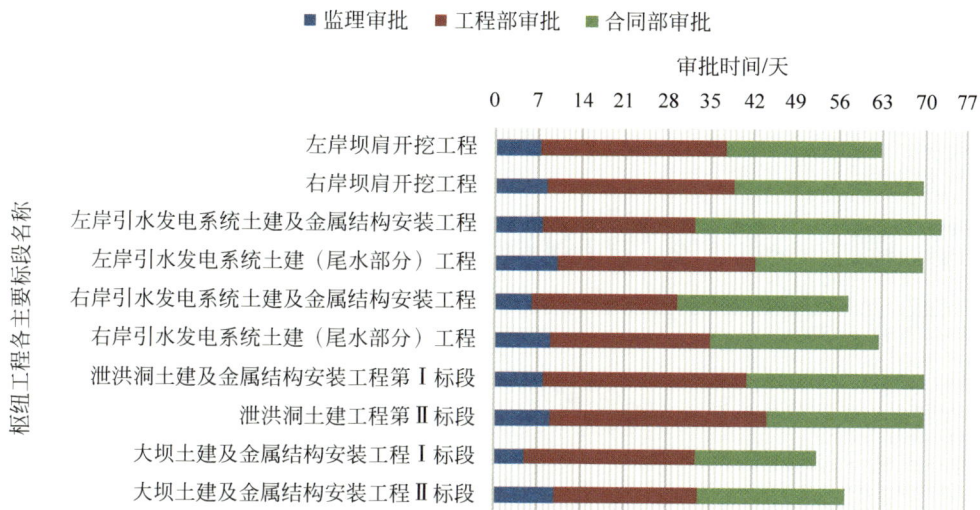

图 6.8-1　主要标段变更审批时间

（3）通过变更结算月例会公开透明审议变更，检查监督变更处理过程，变更信息公开披露，决策过程公开透明，提高了变更协调和变更决策的效率。

（4）引入信息化管理手段，规范变更项目处理流程。将变更流程嵌入变更管理系统，对变更各个环节实时追踪，做到单位之间、部门之间、上下级之间相互监督，提高了合同管理人员的责任心和工作效率，解决了变更处理效率不高的管理难题。

（5）事前变更在变更实施前商定变更价格或组价原则，有利于减少事后处理变更的分歧或争议，及时办理变更项目结算，降低了承包人的资金压力，保证了工程资金及时投入工程建设，规避了承包人通过预结、缓扣等方式结算的风险，保障了建设资金安全。

（6）及时高效地完成变更处理，确保验收及审计目标的实现。事前变更的管理理念有助于在工程建设过程中及时完成变更处理，有效推进了完工合同的快速闭合，加快了合同项目的验收进度，避免了工程完工后因人员调动、变更支撑资料缺乏造成的变更处理久拖不决、完工结算及资料归档滞后的情况发生。同时，变更的及时处理有效推动了"当年完工、当年审计"目标的顺利实现，规避了审计扣款无法扣回的风险，避免给项目业主造成经济损失。

（7）通过合同管理月例会，建立已完工程实际产值与已完工程结算产值的差异分析机制，梳理变更申报、审核进度，进一步增强变更事前控制管理能力，提升变更处理效率。

（8）主动开展定额测量，通过科学、严谨的测量流程，客观反映变更项目的资源投入、工效及成本构成，为实事求是、及时高效地进行合同变更提供了有力支撑，对补充完善企业定额、行业定额等具有重要的参考价值。

结合白鹤滩水电站工程变更管理成功实践，发现在以往审批的变更中，存在大量因施工图工程量参数与合同工程量清单工程量参数的细小差异引起的变更，如锚杆外露长度、钢筋型号、甲供混凝土标号等设计参数的调整，参数调整对工程安全和使用功能无实质性影响，且变更单价变化小或无变化，该类变更称之为无效变更。无效变更占用了变更处理的时间和资源。因此在变更立项环节，可建立变更反馈设计机制，设计单位充分参与变更立项，减少无效变更数量，提高变更管理效率，提升合同管理质量。

第 7 章　考核与激励

考核与激励是指项目业主采取考核激励措施鼓励各参建单位更好地实现安全、质量、进度及投资目标的一种项目管理手段。水电工程建设规模大、建设周期长、施工环境复杂，不可预见因素多，工程质量、安全、进度及投资等建设目标的实现面临较大风险。考核与激励作为大型水电工程管理的有效手段，有利于提高各参建单位积极性、提升建设管理水平、降低实现工程建设目标的风险，起到"花小钱、办大事"的良好效果。在依法依规的前提下，白鹤滩水电站工程结合工程实际，建立了覆盖工程建设管理、设计、监理和施工的全方位考核激励体系。

7.1　设计合同考核激励

为充分发挥设计投资控制龙头作用，有效降低工程造价，提高勘察设计质量，做好勘察设计管理工作，白鹤滩水电站在枢纽工程招标和施工详图阶段勘察设计合同中建立了限额设计考核、优化设计奖励和设计工作考核三类考核激励机制。

7.1.1　限额设计考核

限额设计是指设计单位在保证各项目、各专业达到使用功能要求，符合设计质量要求的前提下，以分标概算工程量、静态投资（可研设计概算价格水平，下同）为限额设计标准，控制招标设计、施工图设计、设计变更，保证最终施工详图（含设计变更通知、设计核发的技术核定单）载明的工程量、对应的静态投资控制在批准的限额内。限额设计是设计管理工作的重要组成部分，是提高勘察设计质量、控制工程投资、防止任意提高或降低建设标准的重要手段。

1. 考核范围

白鹤滩水电站限额设计范围是枢纽工程中具有实体工程量的项目，包括建筑工程、金属结构和机电设备及安装工程。限额设计考核对象为考核范围内的考核单元，分标概算载明的单个独立标段通常为一个考核单元。白鹤滩水电站工程共划分了 23 个限额设计考核单元，详见表 7.1-1。

表 7.1-1　白鹤滩水电站枢纽工程限额设计工程项目考核单元划分表

序号	项目名称	考核单元
1	大坝工程	左岸大坝土建及金属结构安装工程
		右岸大坝土建及金属结构安装工程
		左岸坝肩工程
		右岸坝肩工程
		延吉沟边坡治理工程
		下红岩边坡治理工程
2	泄洪洞工程	泄洪洞土建及金属结构安装工程
3	引水发电工程	左岸地下发电工程土建及金属结构安装工程
		左岸地下发电工程土建及金属结构安装工程（尾水部分）
		右岸地下发电工程土建及金属结构安装工程
		右岸地下发电工程土建及金属结构安装工程（尾水部分）
4	机电设备及安装工程	水轮发电机组设备采购工程
		500kV 升压变电设备采购工程
		其他设备采购工程
		左岸机电安装工程
		右岸机电安装工程
5	安全监测工程	安全监测工程
6	交通工程	下游 2# 永久交通桥
		新建村大坝拦污码头
		上下游码头管理
		永久道路路面修缮
7	集运鱼系统	集运鱼系统
8	枢纽区下游河道整治工程	枢纽区下游河道整治工程（尾水洞出口～白鹤滩水尺）

2. 设计单位责任

设计单位应以限额设计标准作为工程项目勘察设计的最高限额，按照法律、法规和工程建设强制性标准进行设计，在保证工程质量、安全和不降低规模、功能的前提下，通过采用新技术、新工艺、新设备、新材料等进行设计，减少工程量，节约工程投资。设计单位提交的招标设计工程量原则上不高于分标概算工程量，提交的施工详图（含设计变更通知、设计核发的技术核定单等）工程量原则上不高于招标设计工程量。设计单位对以下情况造成的工程投资增加承担责任。

（1）施工导流围堰工程和场内施工交通工程等施工辅助工程变化造成的投资增加。

（2）限额设计范围内的建筑工程、机电设备及安装工程和金属结构设备及安装工程等工程项目的工程量、规格标准、设备选型及数量、未计价装置性材料规格数量变动造成的投资增加（包含设计单位外委的设计项目）。

（3）由于设计单位工作深度不够，或设计标准选用不当，造成实施阶段工程量、机电设备、金属结构设备数量及规格型号有较大变动造成的投资增加。

（4）由于勘察深度不足、地质条件判断不准确等原因造成的投资增加。

（5）未经建设管理单位同意，设计单位擅自提高建筑工程、机电设备及金属结构设备标准，增列设计范围以外的工程项目等原因造成的投资增加。

（6）未经建设管理单位同意，其他单位要求设计单位提高工程建设标准、增加建设项目，并经设计出图增加的投资。

（7）项目完成发包后建设实施过程中，由设计单位单方面原因发起的变更招标设计或施工详图设计等而导致施工索赔等造成的投资增加。

（8）由于设计单位原因造成设计方案变化，虽然未导致投资直接增加，但影响了发电工期或者其他效益的，造成的损失应按投资增加处理。

3. 考核标准与方法

1）考核标准

分标概算是限额设计考核的依据，是限额设计考核管理的基础和标准。考核单元分标概算工程量和对应的静态投资是该考核单元限额设计标准，为限额设计考核的基准值。

$$考核单元限额设计标准 = 考核单元分标概算 \times（1 + 基本预备费率5\%）$$

2）考核方法

限额设计考核实行建设期总体考核、考核单元年度累计考核相结合的方式进行。考核单元年度累计考核是对限额设计进行的过程控制。考核方法见表7.1-2。

表 7.1-2　限额设计考核计算方法表

分类	建设期总体考核	考核单元年度累计考核
投资节余	$OR = \sum（OS - OI）\times K_1$	$AR = \sum（AS - AI）\times K_1$
投资超额	$OR = \sum（OI - OS）\times K_2$	$AR = \sum（AI - AS）\times K_2$
	OR：总体考核奖励额或违约金； OS：纳入考核的所有单元限额设计标准； OI：纳入考核的所有单元实际完成的静态投资额； K_1：投资节余奖励比例； K_2：投资超额违约金比例	AR：年度累计考核奖励额或违约金； AS：纳入当年年度累计考核的所有单元限额设计标准； AI：纳入当年年度累计考核的所有单元实际完成的静态投资额； K_1：投资节余奖励比例； K_2：投资超额违约金比例

说明：以前年度已办理竣工工程量清理的所有考核单元纳入当年年度累计考核范围。

纳入考核范围的相应考核单元实际完成的静态投资额计算方法如下：

$$实际完成的静态投资额 = \sum（主要分类工程"概算综合单价" \times$$
$$主要分类工程"实际完成综合工程量"）+$$
$$其他项目"实际完成的静态投资额"$$

（1）主要分类工程"概算综合单价"

主要分类工程"概算综合单价"计算方法详见表7.1-3。

表 7.1-3 主要分类工程"概算综合单价"计算方法表

计算方法	适用条件及计算方法	示 例
综合单价法	根据分标概算项目划分，按相应分类工程分标概算单价及对应分标概算工程量，采用加权平均法计算相应分类工程综合单价	以某考核单元混凝土工程综合单价计算为例，详见表 7.1-4
类比法	无相应分标概算单价的项目，可参考其他考核单元的相同或类似项目单价，或根据类似项目单价进行折算（折算方法可为内插、外延等）	如施工图阶段锚筋桩 $3\phi32$、$L=18m$ 在分标概算中无相应单价。分标概算中锚筋桩 $3\phi32$、$L=15m$ 单价为 2 800 元/根，锚筋桩 $3\phi32$、$L=20m$ 单价为 4 200 元/根。通过内插计算锚筋桩 $3\phi32$、$L=18m$ 分标概算单价 3 640 元/根
价格指数法	无相应分标概算单价的项目，以合同价除以价格指数，折算到分标概算价格水平。价格指数为合同签订年至分标概算价格水平年的定基指数，一般采用国家统计局发布的全国建筑安装工程固定资产投资价格指数计算；对于无工程量的费用项目，按国家发布的 CPI 指数折算到分标概算价格水平	如施工图阶段的混凝土工程 C50 合同单价为 900 元/m³，在分标概算中无对应或类似单价。若合同签订年至分标概算价格水平年（2015 年）的折算系数为 1/1.06，则折算至分标概算价格水平年的概算单价为 849 元/m³（900 元/m³ × 1/1.06）
折算系数法	在分标概算中未计列的新增设备，其对应概算单价可采用新增设备合同单价乘以折算系数计算得出。折算系数＝该考核项目已有概算单价项目总价/该考核项目已有概算单价项目实际采购总价	分标概算中无适用单价的新增设备合同费用为 5 000 万元。已有概算单价的机电设备实际采购总额 40 亿元，其对应的概算投资为 50 亿元。通过折算系数法，计算新增设备对应概算静态投资＝5 000 万元 ×（50/40×100%）=6 250 万元

表 7.1-4 某考核单元混凝土工程概算综合单价计算表

序号	项目名称	分标概算			
		工程量/m³	单价/元	投资/元	综合单价/元
1	C20	2 575	870	2 240 250	—
2	C25	5 827	930	5 419 110	—
3	C35	132 265	954	126 180 810	—
	小计	140 667	—	133 840 170	952

（2）主要分类工程"实际完成综合工程量"

实际完成综合工程量采用施工详图（含设计变更通知、设计核发的技术核定单等）工程量，按概算口径进行分类汇总。如设计单位未按规定计算概算工程量，出现高估冒算，则高估冒算的工程量及投资不纳入限额设计考核标准。

（3）其他项目"实际完成的静态投资额"

其他项目"实际完成的静态投资额"=（其他项目分标概算投资额/主要分类工程分标概算投资额）× 主要分类工程"实际完成的静态投资额"。

如某考核单元主要分类工程分标概算投资 35 亿元，其他项目分标概算投资 5 亿元。该考核单元完工后，主要分类工程实际完成的静态投资 33 亿元，则其他项目实际完成的静态投资为（5 亿元/35 亿元）× 33 亿元=4.71 亿元。

4. 考核兑现

考核单元年度累计投资节余基数或投资超额基数分年计算，滚动累加后计算截至当年年度累计投资节余基数或投资超额基数，视投资节余或投资超额情况，乘以相应的奖励或违约金比例，其结果与截至前一年度累计考核结果相减，得到当年年度考核预兑现结果。工程项目全部完工后，在具备考核条件的当年进行建设期总体考核，扣除设计方案变化可能带来的合同变更、索赔等费用后，全部兑现考核结果。

在考核单元验收后一年内，设计单位编制相应的限额设计专题报告报建设管理单位审查。各考核单元工程合同全部完工验收后，建设管理单位和设计单位共同对限额设计范围内的投资节余或超额情况进行测算、审查、确认，与年度考核汇总对比，最终确认考核兑现。

7.1.2 优化设计奖励

优化设计是指在不降低工程功能和保证工程安全的前提下，对原批准的可研设计、招标设计或施工详图设计方案进行改进，达到节约工程投资或者增加工程经济效益的目的。

1. 工作程序

设计单位和其他参建单位均可提出优化设计建议，经建设管理单位审查同意后与设计单位签订优化设计工作协议，由设计单位开展具体的优化设计工作。

设计单位完成优化设计方案后，对于优化设计节约投资的方案，设计单位应提交投资节约测算报告，计算节约投资额度（设计概算价格水平）；对于优化设计增加效益的方案，则提交效益分析报告，将效益量化为折算至设计概算价格水平的资金额。

建设管理单位根据工程进展情况，及时组织对设计单位提交的优化设计方案、投资节约测算报告或效益分析报告进行审查。

2. 工作费用

优化设计工作费用由建设管理单位和设计单位按合同协商确定，原则上优化设计各阶段取费比例不应超过设计合同计费比例。如原设计方案尚未达到施工详图深度，应从优化设计工作费用中扣除原施工详图阶段的相应设计费用。

如优化设计建议由设计单位提出，但其最终节约投资或增加效益不足以支付设计工作费用时，设计单位不能收取工作费用，仅兑现奖励；如优化设计建议为其他单位提出，无论最终是否节约投资或增加效益，设计单位收取工作费用，不再兑现奖励。

3. 奖励计算与兑现

设计单位得到优化设计奖励包括以下两种情况：一是工程投资节约；二是工程效益增加。

（1）奖励基数。工程投资节约的奖励基数，按限额设计考核相关规定，并扣除设计方案变化带来的合同变更、索赔等费用后计算确定。工程效益增加的奖励基数，由建设管理单位组织对设计单位提交的效益分析报告审查后确定。

（2）奖励计算。工程投资节约情况下，优化设计奖励按限额设计考核奖励规定计算。工程效益增加情况下，优化设计奖励=增加效益奖励基数 × 奖励比例。奖励比例由双方约定（如 5%～10%，应略低于限额设计奖励水平）。

（3）奖励支付。优化设计奖励和限额设计考核不重复计列和支付。优化设计节约工程投资的，奖励纳入限额设计考核兑现，不再单独兑现。优化设计增加工程效益的，优化设计完成后，预支付奖励额度的 50%，项目实施并达到预期效果，支付剩余奖励额度的 50%。项目实施未达到预期效果，设计单位重新编写效益分析报告，建设管理单位组织审查后重新计算奖励基数及奖励额度，再兑现。

7.1.3　设计工作考核

白鹤滩水电站枢纽工程招标和施工详图阶段勘察设计合同对设计工作考核方式、费用等进行了约定，并制定了《白鹤滩水电站工程勘察设计工作考核办法》，考核资金来源于合同，满足依法依规要求。

1.考核组织与实施

考核包括季度考核和年度考核，每季度首月完成上季度考核，次年 1 季度完成上年度考核。每季度末月 25 日前，建设管理单位组织对主体工程设计单位进行考核，次月 5 日前提出考评和奖惩意见，并通报考核结果，次年 2 月前公布年度考核和奖罚结果。

2.考核内容与评分

白鹤滩水电站工程设计工作考核采取评分制，按季度评定。设计工作季度考核总分为 105 分（含加分项 5 分），年度考核总分为当年四个季度考核得分的平均值。设计工作考核内容及分值计算详见表 7.1-5。

表 7.1-5　白鹤滩水电站工程设计工作考核内容及分值计算表

序号	考核内容	分值	得　分	考核部门
1	廉政建设	5	汇总各细项考评得分	技术管理部
2	组织机构及人力资源配置	5	汇总各细项考评得分	技术管理部
3	现场服务	25	汇总各细项考评得分	技术管理部、各项目管理部门
4	主要工作计划完成及产品提交	30	汇总各细项考评得分	技术管理部
5	设计工作质量	15	汇总各细项考评得分	技术管理部
6	其他内容（设计交底工作、参与监理主持的生产例会和技术讨论会情况、设计文件质量、设计合同验收规划、设计合同资料移交）	20	汇总各细项考评得分	各项目管理部门及监理单位
7	加分项（应建设管理单位要求，在年度设计产品供应协议的基础上，提前完成设计成果或新增勘察设计内容，予以加分。其中提前供图加 2.5 分，新增设计项目加 2.5 分，每出现一项加 0.5 分）	5	汇总各细项考评得分	技术管理部
合计：				

3.考核结果与奖罚标准

年度考核得分为当年度勘察设计费支付的奖惩依据。设计工作考核结果与对应奖罚标准见表 7.1-6。

表 7.1-6　白鹤滩水电站工程设计工作考核结果与对应奖罚标准表

序号	年度考核总得分	奖罚标准
1	优秀，95分（含）以上	不扣当年勘察设计经费，参加年度劳动竞赛先进单位和大党建红旗单位评选并通报表扬
2	良好，90（含）～95分	不扣当年勘察设计经费，参加年度劳动竞赛先进单位和大党建红旗单位评选
3	合格，85（含）～90分	不扣当年勘察设计经费
4	不合格，75（含）～85分	扣减当年勘察设计经费总额的0.5%，责令整改，通报批评
5	不合格，75分以下	扣减当年勘察设计经费总额的1.0%，责令整改，通报批评

除表7.1-6的考核处罚标准外，考核办法还设置了一票否决条款，即出现重大设计错误导致工程关键线路工期延误，其中大坝及地下厂房项目工期延误2个月及以上，按年度考核75分以下的处罚标准进行处罚。

7.2　监理合同考核激励

为提高现场监理人员的积极性，充分发挥监理单位的检查监督作用，白鹤滩水电站工程对左岸工程建设监理合同、右岸工程建设监理合同、大坝工程建设监理合同、大坝砂石骨料加工系统建安及运行工程监理合同等主要建安工程监理合同进行考核。考核激励措施在招标文件中约定，具体事项通过补充协议明确，使得考核激励措施有了根本的合同遵循，满足依法依规要求。同时建设管理单位制定了《白鹤滩工程监理工作考核办法》，保障监理考核工作科学、规范、有序开展。

7.2.1　考核基金来源

发包人和监理单位各列支监理报酬的2.5%作为监理工作考核基金，即发包人和监理单位各承担50%的考核基金。对考核不合格的监理单位，可直接扣留考核基金或者暂缓支付一定比例的监理报酬，并要求限期整改；对考核合格的监理单位全额支付考核基金。发包人和监理单位共同承担考核基金，可对监理工作起到较好的激励作用。

7.2.2　考核组织与实施

监理合同考核由建设管理单位组织，采取"季度考核、季度兑现"的方式，其中季度考核采取每季度检查、打分的方式进行。考核从每季度末月25日开始，至次季度首月20日前完成，季度兑现时间为考核结果通报后的15个工作日。监理考核流程详见图7.2-1。

考核前监理单位应准备好管理制度、现场监理日志、监理旁站记录、质量安全闭合台账、相关业务报表、质量检查

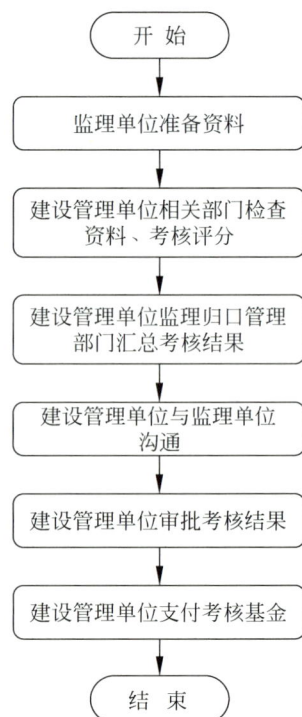

开始 → 监理单位准备资料 → 建设管理单位相关部门检查资料、考核评分 → 建设管理单位监理归口管理部门汇总考核结果 → 建设管理单位与监理单位沟通 → 建设管理单位审批考核结果 → 建设管理单位支付考核基金 → 结束

图 7.2-1　监理考核工作流程图

签证记录、试验检测记录、计量签证、监理月报、质量月报等资料，以备考核查阅。建设管理单位每季度组织召开监理工作季度管理例会，剖析监理工作不足，明确监理工作重点，促进监理效果提升。

7.2.3　考核内容与评分

根据监理工作特点，监理工作考核包括监理合同考核、监理业务考核、监理效果考核3 方面共计 15 项考核内容，涉及 71 项考核评分点。同时，每项考核内容均明确了考核部门。考核内容、考核部门、权重分配及分值计算详见表 7.2-1。若监理单位承监合同工程在考核季度发生安全生产事故，当季监理业绩中的"安全文明施工管理"项按 0 分计。

表 7.2-1　考核内容、考核部门、权重分配及分值计算表

序号	考核内容	考核部门	权重 /%	考核得分	最终得分
一	监理合同考核		15		
1	组织与管理	质量安全部	10	汇总各考评评分点得分	
2	资源配置	质量安全部	5	汇总各考评评分点得分	
二	监理业务考核		55		
1	施工技术管理	项目管理部门	4	汇总各考评评分点得分	
2	进度管理	项目管理部门	4	汇总各考评评分点得分	
3	质量管理	质量安全部、项目管理部门	10	汇总各考评评分点得分	
4	工程验收管理	项目管理部门	6	汇总各考评评分点得分	
5	合同造价管理	合同管理部、项目管理部门	6	汇总各考评评分点得分	
6	安全文明施工管理	质量安全部、项目管理部门	10	汇总各考评评分点得分	
7	甲供物资管理	物资设备部	5	汇总各考评评分点得分	
8	环保管理	技术管理部	7	汇总各考评评分点得分	
9	坝区管理	坝区管理部	2	汇总各考评评分点得分	
10	自购材料管理	物资设备部	1	汇总各考评评分点得分	
三	监理效果考核		30		
1	质量控制	质量安全部	12	监理范围内各项施工合同每季度质量 / 安全 / 进度考核得分和该施工合同权重的乘积累加	
2	安全控制	质量安全部	12		
3	进度控制	技术管理部	6		
合计（累加各项考核内容得分形成季度最终考核得分）：					

7.2.4　考核支付

监理考核基金不参与价差调整，不扣留质量保证金，以建设管理单位审批的监理考核结果为依据按季度支付。考核结果分为优、良、合格、不合格四个等级，考核得分在90 分（含）及以上为优，80（含）～89 分为良，60（含）～79 分为合格，60 分以下为

不合格。监理考核基金支付详见表 7.2-2。

表 7.2-2 监理考核基金支付表

序号	考核结果	考核基金支付比例 /%	备　注
1	优	100	通报表扬
2	良	95	提出改进意见
3	合格	75	提出改进意见
4	不合格	0	责令整改，通报其上级主管单位。连续两次考核不合格的，责令监理单位更换总监，并由其上级单位组织整改

若发现以往年度的质量问题、计量问题与合同经济问题，则按经济影响程度扣减当年监理考核基金，即经济影响值占合同金额的比例（如审计扣款占审计额的比例）在 2% 以下时同比例扣罚当年监理考核基金；经济影响值占合同金额的比例超过 2% 则扣罚当年监理考核基金的 10%。

鉴于安全管理工作的重要性，监理工作考核办法对安全管理与安全控制的支付原则进行了规定：所监理项目一年内发生较大及以上安全生产事故或承担主要责任的人身死亡安全事故或监理项目发生安全生产事故死亡人数超规定的亿元施工产值死亡率指标的情况，以及发生监理人员死亡的安全生产事故的情况，扣罚当年全部监理考核基金。

监理考核基金只用于考核和激励现场监理人员，监理单位总部不得提取考核基金的任何费用，在发包人实际支付季度考核基金的 21 个工作日内，监理单位必须将考核基金（除税金外）全部发放至现场监理人员，并将发放清单报送建设管理单位备案，否则建设管理单位将暂缓支付下一季度考核基金，直至监理单位将考核基金（除税金外）全部发放至现场监理人员为止。

7.3 建安工程考核激励

白鹤滩水电站建安工程考核激励主要通过在合同内设置综合考核激励措施的形式实施。本书以大坝工程考核激励措施为例进行阐述。

7.3.1 考核措施设置

建安工程考核激励设置形式通常有两类，第一类是招标文件中未明确设置考核激励措施，在合同谈判阶段双方商定从承包人进度结算款中扣留一定比例的工程款作为考核费用，通过考核支付，资金来源于承包人的工程款；第二类是招标文件中明确设置考核激励措施，并在工程量清单临时工程或一般项目中单独设置考核激励子目，承包人按招标文件约定填报费用，并计入合同总价，单独填报的考核激励费用通过考核支付。相较于第二类方式，第一类方式考核奖金来源于承包人的工程款，相当于用承包人的资金奖励承包人，承包人对此积极性不高，考核激励效果不明显。因此，白鹤滩水电站大坝工程采取第二类考核激励设置形式。

白鹤滩水电站大坝工程招标文件对考核激励措施进行了明确，发包人在合同中设立

"现场考核支付费用"，用于对承包人现场施工和管理人员在质量、进度、安全文明施工、综合管理（包括但不限于坝区管理、物资管理、合同管理、资金管理、信息管理）等方面的激励。"现场考核支付费用"计列在工程量清单一般项目中，按投标总报价（不含"现场考核支付费用"）的 3% 计入投标报价，由发包人组织考核支付。大坝工程在招标阶段对考核激励的资金来源、计取比例、计列方式等进行了明确约定，使得考核激励的实施有了根本的合同遵循。

除综合考核激励措施外，对于一些建设规模不大，但工期要求特别紧迫的项目，合同中虽未设置综合性奖励，但为确保施工进度，招标文件也设置了进度奖罚条款。例如白鹤滩水电站旱谷地料场对外交通专用公路工程，在招标文件中约定了"按期或提前交工的，给予奖励；逾期交工的，给予处罚"的考核措施。这种考核措施简单有效，是水电工程常用的一种施工进度管理手段，适用于建设规模不大，对工期有特殊要求的项目。

7.3.2　考核兑现方式

为落实大坝工程的考核与兑现工作，白鹤滩水电站工程制定了《白鹤滩水电站大坝土建及金属结构安装工程现场考核支付费用管理办法与实施细则》（以下简称《大坝工程考核细则》），对奖金提取与分配、奖金兑现、奖金发放等进行了详细规定，从制度层面保障考核激励措施有效实施。大坝工程考核构成见表 7.3-1，大坝工程考核细则详见附录 F。

表 7.3-1　大坝工程考核构成表

序号	项目名称	具体要素
1	考核内容及权重	考核内容包括质量、安全文明施工、进度、综合管理等方面，其中质量 50%、安全文明施工 20%、进度 20%、综合管理 10%
2	考核方式	1. 现场考核支付费用分主体工程、辅助工程及临时工程分别进行考核支付。 2. 主体工程根据不同分项工程的特点，质量和进度对混凝土工程、灌浆工程、金结与机电安装工程分别进行考核；安全文明施工和综合管理按标段统一考核。 3. 主体工程的质量、进度、安全文明施工按月考核支付，考核时段为进度月；综合管理按季度考核支付。 4. 辅助工程及临时工程由监理组织阶段性考核支付
3	考核费用支付	现场考核支付费用全部用于现场施工及管理激励。为切实推动现场工作顺利进行，发放到一线工作人员的费用不低于考核奖励金额的 70%。现场考核支付费用应在承包人内设部门之间进行合理分配，以调动全员工作积极性。 承包人应将现场考核支付费用分配情况按时报送建设管理单位。建设管理单位不定期对其发放情况进行监督检查，提出改进意见。若未按要求发放现场考核支付费用，建设管理单位有权将差额（实际发放金额和应发放金额的差）核扣

7.4　机电工程考核激励

白鹤滩水电站机电设备安装工程考核激励措施主要包括合同规定的首稳百日考核、优质工程措施费。考核办法和实施细则通过签订补充协议明确。

7.4.1 首稳百日考核

1. 考核指标

发电单元完成 72 小时试运行正式移交运行管理单位后，如能连续安全稳定运行 100 天，未发生因承包人原因引起的非计划停运，则该发电单元通过"首稳百日"考核运行，发包人将支付承包人该发电单元的"首稳百日"费用。

公用系统满足全部机组投产发电，且无因承包人安装原因造成发电单元的非计划停运，则通过"首稳百日"考核运行，发包人将支付承包人公用系统"首稳百日"费用。

2. 考核项目

白鹤滩水电站百万千瓦机组首稳百日考核项目详见表 7.4-1，公用系统首稳百日考核项目见表 7.4-2。

表 7.4-1　白鹤滩水电站百万千瓦机组首稳百日考核项目表

序号	项　　　　目	评 判 结 果	备　　注
1	机械过速动作		
2	机组转速电气二级过速		
3	调速器系统事故低油压		
4	调速器故障导致机组非计划停机		
5	定子铁芯温度异常		
6	定子绕组温度异常		
7	主变非电量超标		
8	机组主保护动作		
9	导轴瓦温度异常		
10	振动摆度超标		
11	淹水导轴瓦		
12	机组非计划停运		
13	施工原因导致其他机组非计划停机		

注：（1）考核评判标准：机组厂家 / 设计 / 相关标准。（2）评判结果为："合格"或"不合格"。

表 7.4-2　白鹤滩水电站公用系统首稳百日考核项目表

序号	项　　　　目	评 判 结 果	备　　注
1	机械过速动作		
2	机组转速电气二级过速		
3	调速器系统事故低油压		
4	调速器故障导致机组非计划停机		

注：（1）考核评判标准：机组厂家 / 设计 / 相关标准。（2）评判结果为："合格"或"不合格"。

3. 考核程序

首稳百日考核期满后，由承包人提交考核申报材料。申报材料须全面、真实、完整地反映各项考核指标。建设管理单位组织由建设管理单位、运行管理单位、监理单位等相关单位负责人组成的考核小组，负责对承包人申报材料进行公正、科学、合理的考核和评价，针对各新投产机组和公用系统分别出具评定意见。考核小组出具发电单元或公用系统通过首稳百日考核运行评定意见后，建设管理单位按合同约定支付考核费用。

7.4.2 优质工程措施费

承包人在合同设备安装调试过程中，在分部工程的安装、调试及试运行阶段未出现安装质量问题，且安装质量达到发包人制定的优质工程标准，以及运行指标达到发包人规定的优质机组运行指标，发包人将按合同约定支付承包人优质工程措施费。优质工程措施费的支付将在合同设备完成安装调试，并经过一年的运行考验满足考核要求的条件下进行。考核将按分部工程进行，设备质量、安装质量、进度、安全、文明施工和合同履约任何一项无论何种原因不能满足要求，发包人不予支付优质工程措施费。

7.5 建设管理单位考核激励

项目业主与建设管理单位签订了白鹤滩水电站枢纽工程项目投资控制管理协议，对建设管理单位枢纽工程投资控制情况进行考核激励。

7.5.1 考核范围与原则

投资控制考核范围包括白鹤滩水电站核准概算枢纽工程费用，以及与之匹配的独立费用、基本预备费、价差预备费、建设期利息。考核实行节余奖励、超支处罚的原则。

7.5.2 考核方式

投资控制考核实行建设期投资总考核、年度投资考核与阶段性投资考核相结合的机制，其中年度投资考核、阶段性投资考核为建设期总考核的预考核。建设期投资由静态部分和动态部分组成。静态部分包括枢纽工程费用，以及相应的独立费用、基本预备费；动态部分包括枢纽工程建设期价差及建设期利息，其中建设期利息不纳入年度考核、阶段性投资考核，仅进行建设期投资总考核。

1. 建设期投资总考核

建设期投资总考核目标值：经批准的工程项目业主预算所载明的枢纽工程总投资与建设期利息之和。建设期利息目标值待工程竣工决算后以核准概算中资金流为基数，按白鹤滩水电站项目委托贷款利率进行调整计算。

（1）总投资节余，给予奖励，奖励金额最多不超过规定上限。

总考核奖金 =（建设期投资总考核目标值 − 实际完成总投资）× 奖励比例

（2）总投资超支，给予罚金，罚金最多不超过规定上限。

总考核罚金 =（实际完成总投资 − 建设期投资总考核目标值）× 罚金比例

2. 建设期投资年度考核

年度投资考核范围包括当年已完结的费用项目；当年已办理完工结算或已基本确定实际完成投资的合同项目；多年连续施工的主体合同项目所划分的多个相对独立，且实际完成投资在当年基本确定的考核单元。考核范围内经审定的年度投资计划即为纳入年度考核的项目投资控制目标值。

（1）投资节余，给予奖励。

$$年度考核奖金 = [（纳入年度考核的项目投资控制目标值 + 对应项目匹配价差）- \\ 纳入年度考核的项目实际完成投资值] × 年度考核奖励比例 × \\ 年度考核奖励预兑现比例$$

（2）投资超支，给予罚金。

$$年度考核罚金 = [纳入年度考核的项目实际完成投资值 - \\ （纳入年度考核的项目投资控制目标值 + 对应项目匹配价差）] × \\ 年度考核罚金比例 × 年度考核奖励预兑现比例$$

年度投资考核结果，分年计算，滚动累加，年度奖励总额随年度考核情况做增减调整。

3. 阶段性投资考核

阶段性投资考核按水电站工程建设里程碑，划分为首台机组发电、全部机组发电等阶段。实现阶段性节点目标时，在当年给予年度考核奖励或罚金预兑现的同时，将累计预留未兑现年度考核奖励或罚金的 1/2，作为阶段性投资考核奖励或罚金[13]。

7.6 考核激励成效

实践证明，白鹤滩水电站工程考核激励措施促进了首批机组安全准点发电目标的实现，达到了预期效果，主要表现在依法依规和激励效果两方面。

一是依法依规方面。白鹤滩水电站工程考核激励目的、原则和费用标准均在招标文件中明确，具体考核事项通过合同或补充协议约定，考核激励资金纳入合同总价，实现了依法依规的合同管理目标。

二是激励效果方面。白鹤滩水电站首批机组于 2021 年 6 月 28 日顺利实现安全准点投产发电目标。这一关键节点目标的实现是参建各方共同努力的结果，同时考核激励措施的实施充分调动了现场人员积极性、鼓舞了士气，对安全准点目标的实现起到了积极的促进作用。另外，白鹤滩水电站工程质量优良，工程安全可控在控，文明施工形象良好，施工环境整洁，这些正是得益于考核激励措施在质量、安全、进度以及文明施工等方面树立的正确导向。

7.7 借鉴与思考

本章主要介绍了白鹤滩水电站主体设计合同、监理合同和施工合同以及建设管理单位枢纽工程投资控制管理协议约定的考核激励措施，重点对考核内容、考核组织、考核兑现、奖金发放等进行了阐述，并对考核激励成效进行了总结。通过白鹤滩水电站工程考核激励措施的实践，我们总结出以下经验。

（1）提前谋划，系统规划，在招标文件中明确考核激励措施实施的目的、原则和费用标准。合同签订阶段承发包双方就考核激励具体事宜协商一致后在合同中进行约定，使得考核激励措施有根本的合同遵循，同时将考核激励资金纳入合同总价，确保依法依规。

（2）鉴于考核激励工作的繁杂性，需要根据合同特点和工程建设管理要求，有针对性地制定考核实施办法或实施细则，保证考核激励工作科学、规范、有序开展。

（3）应遵循"专款专用、突出一线、有奖有罚、奖罚对等"的原则，激励奖金用于现场人员的奖励，充分调动现场人员积极性，同时建设管理单位应加强资金监管，避免被挪作他用。

（4）严格按照合同约定、考核实施细则规定，加强过程考核兑现管理，避免理解偏差等，造成执行层面的不规范问题。

（5）考核激励措施的种类不宜过多，需要设置覆盖面广的综合激励措施。例如白鹤滩水电站主要建安工程施工合同设置了涵盖进度、质量和安全文明施工的综合奖励措施，便于统一考核、统一兑现。但根据项目特点和工程建设管理实际需要，就建设管理单位重点关注的某一事项也可单独设置奖励，如设置样板工程奖，有利于调动参建各方以及现场工人积极性。实践中应本着有利于工程建设的原则，灵活设置考核激励措施。

第8章　工程保险与合同担保

工程保险是针对工程项目在建设过程中可能出现的意外事故而造成的物质损失和依法应对第三者的人身伤亡或财产损失承担的经济赔偿责任提供保障的一种综合性保险[14]，是一种分散和转移风险的风险管理机制。合同担保是一种采用市场经济手段和法律手段促使参与工程建设各方守信履约的风险管理机制。白鹤滩水电站工程建设规模大、建设周期长、技术难度高、施工环境复杂，不可预见因素多，风险程度高。为有效管控工程风险，白鹤滩水电站工程高度重视工程保险和合同担保工作。

8.1　工程保险

8.1.1　投保险种与承保单位

1. 投保险种

白鹤滩水电站工程业主风险由业主投保，包括建筑安装工程一切险、施工设备综合险、雇主责任险（最高赔偿限额为 60 万元）等险种。承包人的风险由承包人投保，承包人须为自带的施工机械、设备、工器具自行投保财产险，为采购的材料及设备自行投保运输险，同时对超过发包人雇主责任险 60 万元的部分，承包人可自行投保。白鹤滩水电站工程业主投保险种如下：

（1）建筑安装工程一切险。业主集中对白鹤滩水电站工程（含准备工程和主体工程）投保建筑安装工程一切险附加第三者责任险（简称"建安工程一切险"）。

（2）施工设备综合险。业主为自购的大型施工设备投保大型施工设备综合险。施工单位应根据施工合同要求自行为其施工机械、器具办理财产保险。

（3）雇主责任险。业主统一为参加白鹤滩水电站工程建设的业主、设计、监理、施工等单位现场工作人员（正式工、聘用工、临时工、季节工、徒工）以及临时来工地考察、咨询人员投保雇主责任险。白鹤滩水电站工程雇主责任险采用"年初估算，按年预缴，年末调整"的方法投保。

2. 承保单位

白鹤滩水电站工程获批筹建后，通过公开招标方式甄选保险服务供应商。中国太平洋财产保险股份有限公司、中国人寿财产保险股份有限公司、中国平安财产保险股份有限公司、英大泰和财产保险股份有限公司和中国人民财产保险股份有限公司五家单位作为主承保人为白鹤滩水电站工程提供保险服务。白鹤滩水电站各险种保险合同及承保单位详见表 8.1-1。

表 8.1-1　白鹤滩水电站投保险种及承保单位汇总表

序号	项 目 名 称	主 承 保 单 位	共 保 单 位
一	建筑安装工程一切险		
1	白鹤滩水电站准备工程建筑工程一切险及附加第三者责任险	中国太平洋财产保险股份有限公司	中国人民财产保险股份有限公司 中国平安财产保险股份有限公司
2	白鹤滩水电站主体工程大坝土建与金结工程建筑工程一切险	中国太平洋财产保险股份有限公司	中国大地财产保险股份有限公司 中国人寿财产保险股份有限公司
3	白鹤滩水电站主体工程左岸建筑工程一切险	中国人寿财产保险股份有限公司	
4	白鹤滩水电站主体工程右岸建筑工程一切险	中国平安财产保险股份有限公司	
5	白鹤滩水电站安装工程保险协议	中国人民财产保险股份有限公司	
二	施工设备综合险		
1	白鹤滩工程施工设备综合险保险协议（准备工程）	英大泰和财产保险股份有限公司	
2	白鹤滩工程施工设备综合险保险协议（主体工程）	中国太平洋财产保险股份有限公司	
三	雇主责任险（2011—2021 年）	中国太平洋财产保险股份有限公司	中国大地财产保险股份有限公司 中国人民财产保险股份有限公司

8.1.2　管理体系与职责

1. 管理体系

鉴于工程保险对水电工程的重要意义，三峡集团在三峡工程建设中逐步建立起具有三峡特色的工程保险管理模式，即"业主投保为主、归口财务管理，业主、保险经纪公司、监理单位、施工单位、保险公司为结合体的保险管理机制"。这种管理机制开创了业主直接管理保险的先例，既满足了保险管理的需求，又服务了工程建设[15]。

在传承三峡工程、溪洛渡水电站和向家坝水电站工程保险经验的基础上，结合白鹤滩水电站工程实际情况，白鹤滩水电站工程建立了以建设管理单位为主导、保险经纪公司为中介、承包单位为基础、监理单位参与审核、保险单位进行理赔及服务的现场保险管理体系，详见图 8.1-1。

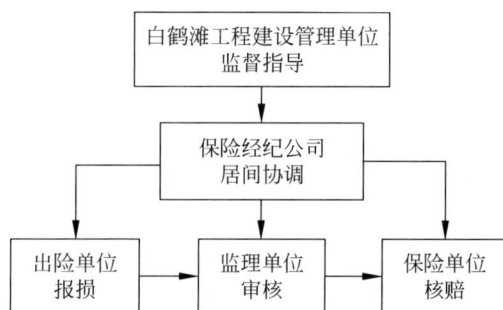

图 8.1-1　白鹤滩水电站工程保险管理体系示意图

2. 管理职责

1）建设管理单位

建设管理单位在工程保险管理体系中处于主导地位，具体领导、组织、监督保险工作的开展，主要职责是组织工程投保，制订保险工作计划并检查落实，制定工程保险管理实施细则并监督执行，监督承包单位加强质量安全管理，参加风险检验并督促承包单位落实防灾防损建议，审定抢险施救方案并协调抢险施救，参与出险项目风险查勘并召集出险项目协调会，组织或参与事故原因分析，参与保险索赔并督促及时提供保险索赔资料，主持开展现场保险服务评估和保险宣传培训等工作。

2）保险经纪公司

保险经纪公司作为白鹤滩水电站工程保险的中介代理机构，主要职责是：协助建设管理单位开展投保、索赔工作，包括监督出险项目报案、协调组织出险项目现场查勘、跟踪索赔资料进程、协调事故索赔金额等工作事项；参与保险风险检验工作；按季提交现场保险工作情况简报和年度保险工作报告，及时提交重大安全事故保险情况报告；参与工程保险询价、保险案例分析等工作；协助开展现场保险服务评估工作，受投保人委托承担评估工作。

3）承包单位

承包单位作为白鹤滩水电站工程保险体系的基础环节，主要职责是出险后具备现场救援条件的要积极组织抢险施救；发生保险事故后24小时内向保险公司或保险经纪公司报案；配合取证与现场查勘；提供事故原因分析报告；收集整理保险索赔资料，及时向监理单位报送事故索赔资料。

4）监理单位

监理单位是白鹤滩水电站工程建设管理的重要力量，主要职责是审核出险项目报损资料；参与出险项目的现场查勘；参与现场风险检验；每月审查、汇总报送承包单位雇主责任险人数。

5）保险单位

保险单位作为承保单位，主要职责是按保险协议要求成立现场服务小组，全面负责现场保险服务工作；保险协议签订后为投保人提供保险服务手册；受理保险索赔事项；开展日常风险巡查工作，建立日常风险巡查日志；组织现场风险检验；组织保险培训工作；提交防灾防损基金与培训基金年度使用计划。

6）其他单位

根据保险管理需要，协助参与保险项目相关工作。

3. 保险管理体系运行

白鹤滩水电站工程保险管理体系运行良好，建设管理单位从组织保障、制度保障、工作机制建设等方面做了大量工作。

1）组织保障

建设管理单位建立了完善的保险工作管理体系。保险单位配备了现场服务机构和专职管理人员，明确了主保与共保、现场服务机构与后方决策支持部门的职责范围。建设管理单位设有专职人员负责保险管理工作。工程保险管理组织体系沟通渠道畅通，执行力强、工作效率高，为工程保险工作的开展奠定了坚实基础。

2）制度保障

建设管理单位制定了保险管理实施细则，保险单位编制了服务手册和工作制度，双方建立了协调工作机制，明确了岗位职责、办事程序、监督管理等事项，形成了保险双方的共同意志，为保险工作的开展提供了基本遵循。

3）工作机制

一是保险双方相互学习，保险单位学习工程知识，建设管理单位学习保险知识。针对风险监控中发现的问题，双方积极开展对话，座谈交流，共同提升，共同受益。二是制订保险工作计划，加强保险工作指导。保险双方制订投保、风险检验、防灾防损、理赔管理、保险培训等工作计划，指导年度保险工作的开展。三是健全例会制度，建立了年度协调会、重大事项协调会、月度工作例会、现场调查会等不同层次的协调例会，保险双方及时沟通，促进了保险工作的深入开展。四是保险服务工作目标明确，每年计划制订后，建设管理单位重点监督现场服务，考核服务质量，督促检查保险工作计划的实施效果。

8.1.3　保险索赔管理

1. 出险报案与现场施救

现场出险后，出险单位应在规定时间内向保险经纪公司或保险公司报案。凡在规定时间内不报案的，将视同出险单位自动放弃保险索赔，该损失也不予进行相应的变更和补偿，由出险单位自行承担。

出险单位应采取一切必要措施抢救人员以及其他财产，防止损失进一步扩大，做好施救资源记录并经现场监理审核确认，经监理审核确认的施救资源投入记录是保险索赔的重要依据。

2. 现场保护与现场查勘

出险单位和现场监理在查勘之前应妥善保护事故现场，做好事故现场记录（包括文字、影像）。保险经纪公司在接到出险单位报案后，应于 24 小时内及时组织保险单位、监理单位、出险单位查勘事故现场，调查事故经过及原因，初步核定损失项目和数量。查勘结束时，各方应及时在现场查勘记录（包括相同意见或分歧意见）上签字确认。

3. 索赔程序及时间

建安工程一切险和业主大型施工设备综合险出险后，出险单位应在出险之日起 30 天（估损金额 100 万元以下）或 40 天（估损金额 100 万元及以上）内将索赔资料报送监理单位审核。监理单位在 7 个工作日内完成审核，出具损失认定报告。建设管理单位在 3 个工作日（索赔金额 100 万元以下）或 7 个工作日（索赔金额 100 万元及以上）内完成复核。保险经纪公司在 7 个工作日内与保险单位协调确认索赔金额，完成索赔报告。索赔报告经建设管理单位审批后交保险经纪公司向保险单位索赔，最后由保险单位核赔并支付赔款。保险赔款核定后，出险单位方可办理变更结算。白鹤滩水电站工程建安工程一切险和业主大型施工设备综合险处理流程详见图 8.1-2。

```
┌─────────────────────┐
│     保险事故发生      │
└─────────────────────┘
          │
          ▼
┌─────────────────────┐
│ 出险单位向保险经纪公司 │
│  或保险单位报案       │
└─────────────────────┘
          │
          ▼
┌─────────────────────┐
│  保险经纪公司组织      │
│   事故现场查勘        │
└─────────────────────┘
          │
          ▼
┌─────────────────────┐
│ 出险单位向监理单位报送 │
│   损失资料           │
└─────────────────────┘
          │
          ▼
┌─────────────────────┐
│ 监理单位审核后交建设管理 │
│ 单位与保险经纪公司复核  │
└─────────────────────┘
          │
          ▼
┌────────────────────────────┐
│ 保险经纪公司与保险单位协商索赔数额 │
└────────────────────────────┘
          │
          ▼
      ◇───────◇         否      ┌────────────────────┐
      │协商一致?│──────────────▶│ 申请仲裁或向人民法院   │
      ◇───────◇                │ 起诉,根据仲裁或诉讼   │
          │ 是                  │ 结果,办理保险理赔     │
          ▼                    └────────────────────┘
┌─────────────────────┐
│ 保险经纪公司完成索赔报告并提交 │
│ 建设管理单位审批      │
└─────────────────────┘
          │
          ▼
┌─────────────────────┐
│ 保险经纪公司正式向保险单位 │
│  递交索赔报告         │
└─────────────────────┘
          │
          ▼
┌─────────────────────┐
│ 保险单位向建设管理单位支付赔款 │
└─────────────────────┘
          │
          ▼
┌─────────────────────┐
│  出险单位办理变更结算  │
└─────────────────────┘
```

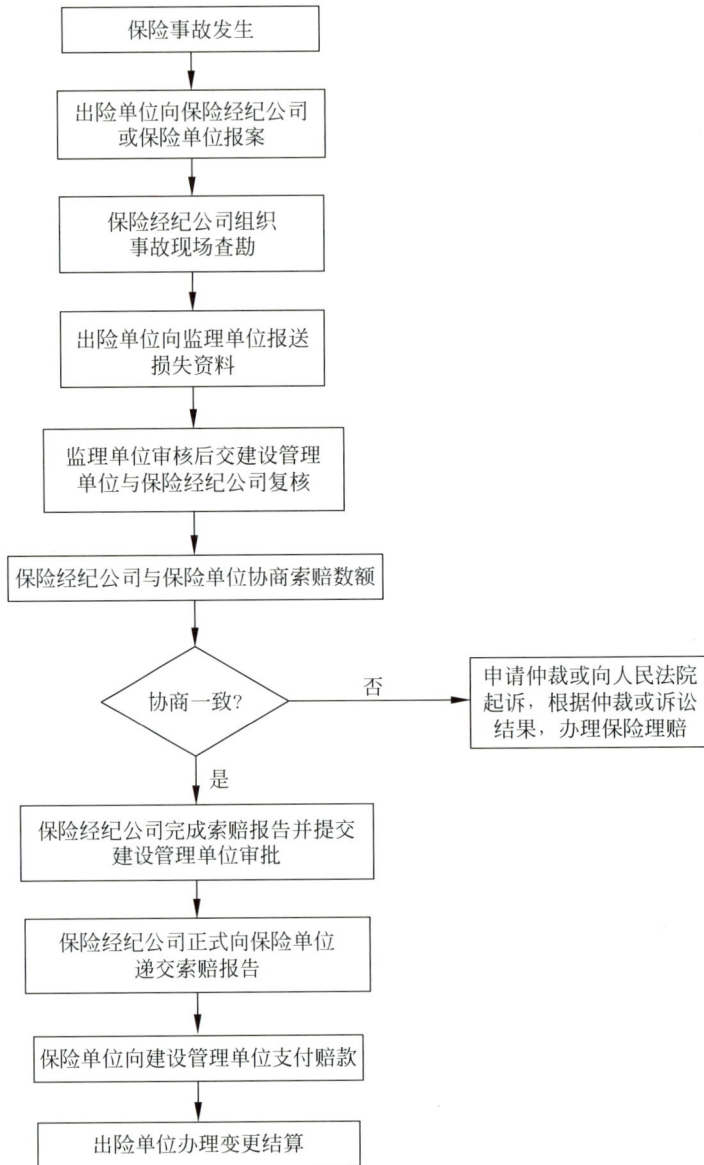

图 8.1-2　白鹤滩建安工程一切险和业主大型施工设备综合险处理流程图

　　雇主责任险责任范围内人员伤亡事故发生后，出险单位应在规定时间内向监理单位提交索赔资料，监理单位在接到索赔资料 2 个工作日内审核是否属实、签署意见并提交建设管理单位安全生产管理委员会办公室（简称"安委会办公室"），安委会办公室在接到索赔资料 2 个工作日内签字盖章后交保险经纪公司，保险经纪公司报建设管理单位审批后向保险单位索赔，保险单位接到索赔申请后及时办理赔付。

　　在保险赔付时，保险人与被保险人意见不一致的，应先协商解决，不能协商解决的可申请仲裁或向人民法院起诉。

　　对于免赔额内的损失，根据合同规定，属承发包方各自应承担责任的，免赔额内部分损失由各自自行承担；属于共同责任的，免赔额内部分损失按责任比例分别承担。

8.1.4　保险风险控制措施

大型水电工程建设过程中将面临各种各样的工程风险，不同工程风险应对措施各不相同，其中工程保险是一种重要的工程风险应对措施。风险控制管理是工程保险工作的重点，本节简要介绍白鹤滩水电站工程保险风险控制措施。

1. 风险管理

项目建设之初，白鹤滩水电站工程建设管理单位组织设计、监理、承包单位分析项目建设风险因素、评估项目风险，制定项目总体风险管理方案与专项管理预案，督促各参建单位落实。建设管理单位每年组织设计、监理、承包单位编制防洪度汛方案及安全隐患整改方案，督促参建单位按审定的方案落实工作，并及时做好大风、暴雨、洪水的预报工作，为各承包单位防范风险提供水文气象保障。

承包单位做好日常安全生产和专项风险预防工作，严格按照项目总体风险管理方案和专项管理预案的要求执行。

保险单位每年至少组织一次现场风险检验，提交风险检验报告和防灾防损建议，经建设管理单位批复后由承包单位组织落实。

此外，建设管理单位在工程风险管理方面也进行了创新。在主体工程建安工程一切险保险合同中设立防灾防损基金，保险单位以保险费的 4% 作为防灾防损服务基金，用于承保范围内保险项目的防灾防损服务，也可用于实现现场安全生产、文明施工以及风险管理的奖励。防灾防损基金的设置可有效提高防灾防损工作效率，有利于促进风险管理水平的提升。同时，充分利用信息化技术，建立隐患排查治理平台，提高隐患排查治理效率，增强风险管理能力。

2. 风险检验

1）工作内容

组织现场风险检验，提出防灾防损建议，是保险单位的合同义务，也是保险单位风险管理的重要内容。风险检验包括现场查勘、风险评估和预案制定等。

（1）现场查勘。通过现场风险查勘，识别现场风险源，重点识别滑坡、泥石流、塌方、洪水等发生概率较大或后果较为严重的自然灾害风险源。

（2）风险评估。对识别的风险源进行评估，重点对灾害发生概率、灾害发生后可能造成的后果进行评估。对评估结果进行论证，是否符合安全生产管理要求，损失是否在可接受范围之内。根据评估情况，提出合理、适当的防灾防损建议。

（3）预案制定。在某些风险不能完全排除，且该类风险一旦发生将造成巨大损失的情况下，针对该类不可控的风险制定应急预案。

汛期是自然灾害的高发期，水电工程受汛期地表灾害及自然灾害的影响极大，汛前风险检验对于防灾防损至关重要。保险单位每年汛前应组织开展现场风险检验。

2）工程风险检验实例

本文以左岸工程风险检验和缆机运行风险检验为例，介绍风险检验工作。

（1）左岸工程风险检验

2018 年 4 月，保险单位组织专家组对白鹤滩水电站左岸工程进行风险检验。通过现场查勘，专家组认为白鹤滩水电站工程安全管理力度大、要求严、措施多，主体工程风险可控，文明施工水平高，特别是实现双零目标后，现场管理展板清晰，细节管理到位，超出预期。查勘针对边坡垮塌风险、洞室渗水、人员安全防护等风险点提出了防灾防损建议，详见表8.1-2。

表 8.1-2　白鹤滩水电站左岸工程风险检验工作表

序号	风险类型	风险点及风险情况	防灾防损建议
1	边坡垮塌风险	施工单位仓库后边坡落石造成财产损失	1. 即将进入汛期，风险概率增加。边坡危岩体不具备处理条件，且处理费用高。风险控制应以搬迁避让为主。 2. 加强对边坡危岩体的变形监控，对于是否原地恢复仓库，建议汛后由专业人员对山体情况进行分析研究后再行决定
2	边坡垮塌风险	泄洪洞出口边坡塌方风险较大，虽采取了削坡、增加主动网、被动网等措施，但作业面狭窄、坡度大，受爆破震动、汛期暴雨影响，可能存在飞石、边坡垮塌、开挖石渣垮塌等风险	加强对开挖爆破的管理，减少爆破震动的影响，爆破时将人员、设备撤离爆破影响范围。汛期加强边坡安全监测，暴雨时减少边坡作业，待暴雨过后对边坡情况进行评估再行作业，尽量避免人员和设备等遭受损失
3	边坡垮塌风险	对外专用公路边坡存在5~6处垮塌风险点，部分边坡以前年度已经发生过垮塌，但修复方案简单，未能避免边坡垮塌风险进一步扩大	建议提高边坡处理设计标准，一是进行削坡卸荷，二是浇筑更高的混凝土挡墙，三是做好排水措施
4	边坡垮塌风险	部分路段边坡原喷护混凝土已经开裂，土层外露，部分浆砌石网格也已损坏，无法起到防护作用，边坡垮塌风险大	建议对专用公路边坡进行专项检查，对边坡风险情况进行评估，制定修复方案，降低边坡垮塌造成交通堵塞或导致车辆及人员伤亡的风险。如不能在汛前修复，建议加强监控措施，安排人员巡查，降低因垮塌造成人员、车辆等损失的风险
5	边坡垮塌风险	施工单位仓库紧邻冲沟，仓库旁边的道路已被冲沟泥石流掏空，汛期如发生暴雨或泥石流，将加大对边坡及道路的破坏程度，增加垮塌风险	目前该仓库堆放大量压力钢管瓦片，建议加强对冲沟泥石流的监控，同时将部分瓦片转移至安全位置堆放，降低受泥石流影响的损失风险
6	洞室渗水风险	部分洞室顶部、边墙渗水较多，导致地面湿滑，不利于施工作业及人员安全。鉴于地下洞室的特殊性，虽然施工单位已采取了处理措施，但渗水情况仍无法避免，且汛期将至，渗水量将进一步加大，可能对洞室安全及人员施工安全造成较大影响	1. 对未进行混凝土浇筑或灌浆的洞室顶拱渗水情况进行监测，避免水量增大导致顶拱或边坡混凝土脱落对人员及设备等造成损坏。 2. 加强对渗漏水的管理，如开挖排水沟，将渗水集中抽排。 3. 对路面积水进行清理，或在路面积水处铺垫木板或垫出一条干燥的路面等
7	人员安全防护风险	部分地下工程存在安全隐患。如部分作业面光线较暗，可能导致人员摔伤；部分作业面物资堆放杂乱，可能绊倒施工人员；部分作业面噪声太大，粉尘气味刺鼻，人体感受不好；部分作业面有积水，路面湿滑，施工人员易摔倒	1. 加强作业面灯光配备，确保光线充足。 2. 加强安全防护设备的配备，对处于湿滑环境作业的人员配备防滑鞋和防水衣物，为受噪声污染重的人员配备耳塞，为受粉尘污染重的人员配备合适的呼吸面罩等。 3. 定期对处于恶劣工作环境的施工人员进行针对性的体检，对身体不适的人员进行调岗，确保施工人员身体健康
8	其他		1. 结合隐患排查治理平台，加强全员风险意识，对隐患上报和治理有力的员工进行奖励。 2. 采取高科技手段，加强对坝区边坡的监测预警，提前规避风险

（2）缆机运行风险检验

2018 年 4 月，保险单位组织专家对白鹤滩水电站 7 台缆机运行情况进行了风险检验。通过现场查勘及评估，专家组认为业主、监理、运行单位高度重视缆机运行安全，人员培训到位，设备状态良好，管理制度完善，应急预案齐全；现场做到了环境整洁、道路通畅、设备清洁、标识齐全、操作规范；7 台缆机处于正常运行状态，运行安全风险指数较低，发生安全事故的可能性较小，总安全风险等级为"较低"。同时，风险检验发现部分风险点风险指数偏高，专家组提出了相应的风控建议。缆机运行风控建议详见表 8.1-3，缆机运行风险点评估详见表 8.1-4。

表 8.1-3　缆机运行风控建议表

序号	风险控制点	存在问题	改善建议
1	缆机油漆及排水孔	总体良好，但局部补漆不规范，局部缺少排水孔，导致局部腐蚀	及时规范补漆，缺少排水孔的部位增加排水孔
2	缆机结构完整性	缆机机房底板部分固定螺栓未安装	及时安装
3	吊罐壁厚的测量及变化趋势的跟踪	目前吊罐未进行厚度测量	定期进行吊罐厚度测量，关注厚度变化趋势
4	控制室界面图	目前主控界面只有二维平面图，与操作员操作无关的信息较多	对主监控界面进行布局改进，去掉多余的无关信息，增加直观的俯视图像或者改为三维立体成像
5	安全生产操作规程汇编	安全生产操作规程汇编每年进行修订，但无修订说明	建议增加修订说明，便于快速了解每次修订的主要变化
6	灭火器	机房内部分灭火器过期	及时更换过期灭火器
7	防护栏杆	部分栏杆未设置踢脚板	缺失部位及时增加踢脚板
8	副塔值班室和厨房的墙体	副塔值班室和厨房墙体使用泡沫夹心板可燃材料	及时更换。更换前要特别注意远离火源，穿墙导线和电气插座与此材料保持一定的距离
9	减速器油窗	减速器油窗上无明显的正常油位标识	增加油位标识
10	缆机减速器振动测量	减速器无在线振动监测	建议利用手持式振动测振仪定期对减速器的振动进行测量，并把历次测量的振动值做成变化曲线，以跟踪其变化趋势，并与厂家确认其可以接受的振动最大值
11	固定式承马	左岸主塔与检修小车之间主索上固定式承马数量不足，导致牵引绳垂度过大	增加固定式承马
12	红外热成像仪	现场用红外点温枪对电气盘柜等局部进行温度测量，存在效率低和覆盖面不足的问题	利用红外热成像仪定期对电气盘柜等进行温度测量，提高工作效率和覆盖面
13	电气盘柜自动灭火装置	电气盘柜未配置自动灭火装置	建议综合考虑是否配置自动灭火装置
14	可持续计划（BCP）		对瓶颈设备部件考虑一定的储备，或考虑应急调配方案

表 8.1-4 缆机运行风险点评估明细表

三级指标编号	风险分析			风险评估					风险接受	
	风险点	可能的后果	可能的原因	严重性 S	可能性 P	不可测性 D	风险指数 PRN	风险等级	是	否
I1	操作人员协调不足（A1）	操作失误	主、副塔监测人员，上下料现场人员与控制室操作人员沟通不及时，或听干扰或对讲机出现故障	5	1	4	20	较低	√	
I2	操作员无资质或缺少培训（A1）	操作不熟练、甚至出现失误	操作人员招聘把关不严或操作员突然辞职生病，临时替补	5	1	1	5	低	√	
I3	操作人员身体过度疲劳（A2）	注意力不集中、反应迟钝导致操作失误	人员流动频繁，人员配备不及时或工作时间安排不合理，长时间精神紧	4	3	2	24	较低	√	
I4	操作人员情绪不佳（A3）	操作失误	每天早会检查疏忽，无有效的检查方法	5	1	2	10	较低	√	
I5	酒后操作（A3）	操作失误	每天早会检查疏忽，操作人员侥幸心理	5	1	1	5	低	√	
I6	操作人员生理缺陷（A3）	操作失误	招聘无体检、体检不严或体检时间间隔过长	5	1	1	5	低	√	
I7	提升制动器开闭不正常，推杆行程异常（B1）	吊罐提升不可控	制动器保养检查不到位	5	1	2	10	较低	√	
I8	安全制动器异常（B1）	牵引小车、吊钩和重物失控	传感器控制系统失灵，缺少有效监测手段	5	1	2	10	较低	√	
I9	减速箱油泵电机响动异常（B1）	油泵电机损坏，缆机停止工作	检修、保养不到位	3	3	1	9	低	√	
I10	减速器齿轮失效（B1）	缆机无法运行	制造安装精度低引起轮齿冲击折断或齿面脱胶等，故障检查不及时	4	4	3	48	中		√
I11	提升绳和牵引绳拉断（B1）	牵引绳、吊罐及所吊物料坠落，小车失控	钢丝绳达到报废标准未及时更换	5	1	1	5	低	√	

续表

三级指标编号	风险点	可能的后果	可能的原因	严重性 S	可能性 P	不可测性 D	风险指数 PRN	风险等级	风险接受 是	风险接受 否
I12	牵引绳、提升绳锈蚀严重（B2）	钢丝绳失效	维护保养不重	5	2	1	10	较低	√	
I13	联轴器螺栓松动（B2）	联轴器失效	维护人员检查疏忽	3	2	1	6	低	√	
I14	滑轮转动不畅，有裂纹、过度磨损或缺口（B2）	卷扬机构无法正常工作	长期疲劳损伤，检查更换不及时	3	2	1	6	低	√	
I15	电气元件老化漏电（B3）	发生触电事故导致人员伤亡	电气测试或值班人员检查维护不到位	4	3	1	12	较低	√	
I16	电线、插头连接处松动（B3）	电气系统接触不良，设备工作异常	连接不可靠，检查疏忽	3	3	1	9	低	√	
I17	电气设备金属外壳没有接地（B3）	发生触电事故，导致人员伤亡	设计缺陷或安装疏忽	4	1	1	4	低	√	
I18	电气系统缺乏过流、失压保护（B3）	设备损坏，影响施工效率	厂家设计缺陷	5	1	1	5	低	√	
I19	轨道固定螺栓松动、限位装置不可靠（B4）	影响主、副塔行走安全	螺栓防松措施不够或检查不力	4	1	1	4	低	√	
I20	风速仪、夹轨器、防风铁鞋损坏（B4）	在大风情况下，主、副塔发生不可控位移	铁鞋放置地点无提示牌，风速仪故障，夹轨器失效	3	1	1	3	低	√	
I21	主、副塔结构强度问题（B4）	结构破坏	关键部位结构和焊缝疲劳损伤或防腐措施不力	5	2	1	10	较低	√	
I22	承载索连接问题（B4）	整机垮塌	连接不可靠索头变形滑脱	5	1	1	5	低	√	
I23	活动承马间隔大而不均（B4）	牵引绳和起升绳垂度过大	承马磨损不均或夹紧不够	3	3	1	9	低	√	

续表

三级指标编号	风险点	风险分析		风险评估					风险接受	
		可能的后果	可能的原因	严重性 S	可能性 P	不可测性 D	风险指数 PRN	风险等级	是	否
I24	吊罐过度磨损（B4）	吊罐强度、刚度不够产生变形，破损导致混凝土散落	缺少吊罐厚度的有效监测手段	5	2	3	30	中		√
I25	吊罐在大风下摆动（B4）	影响缆机正常工作，可能发生干涉碰撞	虽然有管理措施和应急预案，但缺乏有效的管控手段和减少摆动的方法	4	2	3	24	较低	√	
I26	主操作界面布局不够合理（B4）	影响操作效率，甚至产生误操作	原厂家软件设计缺陷，监控界面无关信息过多且缺少直观的俯视图	5	3	2	30	中		√
I27	吊罐缺陷（B4）	物料和罐体坠落	弧门启动失控，吊具失效，碰撞导致变形	3	2	2	12	较低	√	
I28	设备管理机构不够健全，各项规章制度不够完善（C1）	设备风险得不到有效控制	领导重视不够	4	2	1	8	低	√	
I29	定期检查制度不健全（C1）	设备故障不能及时发现和处理	未按标准制定管理制度	5	1	1	5	低	√	
I30	起重机维护保养和交接班制度不健全（C1）	设备保养维护不到位，操作人员对设备及环境状态不明	未按标准制定管理制度	5	1	1	5	低	√	
I31	事故应急预案不健全（C1）	事故发生后不能安全、有效处理	未按标准制定管理制度	5	1	1	5	低	√	
I32	未严格执行管理制度（C2）	设备风险难以得到有效控制	管理制度执行力度不够	5	2	2	20	较低	√	
I33	未按规定在停机状态下进行维护保养（C2）	造成设备和人员的安全事故	管理制度执行力度不够	5	1	1	5	低	√	
I34	检修人员未持证上岗（C2）	造成设备和人员的安全事故	检修人员未经过专业的培训	4	2	1	8	低	√	
I35	缺失交接班，违章情况记录（C3）	造成设备和人员的安全事故	未按标准制定管理制度或执行不力	5	2	1	10	较低	√	

续表

三级指标编号	风险点	风险分析		风险评估				风险等级	风险接受	
		可能的后果	可能的原因	严重性S	可能性P	不可测性D	风险指数PRN		是	否
I36	缺少检修合格报告书（C3）	造成设备和人员的安全事故	未按标准制定管理制度或执行不力	4	3	1	12	较低	√	
I37	缺失安装使用说明书、图纸等随机文件（C3）	造成设备和人员的安全事故	未按标准制定管理制度或执行不力	4	3	1	12	较低	√	
I38	缺失各零部件的合格证书（C3）	造成设备和人员的安全事故	未按标准制定管理制度或执行不力	3	3	1	9	低	√	
I39	机房（特别是低缆）温度过高（D1）	对操作人员身心和设备电气装置的可靠性均产生不良影响	环境温度高，发热量大，通风条件差，房间空间小，缺少有效降温措施	3	3	2	18	较低	√	
I40	副塔值班室和临时厨房墙体用的泡沫夹心板为可燃材料（D3）	火灾隐患	侥幸心理，重视程度不够	5	4	3	60	较高		√
I41	机房灭火器材配备不够完善（D2）	火灾隐患	数量不够，布置不合理，失效过期	5	3	2	30	中		√
I42	部分基础平台防护栏杆高度不够、缺少踢脚板（D2）	人员不慎掉落	未按标准施工	5	5	1	25	中		√
I43	大风（D1）	影响施工安全	自然灾害，防范措施不力	5	1	2	10	较低	√	
I44	大雪、大雨、雷电（D1）	路面湿滑，造成碰撞事故，设备损坏，人员伤亡	自然灾害，防范措施不力	5	1	2	10	较低	√	
I45	地震（D1）	人员伤亡，设备损坏	自然灾害，防范措施不力	5	1	3	15	较低	√	

注：风险点中，A—人员因素，B—设备因素，C—管理因素，D—环境因素。

对于风险检验提出的防灾防损建议，建设管理单位高度重视，组织各参建单位制定整改防范措施，并督促落实，及时消除、控制各类危险源和风险点，防患于未然，降低风险发生概率，避免或减少工程损失。

3. 风控措施评价

通过制定并落实项目总体风险管理方案与专项管理预案、防洪度汛方案，以及保险单位历年现场风险检验，白鹤滩水电站工程着力加强关键时段、关键部位、关键环节的风险识别、风险评估和风险应对的全过程风险管理，风险管理体系运行良好，工作成效明显，对工程本质安全起到了积极促进作用。

根据对白鹤滩水电站工程历年出险报案数量的统计，以开挖支护施工为主的准备工程阶段出险数量呈逐年上升的趋势，在 2016 年达到峰值，进入以混凝土施工为主的主体工程阶段后出险数量呈逐年减少的趋势，详见图 8.1-3。白鹤滩水电站工程历年出险报案数量变化趋势与水电工程各阶段施工特点总体是相适应的，一方面反映了白鹤滩水电站工程风险管理措施逐渐完善成熟的过程，另一方面反映了大规模开挖支护阶段工程安全风险较大，要有针对性地做好风险管理工作。

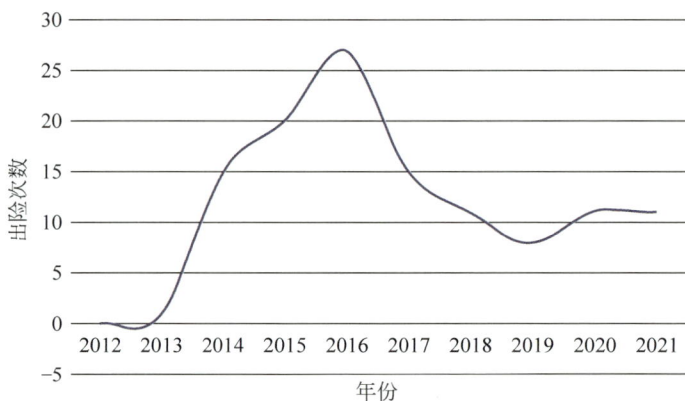

图 8.1-3　2012—2021 年白鹤滩工程保险出险曲线图

8.1.5　索赔与成效

保险索赔是工程保险工作的重要环节，也是风险转移的重要手段。良好的保险索赔工作能够有效帮助投保人得到及时和充分的补偿，最大限度实现工程保险分散和转移风险的价值。白鹤滩水电站工程高度重视保险索赔工作，形成了工程保险工作全员参与、各司其职的索赔工作模式。同时，注重保险索赔工作的时效性，针对不同规模的出险事故，自报案起对索赔资料收集、整理、审核、报送、沟通协商、赔付等各环节工作时限都给出了明确规定，确保索赔工作高效开展。

从执行效果来看，自工程保险实施后的 2012—2021 年间，白鹤滩水电站工程建安工程一切险、施工设备综合险共出险报案 119 起，理赔结案率 100%，实际赔付额占保费比例为34%。工程保险是一种重要的风险应对措施，白鹤滩水电站工程充分利用工程保险保障功能，分散和转移工程风险，增强工程抗风险能力，对工程本质安全起到了良好的促进作用。

8.1.6　典型案例

本节列举了建安工程一切险、业主施工设备综合险的典型工程保险案例，对案例出险过程、事故理赔进行了梳理，剖析风险防范、事故索赔等方面的启示意义，为读者提供借鉴和参考。工程保险典型案例见表 8.1-5 和附录 G。

表 8.1-5　工程保险典型案例表

序号	案 例 名 称	案 例 启 示
1	暴雨致物资受损案例	避免在冲沟范围内设置堆场、营地等设施，索赔资料对保险理赔至关重要
2	钢筋石笼损毁案例	索赔资料对保险理赔至关重要，过程中应有意识地进行资料收集整理
3	缆机受损案例	加强人员安全教育，优化缆机操作界面；施工单位应购买责任范围内的工程保险，规避损失，做好工程风险防范

8.2　合同担保

合同担保对于提高合同的法律效力、维护当事人的合法权益、提升合同履约能力和企业信誉、促使合同双方提高自身管理水平具有十分重要的意义。根据法律法规、行业主管部门相关管理规定，投标人需要缴纳投标保证金，承包人需要提交预付款担保、履约担保，工程结算时需扣留农民工工资保证金、质保金或提供质量保函，业主也需要向承包人提供支付担保。与此同时，国家为减轻企业负担、激发市场活力、发展信用经济、建设统一市场、促进公平竞争、加快建筑业转型升级，近年来不断清理、规范工程建设领域担保，推广使用银行保函替代保证金。

8.2.1　管理内容

白鹤滩水电站工程合同担保管理包括履约担保、质量担保和预付款担保的管理。合同担保管理主要内容如下：

（1）合同签订金额 300 万元（含）以上的工程施工、货物合同，签订前承包人应提供履约担保（保函或现金）；服务类合同、300 万元以下的工程施工和货物合同，可按项目实际情况明确是否需要履约担保（保函或现金）。合同设定预付款的，必须提供等额预付款保函。

（2）承包人应按合同约定及时提供合格的履约担保、质量担保和预付款担保。担保原则上应在白鹤滩水电站工程合同担保管理系统中进行审签，审签的内容包括担保形式、保函格式、有效性、金额及响应性审查等。

（3）已经缴纳履约担保的合同项目，在完工前不再同时预留工程质量保证金，但履约担保有效期应至合同项目完工验收合格且提供质量担保之日止。未约定履约担保的合同项目，应按合同约定预留工程质量保证金。

（4）建设管理单位应及时组织合同项目完工验收，确因需要延期的，应通知承包人办理担保的延期、替换手续；合同项目完工验收合格且提供质量担保后，退还履约担保。

（5）履约担保、质量担保到期前 3 个月，建设管理单位应通知承包人办理担保延期、替换和退还手续。

8.2.2　担保管理系统

1. 背景

白鹤滩水电站工程建设规模大、周期长，具有担保数量多、担保金额大的特点。在工程建设担保管理中，担保不提交、保函格式不规范、担保金额不准确、担保过期未退还、担保延期未更换等问题是合规及风险管理的重点。鉴于此，在大型水电工程建设中，需要规范担保管理，确保各责任主体依法依规履约，按期退还担保，降低担保成本。为加强担保管理的有效性及规范性，白鹤滩水电站工程在 BHTPMS 管理系统中开发了合同担保管理子系统。

2. 系统简介

白鹤滩水电站工程合同担保管理系统是基于规范化担保管理而开发的具备担保信息录入、担保上传、担保审核审批、担保到期退还或延期提醒功能的全过程信息化管理系统。

1）信息录入

从 BHTPMS 管理系统进入合同担保界面，进行合同保函（担保形式为保函时）、担保金（担保形式为现金时）基础信息录入。如录入担保时，合同信息已录入 BHTPMS，则可以通过"合同代码"下拉列表查询合同号并选择已录入合同，将其合同信息自动带出。如合同信息未录入 BHTPMS，则需手动录入合同编号、合同名称、承包单位、合同签约金额等信息，详见图 8.2-1。信息录入并保存后，可上传担保附件。对于已录入待审批的担保，可以进行查看或编辑，也可直接发起审批流程。

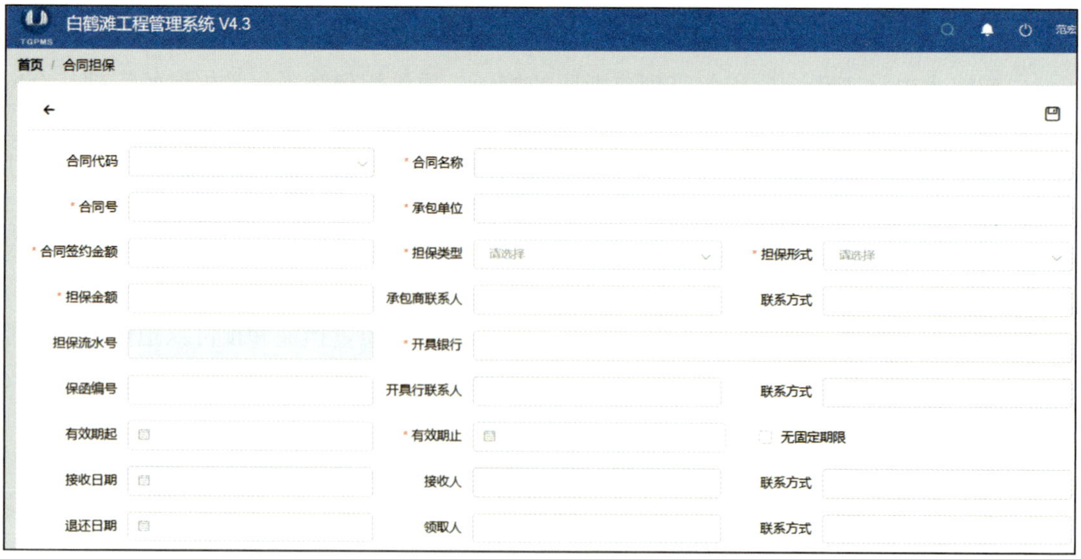

图 8.2-1　白鹤滩工程管理系统担保录入页面

2）担保审签

对于新录入的"担保状态"为"初始"的保函或者现金担保，需进行担保审签，审签完成后，"担保状态"自动变为"生效"，担保审签流程见图8.2-2。

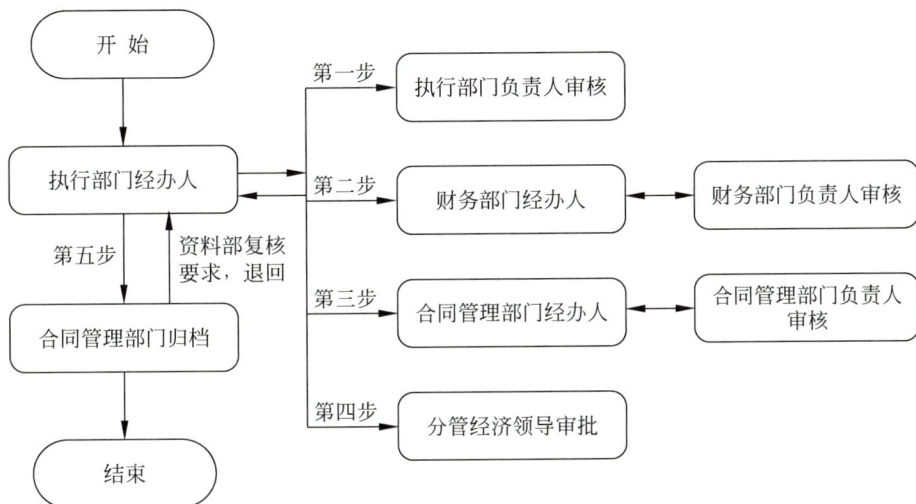

说明：（1）财务部门审核担保银行性质、担保有效性；
　　　（2）合同管理部门审核担保格式、有效期及金额。

图 8.2-2　白鹤滩水电站工程担保审签流程图

3）担保退还

对于担保状态为生效的保函，业务人员填写担保退还日期、领取人、备注等相关信息，发起退还流程，进行担保的退还审签，审签完成后"担保状态"自动变为"已退还"。担保退还信息填写页面见图8.2-3，担保退还流程见图8.2-4。

图 8.2-3　担保退还信息填写页面

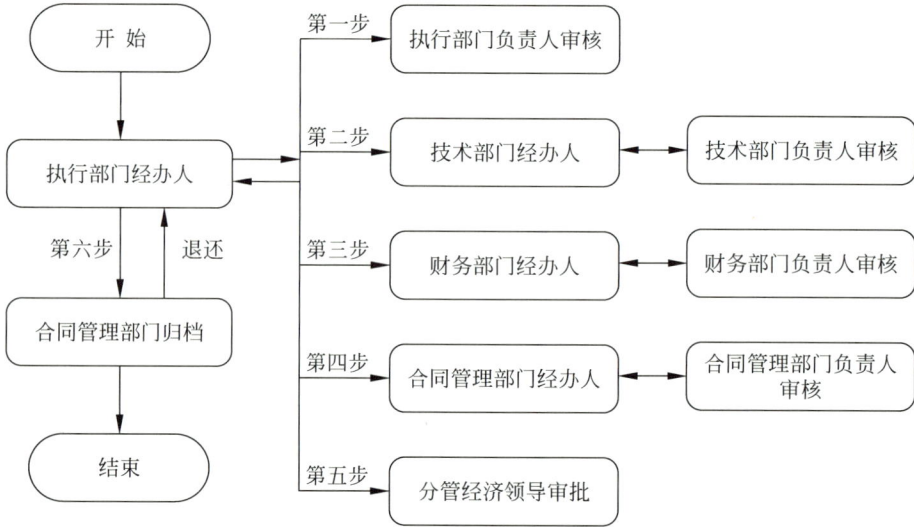

图 8.2-4　白鹤滩水电站工程担保退还流程图

4）担保台账

通过系统担保台账，对即将到期的担保，系统将以黄灯、红灯方式提出警示，告知及时办理担保退还或延期手续，担保管理系统担保管理台账如图 8.2-5 所示。

图 8.2-5　担保管理台账

3. 系统应用

担保管理系统是基于规范化的担保全过程信息化管理手段。通过有效的信息化管理，及时退还到期担保，降低企业担保成本，避免担保不提交、担保金额不准确、担保更换不及时、担保退还不及时等现象，提高合同管理的规范性和有效性。

白鹤滩水电站前期工程建设过程中，因担保种类和数量多，担保管理不规范、不到位的情况时有发生。后续工程建设过程中，白鹤滩水电站工程 300 多份担保均使用担保管理系统进行管理，极大地提高了担保管理的规范性和有效性，工程担保这一合同风险控制措施得到了较好的落实。

8.3　借鉴与思考

本章对白鹤滩水电站工程保险体制机制、保险索赔、保险风险控制措施、保险成效等进行了阐述，对典型保险案例进行了分析，对合同担保管理内容和担保系统进行了介绍。白鹤滩水电站工程保险和合同担保主要经验如下：

（1）以服务工程建设、提供安全保障为导向，白鹤滩水电站工程建立了以建设管理单位为主导、保险经纪公司为中介、承包单位（包括施工及运行管理单位）为基础、监理单位参与审核、保险单位进行理赔及服务的现场保险管理体系。

（2）工程保险工作聚焦风险控制管理、索赔管理和保险服务，将风险控制管理作为工程保险工作的重点，保险索赔作为风险转移的重要手段，保险服务作为实现保险功能的基础。

（3）将保险理赔与合同变更挂钩，对于承包人规定时间内不报案的，将视同承包人自动放弃保险索赔，相应损失不予变更和补偿，由承包人自行承担。保险赔款核定后，承包人方可办理变更结算。上述措施极大地提高了承包人参与保险工作的积极性。

（4）针对工程担保管理不规范、不到位的问题，利用信息化技术，白鹤滩水电站工程建立了合同担保管理系统。系统应用效果良好，极大地提高了担保管理的规范性和有效性，可为工程建设担保管理提供借鉴。

第9章 内部审计

内部审计是一种独立、客观的确认和咨询活动，通过运用系统、规范的方法，审查和评价组织的业务活动、内部控制和风险管理的适当性和有效性，以促进组织完善治理、增加价值和实现目标[16]。水电工程建设内部审计主要包括跟踪审计、完工结算审计等不同的审计形式，从工程建设管理的角度来看，内部审计是项目管理的重要环节，在"当年完工、当年审计"目标的引领下，白鹤滩水电站工程内部审计聚焦合同管理的最后一个关键环节，从招标采购、合同管理、财务资金管理、结算支付、工程物资、工程质量、监理履职以及分包等工程建设管理各个方面开展内部审计工作，切实起到规范管理、防范风险、控制投资的作用。

9.1 作用与目标

通过对工程建设过程中各项技术经济活动的监督和评价，对建设与管理活动的真实性、完整性、合规性的确认，内部审计能够促进提升建设管理水平，理顺内外部关系，规范建设行为，促进工程建设质量、进度、投资等建设目标顺利实现，提升项目效益；能够揭示工程建设管理中存在的薄弱环节、偏差和风险，协助查找漏洞和缺陷，促进规范管理，加强风险防范；能够推动工程收尾、合同闭合、资料归档、投资收口，为工程项目顺利实施竣工验收奠定良好基础[17]。

鉴于内部审计的重要作用，白鹤滩水电站工程统一思想和认识，高度重视内部审计工作，提出了"当年完工、当年审计"的管理目标，即合同完工1年内完成审计，以此推动参建各方不断加强合同管理，及时处理经济问题、推进合同验收。同时，水电工程建设周期长，通过落实历次审计意见，强化审计成果应用，持续补齐短板、改进不足，达到规范管理、防范风险、控制投资的目的，提升建设管理水平。

9.2 审计内容

审计范围覆盖合同项目的招标采购、合同签订、合同履约、结算支付、财务资金管理等工程建设管理各个方面。

9.2.1　招标采购

重点对招标采购计划、立项以及招标采购过程的真实性、完整性和合规性进行审计。

1. 计划与立项

检查招标采购计划审批程序的合规性，招标采购项目是否包含在相应的计划和预算内，是否存在无计划预算或超计划预算等情况；招标采购立项是否依据批准的年度投资计划、招标采购计划及预算执行。检查采购方式、审批程序的合规性，是否存在越权审批、规避招标、违规采购、未履行招标采购程序先签合同或先实施后签订合同等情况。

2. 招标采购过程

1）招标项目

①检查招标文件、评标大纲审批程序的合规性，资格条件、合同条款、工程量清单的合理性，评标报告、评标办法与招标文件评标标准的一致性；②是否按规定编制招标控制价；③招标公告是否在公开媒介发布，是否按招标文件要求开标；④检查评标委员会组建的合规性；⑤是否按规定对招投标文件进行澄清，澄清内容的真实性、合理性；⑥评标人员签字是否齐全，是否存在评标意见不明确的情况；⑦是否按评标办法推荐中标候选人；⑧决标结果是否与评标结果一致，决标程序、公示时间、发出中标通知书等有关程序是否符合制度规定等。

2）非招标项目

①报价人是否为立项阶段明确拟邀请的供应商，报价人资质是否符合采购文件要求；②报价文件是否按采购文件要求编制；③评审小组组建是否符合规定，是否按评审办法评审，评审办法是否与采购文件一致；④评审报告是否完整，签字是否齐全；⑤单一来源采购报价文件计价标准是否合理等。

检查监督人员是否按制度规定履行监督职责，监督内容是否完整，监督报告是否真实有效等。

9.2.2　合同签订

重点对合同签订过程，签订资料的真实性、完整性和合规性进行审计。合同审签程序是否符合制度规定，合同签订时限、签署人是否合规有效，合同资料是否完备；是否存在先实施后签订合同的情况；合同内容是否与招投标文件、澄清答疑、谈判备忘内容一致，有无实质性修改，是否违背招标文件实质性条款；合同分包的合规性，是否存在违法分包、转包等；是否按照合同约定开具履约保函，是否存在已失效未延期等情况；是否存在以补充协议形式变更主合同实质性内容。

9.2.3　合同履行

1. 建安工程合同

检查合同分包、转包情况，是否存在违法转包或分包；检查合同变更索赔的必要性、完整性、合规性等，是否存在通过变更规避招标的情况；检查工程施工进度、质量、安全控制措施，环境保护、水土保持、危险废物处理措施是否符合合同约定；检查合同结算金额是否超过单项执行概算金额等。

2. 物资设备合同

检查物资设备采购需求计划、供货计划管理情况；检查到货验收管理情况；检查合同验收、变更、结算、支付管理（包括价差调整）情况，是否存在提前结算、超结等情况，结算票据的真实性、有效性和合规性；检查供应商履约情况等。

3. 咨询服务合同

检查合同履约情况，合同定价的合规性；合同变更、补充协议审核审批情况，考核验收情况；检查知识产权归属、服务成果等是否符合合同约定；人员数量、服务时间、服务质量是否符合合同约定；奖励、补贴依据是否充分；检查合同履行相关资料的归档情况等。

9.2.4 结算支付

检查费用结算及支付是否符合合同约定，检查工程计量和计价的合规性、准确性，检查合同变更索赔的真实性、合规性，检查隐蔽工程计量的真实性、准确性，检查主要材料核销的及时性、准确性、真实性，检查合同价差、税差、奖励、罚款等的真实性和准确性，检查费率、税金等是否符合合同约定，检查工程完工结算资料的真实性、准确性，检查是否存在低价高套、巧立名目、乱计费、乱摊费用等问题。

9.2.5 财务管理

检查建设项目资金来源情况，与概算批复的资金来源对比，检查是否按规定进行资金筹集；检查建设资金到位情况，检查资金支付情况，检查资金支付是否按规定履行审批程序；检查预付款、材料款及质保金等预付及扣回情况；检查票据管理是否规范，检查发票的真实性和有效性；检查支付资金监管是否满足合同要求；检查建设项目财务报告是否真实、完整地反映了项目建设成本状况和资金使用情况；建筑安装工程、设备投资、待摊投资等管理使用是否真实，是否全部用于本项目范围之内；检查在建工程资产登记是否规范，合同会计核算是否准确；检查项目竣工财务决算报表编制是否完整，能否真实全面反映项目建设情况等。

9.3 审计工作实施

内部审计工作流程主要包括审计计划、准备、实施、整改和资料归档。白鹤滩水电站审计工作流程详见图 9.3-1，白鹤滩水电站工程建设管理单位主要负责审计计划报送、资料准备、实施配合以及审计整改等工作。为推动内部审计高质量开展，参建各方统一思想认识，做好统筹规划，建立保障机制，确保内部审计工作有序开展。

	建设管理单位	三峡集团
审计计划	编制送审计划	汇总送审计划，形成下一年度审计计划
审计准备	送审资料准备	编制审计工作方案 / 成立内部审计组 / 审前调查 / 编制审计实施方案 / 审计通知书
审计实施	审计配合及沟通	召集审计进点会 / 资料收集及开展现场审计工作 / 审计取证 / 编制审计报告 / 发布审计报告
审计整改	审计问题整改，编制整改报告 / 审计成果运用，提升管理水平	整改检查，编制检查报告
审计资料归档		资料归档

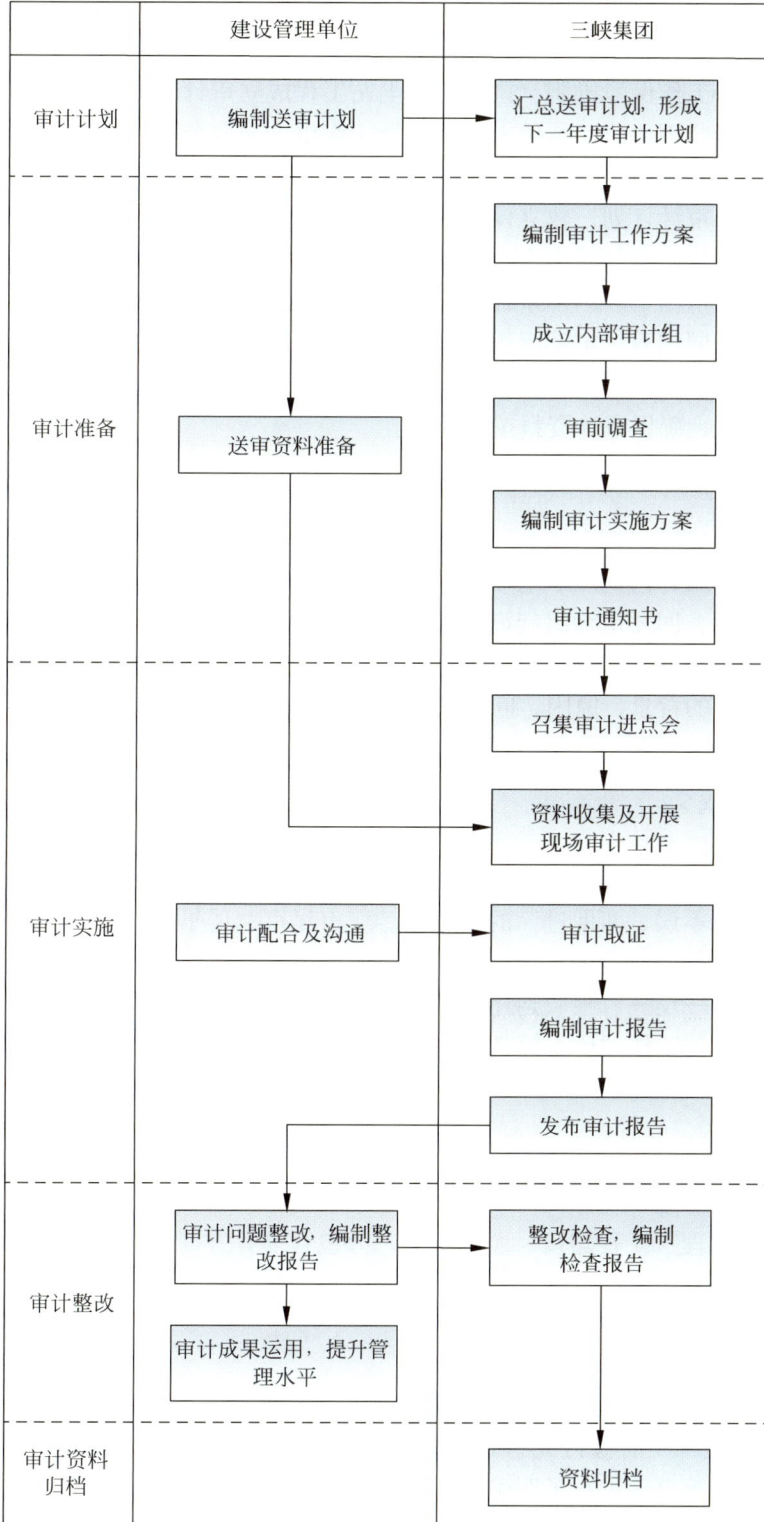

图 9.3-1　白鹤滩水电站工程内部审计流程图

9.3.1　资料准备

建立审计准备工作保障机制。白鹤滩水电站工程成立审计工作领导小组，在领导小组下建设管理单位、监理单位、承包人成立联合工作组，采取统一领导、分工负责的工作机制开展审计准备工作。

制订年度内部审计计划，建立保障措施，确保年度审计项目按时完成合同验收。为规范有序开展内部审计，白鹤滩水电站工程每年下半年开始审计准备工作，根据合同履行进度情况，按照"应审尽审、尽早审计、全面审计"的思路，制订下一年度审计计划。对于纳入审计计划的合同项目，定期组织开展审计合同完工资料进度推进协调会，针对合同执行过程中存在的竣工资料编制、变更等问题，明确问题处理的责任主体，专题研究解决措施，推进合同验收，确保审计资料按期提交。

9.3.2　审计实施

审计机构进场后，白鹤滩水电站工程成立由参建各方组成的审计配合工作组，及时提供或补充审计资料，回复审计组问询和审计取证，配合审计机构开展现场实物工程量核对工作。审计机构离场前，参建各方与审计机构就审计发现的问题进行深入沟通，全面客观反映审计问题产生的背景、原因、问题根源等，确保审计问题客观准确。

9.4　应用与成效

在"当年完工、当年审计"目标的引领下，白鹤滩水电站工程遵循工程建设与内部审计"两手抓、两不误、两促进"的原则和"应审尽审、尽早审计、全面审计"的管理思路，聚焦合同管理的最后一个关键环节，积极开展内部审计工作，对内部审计发现的问题和风险，按照"举一反三、吸收运用"的思路，制定整改措施，总结经验教训，充分运用审计成果，做好审计工作"后半篇文章"，提升工程建设管理水平。

9.4.1　成果应用

结合审计意见和建议，白鹤滩水电站工程围绕招标采购、合同管理、计量结算、物资核销、财务资金管理、工程建设、监理履职、分包管理等方面存在的一些薄弱环节，完善规章制度，持续补齐短板，实现项目建设管理的规范化、制度化和标准化，工程建设管理水平不断提升。

1.招标采购

强化制度建设，及时修订完善招标采购管理制度，对审批权限和程序、招标采购管理、招标采购监督等事项进行了明确，全面规范招标采购工作。

加大招标文件合同条款审查力度。全面推进电子招投标管理系统的应用，招标项目实现全流程线上实施，规避超越权限立项、应招未招等问题。强化招标采购计划管理，精心策划年度招标采购计划，通过合同管理月例会等方式进行督促检查，按照计划开展招标采购工作。

2. 合同管理

加强制度建设，及时修订合同管理、合同变更管理等规章制度，规范了管理流程、审批权限、组织体系、审核原则。注重合同签订的及时性和有效性，严格按照招标文件、法律法规及规章制度签订合同，避免逆程序签订合同和逆程序开展工程建设。

强化合同工期管理，严格制定月度、季度、年度工程进度计划和考核机制，并组织检查落实。对工期滞后的合同，认真组织参建各方进行原因分析，严格执行合同延期申报和审批程序。将工期验收作为合同验收的重点之一，对完工工期与合同工期不一致的合同，要求提交专题工期分析报告。

3. 计量结算管理

建立由承包人、监理、建设管理单位组成的工程量计算书联合审查会议机制，提高工程量计算书编制效率和准确性。重视对施工蓝图、设计修改通知单、技术核定单等相关技术资料的管理，保证过程资料的全面性、准确性，为完工计算书的编制提供完整的依据。

4. 物资核销管理

针对甲供物资超欠耗、甲供物资核销不及时等问题，强化甲供物资核销管理。根据现场建设管理实际修订甲供物资核销管理办法，明确甲供物资核销的组织管理体系、核销时段、核销办法等内容。加大人员投入，建设管理单位、监理、承包人及其分包商均设置物资核销专岗，保障核销工作质量和实施效果。

建立并规范施工现场物资领用分级台账。在同一储存库的情况下，界定物资与不同合同的对应关系。进一步强调合同管理的重要性，杜绝在物资计划、需求总量上串用，做好单合同、多合同及同一合同单位多合同项目情况下的合同工程量、结算工程量及材料用量的核定工作。

5. 财务及资金管理

及时足额扣回缓扣的预付款、质量保证金、甲供材料款等应扣款项。加强资金支付管理，建立质量保证金扣留管理台账。加强票据管理，规范票据业务，工程价款结算严格执行"先票后款"制度，加强票据信息审核，对不合规票据坚决退回，严格按照税法规定申报认证增值税发票。

6. 工程建设管理

加强地质缺陷认定和测量管理。修订完善《金沙江白鹤滩水电站主体工程施工四方地质工作组工作细则》，规范地质缺陷认定工作程序，将原"一般地质缺陷由设计单位以设计通知单的形式确定"改为"地质缺陷处理均由四方地质工作小组进行签认"。对重要地质缺陷部位（覆盖前）采取影像采集或图片拍摄等方式留存备查，确保重要部位、关键工序具备事后追溯与查证的条件。修订完善《白鹤滩水电站工程施工测量管理办法》，规范地质缺陷超挖测量管理，明确各单位地质缺陷超挖工程量复核责任和复核程序。

7. 监理履职

加强监理履职考核，强化监理履职管理和监理责任机制。

8. 合同分包管理

完善《白鹤滩水电站主体工程建筑市场分包管理补充规定》《白鹤滩水电站建筑市场清退规定》。对全工区的施工单位协作队伍进行摸排，加强施工协作队伍的准入审批，将施工单位的分包合同纳入监管范围，建立协作队伍信誉制度、黑名单制度，对无资质、借用资质、超越资质范围承揽工程等一般违法行为进行整改，坚决杜绝转包、肢解分包、层层分包的严重违法行为，取缔和清除不合格的协作队伍，建立良好的建筑市场环境。

9. 宣贯培训

为总结项目管理经验，有效应用审计成果持续进行改进提升，组织编写典型审计案例、审计案例解读与整改交流学习活动，提升参建各方项目综合管理能力。

9.4.2 应用成效

（1）完工合同审计全覆盖。白鹤滩水电站工程自开工以来，完工合同全部完成审计，实现了特大型水电工程合同"当年完工、当年审计"的目标。

（2）吸收和运用审计成果。对于审计发现的问题积极整改，审计问题整改闭合率100%，举一反三，持续补充完善各项规章制度和管理措施，补齐管理短板，夯实管理基础，先后100余项审计成果直接应用于招标采购、合同管理、计量结算、工程物资、工程建设等各管理环节中，促进了白鹤滩水电站工程建设管理水平的提升。

（3）促进合同变更问题解决，提升合同完工资料归档效率。合同资料归档的及时性是合同管理的一项重要工作，也是审计关注的重点。以往水电工程合同完工后，由于经济问题不能及时解决，导致合同资料不能及时归档，给后期合同验收带来极大困难，甚至制约工程整体竣工验收。白鹤滩水电站工程通过内部审计推动合同经济问题及时收口、完工验收及竣工资料按时归档，为工程整体竣工验收奠定了良好基础。

白鹤滩水电站工程不断完善各类管理措施，将审计成果动态应用于后续项目管理之中，达到了规范管理、防范风险、控制投资的目的，建设管理水平持续提升。

9.5 典型案例

本节列举了改变招标文件计价方式、合同计量结算条款歧义、框格梁和锚垫板混凝土计量争议等三项涉及合同管理、计量、计价的典型审计案例，剖析问题产生原因，探讨启示意义，以期为工程建设规范管理提供借鉴和参考。内部审计典型案例清单见表9.5-1，具体案例详见附录 H。

表 9.5-1　内部审计典型案例表

序号	案 例 名 称	案 例 启 示
1	改变招标文件计价方式	签订合同不得改变招标文件实质性内容；按工程量清单计量的工程项目，谨慎采用按建筑面积综合单价计价
2	合同计量结算条款歧义	重视招标文件编制审查，提高招标文件质量，避免自相矛盾
3	框格梁和锚垫板混凝土计量争议	完善招标图纸，减少计量结算争议；招标文件计量条款中清晰明确计入实物工程量和计入单价的工程量范围

9.6　借鉴与思考

　　白鹤滩水电站工程合同计量结算原则和变更处理原则等合同管理理念的践行，以及计量结算系统和合同变更管理系统等信息化手段的应用，极大地提升了项目管理效率，高效推进项目完工验收，为实现"当年完工、当年审计"的目标提供了坚实的保障。前期工程（如导流洞工程）在现场环境复杂、工期长、投资大的背景下，充分利用计量结算和变更处理的事前控制原则，实现了完工即审计的项目管理目标。

第 10 章 成就与展望

10.1 成就

白鹤滩水电站全部机组投产发电，标志着我国在长江之上全面建成世界最大清洁能源走廊。回顾白鹤滩水电站工程合同管理实践，工程建设者们不忘初心、牢记使命，坚持"保障建设、控制投资"的合同管理目标，秉承"依法依规、实事求是、服务工程、平等共赢"的合同管理理念，传承三峡工程、向家坝水电站和溪洛渡水电站工程等合同管理经验，形成了行之有效、与时俱进，符合巨型水电工程建设管理特点的合同管理体系，为白鹤滩水电站工程建设世界一流精品工程提供了有力保障，为后续水电工程合同管理提供了借鉴。

1. 建立高效有效的合同管理体系，保障工程质量、安全和进度目标的实现

白鹤滩水电站工程坚持以服务工程为导向，建立了符合大型水电站工程建设需要的合同管理体系，形成了精细化的招标采购、计量结算及变更处理机制。采取高质高效的招标采购方式，确保及时选定优质承包商；应用合同计量结算系统，开展"四同时"管理，保证资金支付及时到位；践行事前变更管理的理念，及时高效处理经济问题。为工程质量、安全和进度目标的实现提供了有力的保障。

2. 严格投资控制管理，枢纽工程投资控制效果良好

白鹤滩水电站工程准确把握投资控制关键阶段，充分发挥设计投资控制龙头作用，加强可行性研究阶段设计管理，确定最优建设方案，从源头上控制投资。项目实施阶段建立了"静态控制、动态管理、合理调整、全程考核"投资控制管理模式，从设计优化、工艺技术创新、招标采购、计量结算、审计咨询、价差管理、项目融资及考核激励等方面，制定切实可行的投资控制措施，有效地开展投资控制管理。

经测算，白鹤滩水电站枢纽工程投资控制在业主预算限额内，枢纽工程投资控制效果良好。工程投资是否可控是衡量合同管理成功与否的重要指标，是招标采购、计量结算、变更索赔等合同管理各环节的精细化管理水平和总体成效的具体体现。白鹤滩水电站枢纽工程投资情况良好是合同管理工作取得的重要成效。

3.制定风险管控措施，为实现安全准点发电目标提供有力保障

面对项目核准滞后、用工价格逐年上涨、主要材料价格波动、国家税收政策调整、施工环境复杂、新冠疫情等不可预见风险对工程建设的不利影响，为保证工程建设正常推进，按计划实现首批机组安全准点发电目标，白鹤滩水电站工程本着"尊重合同、依法依规、实事求是、解决问题"的原则，经过充分调研和论证，果断采取专项人工费补差、"安全准点"发电目标保障措施费等方式，降低了承包人的资金压力，保证了工程资金有效投入工程建设，化解了不可预见的重大风险对工程建设造成的不利影响，为安全准点发电目标的实现提供了有力保障。

4.开发使用计量结算系统和变更管理系统，促进行业信息化技术应用与发展

在信息化时代背景下，信息化技术已经融入经济社会发展的各个领域，对经济社会的发展起着重要的推动、引领和支撑作用。白鹤滩水电站工程建设者紧跟时代步伐，针对水电工程合同管理的重点和难点，开发使用计量结算系统和变更管理系统，通过信息化技术对数据的整合和分析，运用科学有序的管理方式，规范管理流程，提高管理效率，部分实现了以单元工程为基本单位的工程量计算、质量验评、计量结算、资料归档"四同时"，基本实现了工程结算、变更索赔、合同审计与工程建设"三同步"，对践行合同项目完工之日即完工结算之时的理想目标具有重要的促进作用。

计量结算系统荣获 2013 年度"中国电力企业联合会管理创新二等奖"。计量结算系统和变更管理系统是白鹤滩水电站工程合同管理的重要创新，系统的实用性、有效性和可靠性经过实践检验，对水电工程行业合同管理信息化技术应用与发展具有积极的引领作用。

10.2　展望

随着我国电力体制改革的进一步深化，全国电力现货市场的逐步建立，电能量竞争交易已势在必行。同时，按照我国构建新型电力系统的要求，新能源电源项目将占据主导地位，电能量交易竞争愈加激烈，水电项目丰水期弃水、低电价竞争上网等现象普遍存在。此外，受自然条件、建设环境、物价上涨等因素影响，水电工程建设成本增加，投资控制尤为重要。因此，水电工程应厘清发展思路，在把好规划、预可研、可研各个关口的同时，加强水电工程建设投资管理，应始终把加强合同管理作为建设期投资管理的重要手段。特别是大型水电工程，规模大、技术复杂、工期长、施工干扰及协调管理难度大、不确定因素多，建设工程合同管理尤其重要与迫切，仍有许多建设管理问题需要广大水电工程建设者探索和研究[18]。

1.建立健全合同管理体系，配备专业和稳定的合同管理团队

工程项目合同管理是专业且系统的工作，贯穿工程建设始终。水电工程筹建期是合同管理不规范较为集中的时期，主要存在招标采购不规范，依法合规管理不到位；合同变更不能按期解决，占压承包人资金，不利于工程建设有序推进；后期审计问题多，追溯、整改难度大等问题。如不能从筹建期开始就进行严格、规范的合同管理，势必对后续工程建设产生不利影响，进而影响工程建设目标的实现。

水电工程合同管理应从项目筹建期开始，加强人力资源配置，选派专业性强、经验丰富的合同管理人员组建稳定的合同管理部门，从招标采购、合同签订、计量结算、变更（索赔）、计划统计、投资控制、分包管理、完工结算等方面，按照依法依规、高效有效的总体要求建立合同管理体系，为工程建设全过程规范有序的合同管理奠定坚实的基础。

2. 全面推行全过程投资控制考核机制

白鹤滩水电站工程提出了"静态控制、动态管理、合理调整、全程考核"的投资控制管理模式，建立了"四算"投资控制管理体系。但受限于项目核准滞后，业主预算出台较晚，前期项目在业主预算出台之前已经完成，未能完全践行"建设期总考核、年度考核、阶段性考核"的全过程投资控制考核机制。后续水电工程建设实践中，在项目未核准、考核标准未确定的情况下，需加强全过程投资控制管理，探索完善前期工程投资控制考核机制，确保全过程投资控制考核工作有效开展。

3. 加强前期管理，做好招标采购工作

在依法合规进行招标采购的同时，结合工程建设管理实践，招标采购管理还应加强以下工作：①加强招标阶段设计管理，保障招标设计深度，为项目管理、计量结算等提供基础保障；②加强招标采购文件编制工作，尤其重视工程项目及工程量、计量、计价等合同条款，避免招标采购文件及工程量清单中出现重项、漏项和错误，同时加强合同风险分析，公平公正设置合同条款，避免将不可控的风险全部转嫁投标人；③结合项目情况，合理设置投标人资质资格条件，保证有实力的承包人参与竞标；④设置合理的招标控制价，考虑充足的利润裕度，保证综合实力强、报价合理的投标人入围。

4. 充分利用造价专业机构，探索开展全寿命周期造价咨询

当前我国的工程造价咨询行业发生了深刻的变化，全过程工程造价咨询在房屋建筑等工程领域逐渐发展成熟，但在水电工程中应用还不够普遍。水电工程建设规模大、周期长、施工环境复杂，投资控制和工程造价专业性强，管理难度大，加之建设管理单位管理人员有限，难以满足水电工程投资控制和造价管理需要。在此情况下，可借助造价咨询机构的专业技术力量，推行全过程造价咨询，为投资控制和造价管理提供有力的技术经济支撑。

此外，投资效益不仅受制于建设期投资控制，还受制于运行期的运维成本控制，因此运行期的成本控制也十分重要，不能忽视。工程造价咨询由全过程造价咨询进一步向全寿命周期延伸成为水电行业发展的现实需要，对提升投资效益具有重要的意义。

5. 践行并努力实现"完工之日即完工结算之时"的理想目标

为规范、科学及高效地开展工程建设计量结算管理工作，白鹤滩水电站工程提出并践行了"合同完工之日即完工结算之时"的理想目标，从制度建设、模式创新、流程优化、信息化技术应用等方面进行探索和实践，取得了一定的成效。但受水电工程主要建安施工合同计量结算影响因素多、个别重大变更处理时间长等客观原因限制，距理想目标的实现还存在一定差距，需要在后续工程建设管理中不断探索、持续完善，进一步提升精细化管理水平，努力推动水电站工程实现"合同完工之日即完工结算之时"的目标。

6. 探索建立更合理、更贴近实际的合同人工费价格调整机制

水电工程建设规模大、周期长，为合理分担风险，施工合同通常对人工费价格调整原则、方法进行了约定。但随着我国社会与经济的发展，人民生活水平的不断提高，以及人口结构的变化、人口红利的逐渐消失，建筑市场劳动力供应日趋紧张，用工价格呈持续上涨趋势。水电工程合同人工费价格指数与国家统计局发布的相关价格指数偏差逐渐增大，导致合同人工费调差不足的问题愈发普遍，建设规模越大、周期越长的水电工程这一问题愈加突出，不利于工程建设的有序推进，成为行业关注的焦点和难点。在此情况下，如何在当前水电工程造价体系下，更合理地确定人工费调差机制，维护合同双方的权益，可从以下方面进行思考和探索。

（1）在签订合同时，确定更为合理的人工费价格指数，可在风险共担的原则下，综合考虑工效提升、用工价格实际增幅以及国家统计局发布的相关价格指数等，选取更贴合实际的价格指数。

（2）考虑建立专项人工费补差机制，即合同约定的人工费价格指数与国家统计局发布的相关指数连续出现大幅偏差，影响工程建设时，可启动人工费专项补差。在此情况下，需对连续出现大幅偏差的时长、偏差程度等进行研究，并选择更为贴近实际的价格指数。同时，专项人工费补差应从制度保障、合同约定等层面进行谋划，以满足合规性要求。

7. 充分利用信息化和数字化技术，深入探索和研究合同管理智能化

白鹤滩水电站工程建设过程中，高度重视数字化及信息化技术的应用，开发使用了BHTPMS、计量结算系统、变更管理系统、大坝"四同时"系统、担保管理系统等一系列信息化管理系统，规范了管理流程，提高了管理效率，为工程建设管理提供了有力支持。虽然白鹤滩水电站工程在数字化及信息化方面进行了应用实践，但投资控制动态监测、价格信息获取共享等智能化管理模式在后续工程建设管理中仍需深入探索和研究。

（1）大型水电工程建设周期长，投资规模大，项目管理复杂，投资控制管理难度大。同时，现有管理系统智能化程度低，受人为因素影响较大，难以实时准确掌握投资完成情况，不利于投资控制工作的开展。为高效开展投资控制分析，实现投资控制效果动态监测和预测，可探索以设计概算为根本，从设计概算、分标概算、执行概算、业主预算、立项招标、合同签订、实际结算、合同变更等全过程投资管理出发，基于各类型投资数据迅速查询、统计、对比、分析、预测等需求，研究开发全过程投资控制管理信息化系统，加强投资控制管理，提高投资效益。

（2）随着工程造价改革的持续推进，造价信息在工程造价计价与管理中将发挥越来越关键的作用。住房城乡建设部印发的《工程造价改革工作方案》要求加强工程造价数据积累，综合运用造价指标指数和市场价格信息，为概预算编制提供依据，控制设计限额、建造标准、合同价格，确保工程投资效益得到有效发挥。当前国内工程领域价格信息数据库或共享平台开发应用水平有待进一步提升，水电工程开发企业应充分应用大数据、人工智能等信息化技术，结合工程建设需要和企业业务链条，推进投资项目估算、概算、预算、结算以及运维成本等全生命周期经济数据共享和应用的标准体系研究，搭建企业层面智能化的价格数据共享平台，建立各业务类型的价格信息库、价格指标体系，积累数据资产，发挥历史经济数据价值，为后续工程建设提供价格数据支撑。

（3）合同管理在工程建设项目管理中具有十分重要的作用，随着科学技术的发展和工程建设水平的不断进步，传统的合同管理方法逐渐无法适应现代化项目动态建设管理的要求，高质量、高标准、高效率及精细化的合同管理是工程建设合同管理发展的趋势。当前国家大力推进数字化基础设施建设，BIM、互联网、大数据、云计算、人工智能等信息化技术的应用，为合同管理创新提供了无限可能。在数字化转型的大背景下，深化理论研究，探索合同管理智能化，开发基于全生命周期的水电工程建设合同管理集成系统，实现从设计、项目管理、施工、运行等项目全生命周期的规范、科学、高效的协同管理，需要工程建设者们进一步思考、探索和实践。

参考文献

[1] 赵成峰.改革开放以来投资体制改革的基本历程和深化改革建议 [J].策略，2020（3）：207-210.

[2] 滕飞，王立冬.三峡集团国内水电开发项目建设投资控制体制机制研究 [R].北京：中国长江三峡集团有限公司，2019：3-8.

[3] 经济参考报.穿越千年，讲述"工程造价"的前世今生，梳理"企业定额"的来龙去脉 [EB/OL].（2022-04-14）.http://www.jjckb.cn/2022-04/14/c_1310557625.htm.

[4] 奚圆圆，杨涛，胡朝仲.论水利工程造价管理的重要性及发展趋势 [J].云南水力发电，38（1）：3.

[5] 王伟庆.我国工程造价管理的历史变革及工料测量在我国的实践课件 [Z].2020.

[6] 李会绒.浅议水电工程勘察设计阶段投资控制 [J].水利水电工程造价，2008（2）：46-47.

[7] 中国长江三峡集团有限公司.中国长江三峡集团有限公司招标及采购管理制度 [Z].北京：中国长江三峡集团有限公司，2020.

[8] 淘豆网.标段划分的原则（兼论菲迪克）[EB/OL].（2018-11-12）.https://www.taodocs.com/p-178664209.html.

[9] 李庆梅.工程标段划分研究 [J].建筑经济，2011（6）：5-6.

[10] 中国三峡集团采购与物资管理中心.招标采购异议典型案例汇编 [G].北京：中国三峡出版社，2021.

[11] 金和平.大型集成化工程管理系统 TGPMS 设计开发与实施 [J].中国工程科学，2014（3）：80-85.

[12] 倪娜.TGPMS 计量签证系统在三峡升船机工程中的应用 [J].人民长江，2018（S1）：281-285.

[13] 中国长江三峡集团有限公司.金沙江乌东德、白鹤滩水电站枢纽工程投资控制管理办法 [Z].北京：中国长江三峡集团有限公司，2021.

[14] 廖成勋，王晗.浅议工程保险及在水利水电工程建设中的应用 [J].水利水电工程造价，2005（1）：41-43.

[15] 张文操.传承三峡工程保险经验、建立金沙江水电开发保险管理体系 [J].中国三峡，2009（3）：72-75.

[16] 中国内部审计协会.中国内部审计准则第 1101 号——内部审计基本准则 [EB/OL].（2013-08-26）.http://www.ciia.com.cn/cndetail.html?id=35589.

[17] 中国长江三峡集团有限公司.中国长江三峡集团有限公司大型水电工程建设内部审计指南 [Z].北京：中国长江三峡集团有限公司，2021.

[18] 张敬峰.大型水电工程建设期发包人合同管理实践 [J].水利水电工程造价，2015（4）：15-17.

附录 A　招标采购典型异议案例

1. 业绩材料有造假　资格审查未通过

1）异议概况

（1）项目基本情况

某混凝土外加剂采购项目，采用先资格预审的国内公开招标方式采购，该项目共分三个标段，评标方法为综合评估法。该项目发布资格预审文件后，第一标段 32 家、第二标段 34 家、第三标段 27 家申请人递交了申请文件。资格预审评审工作完成后，评审入围情况如下：第一标段申请人 A、B、C、D、E 共 5 家申请人通过资格预审；第二标段申请人 C、D、E 共 3 家申请人通过资格预审；第三标段申请人 B、C、D、E 共 4 家申请人通过资格预审。

（2）异议基本情况

资格预审评审工作完成后决策前，招标人先后收到两封匿名举报信，举报申请人 A、B、D、F（资格预审未通过）资格预审申请文件业绩材料造假。招标人与留有手机号码的匿名举报人联系，询问其是否能提供相应证明材料证明其举报内容属实，对方答复无法提供。

一段时间后，招标代理机构收到实名举报信（附有举报人身份证复印件），招标人纪委也收到相同内容的举报信。分别举报：①申请人 A 的业绩中业绩 1 项目业主名称与项目名称不符，以及所在业主单位的地址有明显错误，实际混凝土设计方量远远不足该公司所提供的方量；业绩 2 实际用量待考察；业绩 3 实际主供单位为其他公司；②申请人 B 的业绩 1 中用户证明材料造假；业绩 2 造假；③申请人 D 提供的某砂石项目所开的证明材料有虚假伪造现象，证明材料不是由砂石项目部所开；④申请人 F（资格预审未通过）提交假业绩，合同为通过 PS 技术伪造。

2）异议剖析

（1）调查核实情况

招标人对异议事项分别进行了调查核实：

申请人 A。①异议人异议函涉及的业绩 1、业绩 2 未被评审委员会认可。②业绩 3，经与申请人 A 联系，其提供了业绩 3 合同原件，无法提供用户证明材料原件。经对其资格预审申请文件提供的业绩材料与调查期间提供的业绩原件对比，发现两者合同编号、合同签署日期和合同需求计划等不一致，业绩 3 供货业绩造假。

申请人 B。①业绩 1 未被评审委员会认可。②业绩 2，经与申请人 B 联系，其提供了该业绩的合同原件扫描件、用户证明材料原件。但经对比，其与资格预审申请文件中所附的合同及用户证明材料存在骑缝章位置、签名字体、署名位置、印章位置不一致情况，业绩 2 合同存在造假情况。

申请人 D。经电话询问该砂石项目部，其项目经理表示申请人 D 在该砂石项目中确有供货事实，调查结论为申请人 D 在该砂石项目中的供货业绩属实，用户证明资料中的用量与实际用量基本吻合。

申请人 F 未通过所有标段的资格预审，未对其举报情况进行调查。

根据调查结论，招标人取消申请人 A、申请人 B 参与下一阶段的投标资格，并纳入招标人供应商考核记录中；保留申请人 D 继续参与下一阶段的投标资格。确定第一、二、三标段通过资格预审的申请人均为申请人 C、申请人 D 和申请人 E。

（2）异议事项分析

本案例公布通过资格预审名单后，举报人分别两次匿名、两次实名举报 4 家（其中 3 家通过资格预审）申请人资格预审文件材料造假。该案例中举报人列举了涉嫌造假申请文件的具体内容，并分析了造假痕迹，提供了查证渠道及考证联系人。根据调查核实，3 家通过资格预审的被举报人中，仅 1 家因证据不充分不能判断其是否存在伪造，其余 2 家均存在申请文件造假情况。

从招标人角度来看本次异议发生的原因，一是资格预审评审工作量巨大，本项目三个标段共计 93 家申请人递交了资格预审申请文件，在大量预审工作中，评审委员未能发现资格预审材料的疑点，导致在预审工作中出现瑕疵。二是给予评审委员会资格预审时间不够充分，从而导致评审委员未能深入分析资格预审资料。

3）案例启示

（1）优化清标工作。根据招标项目特点及投标人数量，为保证评标工作质量，根据招标项目情况，优化清标工作，并合理确定评标专家数量和审查时间。

（2）合理设置资格条件。在后续的招标项目中，应充分预测潜在投标人数量，合理设置招标边界条件及资格审查条件，确保招标投标质量。

2. 能效达标惹争议　产品质量遭质疑

1）异议概况

（1）项目基本情况

某中央空调及热水设备采购项目采用公开招标方式采购，评标方法采用最低评标价法。该项目完成第一次招标评标后，评标委员会推荐的中标候选人仅有投标人 B 一家，缺乏足够的竞争性，招标人决定流标。

第二次招标完成评标后，评标委员会按照评标价由低到高的顺序推荐 3 名中标候选人，排序依次为中标候选人 A、B、C（第二次招标的中标候选人 B 为第一次招标的投标人 B）。

（2）异议基本情况

中标候选人公示阶段，招标人收到投标人 B（以下简称异议人）第一次异议：①招标文件指明本次投标的主要设备螺杆式风冷热泵机组能效要求达到一级能效，但未要求提供相关证明（节能认证、国家认可实验室测试报告、能效备案信息），不能保证招标质量。②第一中标候选人的主要设备螺杆式风冷热泵机组能效比不能达到招标文件要求的一级能效。

招标人答复后，收到异议人第二次异议：①第一中标候选人在中国能效标识网上没有一级能效螺杆式风冷热泵机组备案信息，说明其在本次招标之前没有相关业绩；招标程序存在排斥潜在中标人的问题，不能保证招标质量。②第一中标候选人以高于异议人的价格中标不合理，且第一中标候选人在相关业绩、技术力量、投标报价三个方面不具备中标候选人资格。

2）异议剖析

（1）调查核实情况

本项目澄清补遗阶段，针对投标人提出的问题招标文件中螺杆式风冷热泵模块机组的能效比要求达到一级能效，是否应要求投标方提供一级能效等级节能认证证书、国家认可实验室测试报告，同时提供投标品牌和产品型号能效等级在中国能效标识网已备案信息，进行了澄清说明，并告知所有投标人"本标项目能效比 COP 要求严格，但设备平台安装空间有限，将导致厂家在满足本次招标技术要求的前提下，可能需要对中国能效标识网上备案的标准化产品进行调整，而调整后的产品难以在投标期间完成相关认证与备案"。因此，本项目投标期间不强制要求提供一级能效等级节能认证证书和国家认可实验室测试报告，不要求提供投标品牌和产品型号能效等级在中国能效标识网已备案信息。

针对第一次异议，经核查：①因国家能效标识管理按照"检测能效等级—使用标识—备案标识"的程序进行，故没有备案并不能实质确定能效比不达标。②虽没有要求投标人提交检测和备案信息，但招标文件中的其他相关要求仍能保证产品质量。③第一中标候选人投标资料附有检测中心出具的检测报告，报告显示设备达到一级能效，且该检测中心已在中国能效标识网能效效率检测实验室备案通过名单中，报告有效。

针对第二次异议，经核查：①关于招标文件未要求投标设备在一级能效网上备案及提供一级能效空调应用业绩的问题，已在招标文件澄清阶段澄清，异议人未再提出异议，视为已接受。②本次招标严格按评标办法执行，依法合规。

招标人再次复函异议人，异议人未再提出异议。

（2）异议事项分析

本次异议的焦点为"螺杆式风冷热泵模块机组的能效比达到一级"的判定标准。招标人在投标澄清阶段已明确：不再强制要求投标人提供一级能效等级节能认证证书和国家认可实验室测试报告，不再要求提供投标品牌和产品型号能效等级在中国能效标识网已备案信息。经招标人核查，第一中标候选人在投标文件中提供的相关检测报告满足澄清文件要求，异议人针对第一中标候选人的相关异议不成立。

从异议人的角度看，招标文件对"螺杆式风冷热泵模块机组的能效比达到一级能效"进行了"*"标识，异议人因此主观认为要达到该技术要求，就必须具备国家"节能认证、国家认可实验室测试报告、能效备案信息"等条件。

从招标人角度出发，因现场安装空间限制，投标人提供的产品将会是非标产品，无法在短时间内取得一级能效相关备案和认证，因此提供达标检测中心出具的检测报告是可以认可的。异议人未深刻理解相关说明。

3）案例启示

（1）完善招标文件相关要求的判定标准。后续项目招标文件中设置带"*"要求时，应设定相应详细且明确的判定标准，避免出现歧义和异议，加强对"*"条款的重视。

（2）及时澄清相关技术问题。本次招标项目对投标人的澄清答复中详细明确了带"*"技术要求需提供的相关支撑材料的说明，也是招标文件的重要组成部分，进一步证明了评标过程的客观公正。后续招标项目中，如招标文件未能完全反映相关技术要求，应及时主动发起澄清。

3. 充分利用异议　加强项目管理

1）异议概况

（1）项目基本情况

某永久照明灯具设备采用公开招标方式采购，评标方法采用最低评标价法。该项目评标后，评标委员会按照评标价由低到高的顺序推荐 3 名中标候选人，排序依次为中标候选人 A、B、C。

（2）异议基本情况

中标候选人公示期间，招标代理机构收到中标候选人 B（异议人）反映中标候选人 A 曾出现过重大质量问题的异议：①中标候选人 A 低价中标的业绩 1 销售 1 000 盏 48W LED 煤矿井下巷道灯具后实际供货为 18W 灯具，并贴牌 48W，属造假行为；②中标候选人 A 在业绩 2 销售的灯具使用中出现严重质量问题，并附有招标人处理意见。

2）异议剖析

（1）调查核实情况

招标人又相继收到异议人《关于中标候选人 A 因产品质量及伪劣问题被公安机关立案侦查的反馈》《补充说明函》《关于〈关于中标候选人 A 因产品质量及伪劣问题被公安机关立案侦查的反馈〉中相关问题的补充说明函》，提出中标候选人 A 因产品质量伪劣问题被公安机关立案侦查等情况。

招标人分别向中标候选人 A 和异议人发函要求提供相应证明材料。中标候选人 A 回复：①业绩 1 不存在产品质量问题并附有相关证明材料；②业绩 2 中，确因部分产品未加装防水胶圈，导致部分产品进水，但其在最短时间内完成了修复工作，且在业绩 2 的框架协议内供货多年，是业绩 2 招标人稳定的、重要的供应商并附有相关证明材料；③出示了单位所在市商务局、市场监督管理局出具的无违法违规证明的函，指出在相关时间内无违法违规情形。异议人未补充提供证明材料。

经调查核实，由于异议人无法提供充分的质量问题、案件判定等确凿证据，且中标候选人提供了相应证明材料，异议不成立。招标人复函异议人后未收到其他新的异议。

（2）异议事项分析

该案例为典型的在公示中标候选人阶段，异议人对其他投标人资格条件是否满足要求提出的异议。异议人参照招标文件中投标人不得存在的情形，认为中标候选人 A 的资格条件无法满足要求。根据调查核实过程可知，中标候选人 A 并未在国家企业信用信息公示系统中被列入严重违法失信企业名单；中标候选人 A 在 2017 年的质量抽检中存在个别批次产品不合格，但是并未被官方认定为重大产品质量问题；国家企业信用信息公示系统中存在一条行政处罚，但无法说明存在重大产品质量问题。

本案例中，异议人结合中标候选人A曾经发生过的质量问题提出了质疑，但其将国家企业信用信息公示系统的行政处罚与严重违法失信企业名单混淆，未经查证就将个别批次产品质量不合格与重大产品质量问题直接挂钩。此次异议发生的原因从异议人的角度来看，一是概念不清，对招标文件理解不透彻；二是查无实据，仅以被异议人存在的一些问题作为潜在线索提出异议；三是异议人作为第二中标候选人对第一中标候选人可能存在的被废标因素放大利用，想方设法提出异议，以提高自身中标概率。

3）案例启示

运用异议事项，强化项目管理。通过本次异议可以发现第一中标候选人以往产品存在的质量问题，但不影响其履约。通过澄清说明等手段，有助于提高项目管理过程中项目管理人员对相关质量问题的重视并加强管控，确保中标人保质保量履约。

4. 反映情况无依据　异议事项不成立

1）异议概况

（1）项目基本情况

某盖板采购及安装项目采用公开招标方式采购，评标方法为综合评估法。开标后，共有投标人A、B、C、D、E递交了投标文件，完成评标工作后，评标委员会按照综合得分由高到低的顺序推荐3名中标候选人，排序依次为中标候选人A（投标人A）、B（投标人B）、C（投标人C）。

（2）异议基本情况

开标后评标前，招标人收到投标人E（以下简称异议人）以邮件形式递交的该项目招投标的情况反映，且后续以快递形式递交了相应书面文件，反映投标人D和投标人B两家单位涉嫌串通投标，同时反映投标人D涉及多起刑事犯罪，公司产品存在严重质量问题和安全隐患，投标人B无设计制造能力，存在弄虚作假等情形，并反映两家单位实为同一家企业。

2）异议剖析

（1）调查核实情况

评标期间，评标委员会经调查核实，投标人B注册成立日期为2019年2月28日，经营范围包括吊物孔盖板、沟盖板、城网柜盖板、阀门井盖板等研发设计、生产、销售、安装及技术咨询服务。同时，其投标文件中提供了"业绩1""业绩2"等多项业绩资料可证明其具有设计制造能力。

根据招标文件相关规定，评标委员会在国家企业信用信息公示系统"信用中国"和"中国裁判文书网"进行了查询，未发现投标人D、投标人B两家单位及其法定代表人被列入经营黑名单和行贿行为。未发现两家投标人投标文件、报价内容异常一致，也未发现分项报价存在明显规律等串标现象。

（2）异议事项分析

该案例为开标后，异议人对其他投标人信誉、项目实施能力及恶意竞争行为提出异议。在该案例中，异议人提供的涉嫌刑事犯罪的资料仅为立案资料，无法证明犯罪事实。同时评标委员会根据招标文件相关规定进行复核，被异议人并不存在弄虚作假及串通投标的情况；异议人指出被异议的两家投标人实为同一家公司，仅凭主观推测，无事实依据；被异议人投标文件中提供有满足条件的营业执照及相关业绩资料，证明其具备设计制造能力；对比两家被异议人投标文件也未发现两家投标人报价、投标文件内容异常一致，分项报价存在明显规律的现象。

本案例中，异议人仅凭其收集的资料，如被异议人的注册所在地、电话号码和经营范围等，便主观地对其他投标人的信誉、能力等方面提出质疑，因相关材料不全面，无法证明异议事项成立。

评标委员会未发现投标人 B、投标人 D 两家投标人存在"法定代表人为同一人或控股管理关系"的情况。经评标委员会讨论，认为异议人反映的情况不影响本次评标，并出具了"招投标的情况反映"的评审意见。继续开展评标工作，通过后续评标委员会评审，本项目中标人为候选人 A，异议人未再提出异议。

3）案例启示

（1）处理异议看证据。本案例中异议人提供的材料仅为立案材料，不能认定犯罪事实。评标委员会认真核查相关资料，既不放过一个可疑投标人，也不错判一个合格投标人。认真严谨、公平公正，确保了招标采购工作的顺利开展。

（2）建立恶意投诉信用评价机制。异议人为本项目最高报价人，中标可能性较低。经了解，异议人与被异议人在投标项目中存在长期互相投诉的情况，严重影响招标采购秩序。在有充分证据证明其恶意投诉的情况下，对此类异议人，可建立相关信用评价机制，保障招采工作有序开展。

5. 专利权属引争议　法务机构解疑惑

1）异议概况

（1）项目基本情况

某水泥采购项目采用公开招标方式采购，评标方法采用最低评标价法。根据评标办法，评标委员会按照评标价由低到高的顺序推荐 3 名中标候选人，排序依次为中标候选人 A、B、C。

（2）异议基本情况

评标后决标前，招标人收到中标候选人 C 的异议函，随后再次收到中标候选人 C 委托的律师事务所发来的律师函，提出中标候选人 A 在招标人项目所在地范围内生产、销售的水泥对中标候选人 C 构成侵权，要求立即停止购买未经委托人授权生产水泥的行为。

2）异议剖析

（1）调查核实情况

招标人法律事务部门对中标候选人 A 专利授权许可进行了法律分析并提出相关建议：①若评标委员会确认，中标候选人 A 被许可的"高贝利特水泥熟料及其制备工艺"满足招标文件要求，则评标结果合法有效；②要求中标候选人 A 书面澄清其销售该水泥不侵犯任何第三人专利权；③在招标文件原约定"任何第三方如果提出侵权指控，卖方须与第三方交涉并承担可能发生的一切费用和法律责任"之外，补充约定"如果卖方与第三方因本合同项下产品、服务等引发争议导致买方损失的，卖方应对买方予以赔偿"；④按照《评标报告》所述中标候选人 A"运距较远，且受多种因素影响，供应保障能力存在一定风险"，在签约时与中标候选人A明确，合同签订后不得因上述原因故意变更合同增加合同价款。

后续，招标代理机构收到中标候选人A关于专利问题的承诺函，承诺：①本次销售不侵犯任何第三人专利权；②严格遵守招标文件第四章合同条款第十一条，若由中标候选人A与第三方因本合同引发争议而导致招标人受损的，由中标候选人A给予赔偿；③合同签订后，除招标文件规定的价格调整外，不提出增加合同单价要求。

招标人答复异议后未再收到其他异议。

（2）异议事项分析

中标候选人C质疑中标候选人A的专利许可经营范围，认为其在招标人项目所在地区的生产、销售行为对其构成侵权。就以上侵权问题做如下分析：①中标候选人A被许可的"水泥制备工艺"满足招标文件要求，评标结果合法有效；②中标候选人A生产地为其他地方，未在招标人项目所在地（也是中标候选人C生产地）生产，生产行为不构成侵权；③根据专利权所有人与中标候选人A所签《专利实施许可合同》第二条"乙方（专利权所有人）将其拥有'水泥制备工艺'专利技术在特定区域范围的使用权以排他方式授予甲方（中标候选人A）""在中标候选人A所在地内乙方不将'水泥制备工艺'专利的实施许可权授予甲方以外的任何一方"，该合同并未明确禁止中标候选人A在企业所在地外销售，并且经查阅投标文件，中标候选人C在同等专利授权许可条件下亦有向其他地方销售的相关业绩，而专利权所有人未制止上述销售行为。根据《中华人民共和国反垄断法》第十三条"禁止具有竞争关系的经营者达成下列垄断协议：……（三）分割销售市场或者原材料采购市场"，专利权所有人、中标候选人C、中标候选人A均有权销售水泥，可以理解为存在竞争关系。如果专利许可合同约定了中标候选人A、C仅能在企业所在地销售，上述约定有违《中华人民共和国反垄断法》禁止分割销售市场的强制性规定。

招标人采取了以下措施：为进一步规避招标人的法律风险，根据法律事务部门研究意见，在合同签订前，中标候选人A、B均书面承诺其在该项目销售该水泥不侵犯任何第三人专利权。

3）案例启示

（1）异议处理应积极主动与法律事务部门协同开展。招标采购过程中，涉及侵权等法律纠纷异议时，应高度重视与侵权相关的法律法规，主动咨询法律事务部门，听取专业意见建议。在确保异议处理合法合规前提下，最大限度保障招标人利益。

（2）招标文件中约定有关专利权归属。根据本次异议处理情况，在后续招标采购过程中，针对涉及投标人专利权等问题的采购项目，完善招标文件中专利权相关条款，规避相关风险。

附录 B　工程量计算书编制示例

1. 计算依据

（1）504# 交通洞设计图纸 { 图号：H27（5）J-8D9-A5-1-4-（2～6）、H27（5）J-8D9-A5-1-S3-（1～14）}。

（2）《金沙江白鹤滩水电站工程（专项）勘探试验项目施工组织设计（左岸导流洞施工支洞及配套工程）》（BHT〔2010〕工字第 22 号）及其批复意见（白监勘字〔2010〕10 号）。

（3）《504# 交通洞开挖支护措施》（BHT〔2010〕工字第 30 号）及其批复意见（白监勘字〔2010〕15 号）。

（4）白鹤滩水电站工程（专项）勘测试验项目工程项目现场签证与技术核定单、现场备忘录及会议纪要等。

2. 施工方案简述

根据施工图纸和施工组织设计，结合现场实际情况简介如下：

1）开挖

洞身段拟采用全断面方式开挖，每循环进尺根据围岩类型调整，Ⅱ、Ⅲ类围岩中进行隧洞掘进时循环进尺控制在 2.6～3m；Ⅳ、Ⅴ类围岩中进行隧洞掘进时循环进尺控制在 1.5～2.5m。Ⅱ、Ⅲ类围岩中进行隧洞掘进时，支护可滞后开挖掌子面 30～50m；Ⅳ、Ⅴ类围岩中进行隧洞掘进时，支护必须紧随开挖掌子面跟进。地质围岩较差时，应实施超前支护后再进行开挖。

2）支护施工

（1）锚杆施工。洞内锚杆钻孔，采用手风钻或 100B 型钻机进行造孔，支护台车配合人工进行注装锚杆。对于锚杆长度不大于 6m 且钻孔孔径不大于 50mm 的边坡锚杆均采用 YT-28 型手风钻造孔，锚杆长度大于 6m 或钻孔孔径大于 50mm 的边坡锚杆，采用宣化 100B 型水平孔锚杆钻机或改装的 DCZ 新型锚杆钻机造孔；锚杆注浆选用 J1400 型砂浆泵施工。

（2）挂网。挂网钢筋为 $\phi 6.5\text{mm}$，间距有 @20cm×20cm 和 @25cm×25cm 两种，采用支护台车配合人工挂网。

（3）使用 C20 混凝土。采用"湿喷法"作业，采用 ROBOT75 型混凝土喷射三联机或 TK-961 型喷射机施工，有 $d=8\text{cm}$、$d=15\text{cm}$、$d=20\text{cm}$ 和 $d=25\text{cm}$ 四种。

（4）钢支撑制作与安装。本工程钢拱架均为 I16 型钢，ϕ22mm 连接筋，ϕ25mm、L=4.5m 和 ϕ25mm、L=6m 两种锁拱锚杆。钢拱架现场加工制作，支护台车配合人工安装。

504# 施工支洞施工程序为：

施工准备→洞口明挖→洞脸支护、锁口→进口段开挖与支护→洞身开挖与支护→洞口、进口段仰拱开挖与混凝土浇筑（隧洞开挖完成后）→工程完工。

3. 单元工程划分说明

根据监理审批的《金沙江白鹤滩水电站工程（专项）勘探试验项目施工组织设计（左岸导流洞施工支洞及配套工程）》及其批复意见和《504# 交通洞开挖支护措施》，同时征求监理单位意见，划分结构层次如表 B-1 所示。

表 B-1　单元工程划分结构层次表

单位工程	分部工程	分项工程	单元工程	单元编码	桩　　号
白鹤滩水电站导流洞专项勘探实验及配套工程（K）	左岸导流洞勘探及配套工程（01）	土石明挖（MW）	504# 交通洞明挖第一单元	K01MW50401	K0＋000m～K0＋012m
		石方洞挖（DW）	504# 交通洞洞挖第一单元	K01DW50401	K0＋012m～K0＋040m
			504# 交通洞洞挖第二单元	K01DW50402	K0＋040m～K0＋070m
			504# 交通洞洞挖第二单元	K01DW50403	K0＋070m～K0＋100m
			……	K01DW5040n	……
		锚杆（MG）	504# 交通洞锚杆第一单元	K01MG50401	K0＋012m～K0＋040m
			504# 交通洞锚杆第二单元	K01MG50402	K0＋040m～K0＋070m
			504# 交通洞锚杆第二单元	K01MG50403	K0＋070m～K0＋100m
			……	K01MG5040n	……
		喷混凝土（PT）	504# 交通洞喷混凝土第一单元	K01PT50401	K0＋012m～K0＋040m
			504# 交通洞喷混凝土第二单元	K01PT50402	K0＋040m～K0＋070m
			504# 交通洞喷混凝土第二单元	K01PT50403	K0＋070m～K0＋100m
			……	K01PT5040n	……
		……	……	……	……

4. 计算简要说明

（1）本次计算范围：504# 交通洞 K0＋000m～K0＋140m 段，计算内容包括 504# 交通洞洞脸明挖、洞身开挖、砂浆锚杆、钢拱架、钢筋挂网以及喷混凝土工程量。

（2）本次计算依据：504# 交通洞相关设计图纸、现场技术核定单、相关施工方案及文件，同时结合工程量计算的需要，绘制计算附图。

（3）计算时按设计蓝图所给围岩类别进行计算。单位：长度为 m，面积为 m^2，体积为 m^3，质量为 kg 或 t，数量为根。计算结果小数点后取 2 位。

（4）504# 交通洞与 5# 过坝交通洞交叉口段工程量计入 504# 交通洞。

（5）本次计算 π 取值为 3.141 6，ϕ6.5mm 钢筋密度取值为 0.26kg/m，ϕ22mm 钢筋密度取值为 2.98kg/m，I16 型钢密度取值为 20.51kg/m。

（6）本次计算中随机工程（包括随机锚杆、随机挂网、随机排水孔、排水管）工程量按设计蓝图给定工程量计，单元工程量按设计总量划归到特殊单元，施工及结算时根据现场监理工程师指示进行施工并及时计量签证。

（7）经现场确认及现场技术核定单核定，Ⅳ级围岩洞口段及洞身段（0+012m～0+068.543m）钢筋格栅已取消，改用钢支撑替代，但目前设计变更通知单尚未下达，本次暂不计算工程量。

5.计算过程

本次计算范围为桩号 0+000m～0+140m，明挖段长 12m，洞挖段长 128m，其中Ⅱ类围岩长度为 14.457m；交叉口段长度为 57.00m；Ⅳ类围岩洞身段长度为 46.543m；Ⅳ类围岩洞口段长度为 10.00m。工程量计算如下。

1）土石方开挖

（1）土石方明挖。

根据设计图（图号：H27（5）J-8D9-A5-1-4-1），土方明挖工程量 32m³，石方开挖 890m³。

（2）石方洞挖。

① Ⅱ类围岩断面面积：$\pi \times 5.318 \times 5.318 \times 120/360 \text{m}^2 + 2 \times (\pi \times 7.024 \times 7.024 \times 46.155/360 - 1.281 \times 1.477/2) \text{m}^2 + 2 \times 1.421 \times 5.269/2 \text{m}^2 = 74.955 \text{m}^2$；

洞挖工程量：$14.457 \text{m} \times 74.955 \text{m}^2 = 1\,083.62 \text{m}^3$。

② 交叉口段断面面积：$\pi \times 5.498 \times 5.498 \times 120/360 \text{m}^2 + 2 \times (\pi \times 7.204 \times 7.204 \times 45.775/360 - 1.270 \times 1.477/2) \text{m}^2 + 2 \times 1.431 \times 5.455/2 \text{m}^2 = 79.045 \text{m}^2$；

洞挖工程量：$57 \text{m} \times 79.045 \text{m}^2 = 4\,505.57 \text{m}^3$。

③ Ⅳ类围岩断面面积：$\pi \times 5.558 \times 5.558 \times 120/360 \text{m}^2 + 2 \times (\pi \times 7.264 \times 7.264 \times 45.648/360 - 1.267 \times 1.477/2) \text{m}^2 + 2 \times 1.435 \times 5.518/2 \text{m}^2 = 80.435 \text{m}^2$；

洞挖工程量：$46.543 \text{m} \times 80.435 \text{m}^2 = 3\,743.69 \text{m}^3$。

④ Ⅳ类围岩洞口段断面面积：$\pi \times 5.888 \times 5.888 \times 120/360 \text{m}^2 + 2 \times (\pi \times 7.591 \times 7.591 \times 47.464/360 - 1.318 \times 1.477/2) \text{m}^2 + 11.533 \times 1.814/2 \text{m}^2 + (\pi \times 15.024 \times 15.024 \times 42.894/360 - 10.987 \times 13.984/2) \text{m}^2 = 100.263 \text{m}^2$；

洞挖工程量：$10 \text{m} \times 100.263 \text{m}^2 = 1\,002.63 \text{m}^3$。

（3）504# 交通洞土石方开挖工程量合计。

土方明挖工程量 32m³；石方开挖 890m³；石方洞挖工程量 10 333.24m³。

2）锚杆

（1）洞脸边坡锚杆。

根据设计图纸（图号：H27（5）J-8D9-A5-1-4-6），边坡锚杆（ϕ25，L=4.5m）工程量为 217 根；锁口锚杆（ϕ25，L=6.0m）工程量为 15+16=31 根。

注：设计图表《隧道主体工程数量表》（图号：H27（5）J-8D9-A5-1-4-2-1）中统计数字有误。

（2）洞内砂浆锚杆。

① Ⅳ类围岩洞口段（0+012m～0+022m）。

支护断面周长：$2 \times \pi \times 5.888 \times 120/360 \text{m} + 2 \times 2 \times \pi \times 7.594 \times 47.464/360 \text{m} = 24.91 \text{m}$。

间距 1.2m×1.0m，20.5 根/排，钢拱架按间距 1.2m 设置，与锁拱锚杆临近的系统锚杆取消 6 根/排，每排 14.5 根，共 10 排。

砂浆锚杆（ϕ22mm，L＝3m）工程量：$14.5 \times 10 = 145$ 根。

②Ⅳ类围岩洞身段（0＋022m～0＋068.543m）。

断面周长：$2 \times \pi \times 5.558 \times 120/360\text{m} + 2 \times 2 \times \pi \times 7.264 \times 45.648/360\text{m} = 23.21\text{m}$。

间距1.0m×1.0m，22.5根/排，钢拱架按间距1.0m设置，与锁拱锚杆临近的系统锚杆取消6根/排，每排16.5根，共46排。

砂浆锚杆（ϕ22mm，L＝3m）工程量：$16.5 \times 46 = 759$ 根

③交叉口段（0＋068.543m～0＋125.543m）。

断面周长：$2 \times \pi \times 5.498 \times 120/360\text{m} + 2 \times 2 \times \pi \times 7.204 \times 45.775/360\text{m} = 23.03\text{m}$。

锚杆间距1.0m×1.0m，22.5根/排，钢拱架按间距1.0m设置，与锁拱锚杆临近的系统锚杆取消6根/排，每排16.5根，共57排。

砂浆锚杆（ϕ28mm，L＝6m）工程量：$16.5 \times 57 = 940$ 根。

（3）504#交通洞锚杆工程量合计。

边坡锚杆（ϕ25mm，L＝4.5m）工程量：217根；

锁口锚杆（ϕ25mm，L＝6.0m）工程量：31根；

砂浆锚杆（ϕ22mm，L＝3.0m）工程量：904根；

砂浆锚杆（ϕ28mm，L＝6.0m）工程量：940根。

3）喷混凝土

（1）边坡喷混凝土。

根据设计图纸（图号：H27（5）J-8D9-A5-1-4-6），边坡网喷混凝土C20，δ＝15cm，工程量为74.20m³。

（2）洞内喷混凝土。

①Ⅳ类围岩洞口段（0＋012m～0＋022m）。

支护断面周长：$2 \times \pi \times 5.888 \times 120/360\text{m} + 2 \times 2 \times \pi \times 7.594 \times 47.464/360\text{m} = 24.91\text{m}$。

喷混凝土厚度为20cm，则每延米方量为：$24.91\text{m} \times 0.2\text{m} \times 1\text{m} = 4.98\text{m}^3$。

网喷混凝土C20，δ＝20cm，工程量：$4.98 \times 10\text{m}^3 = 49.80\text{m}^3$。

②Ⅳ类围岩洞身段（0＋022m～0＋068.543m）。

断面周长：$2 \times \pi \times 5.558 \times 120/360\text{m} + 2 \times 2 \times \pi \times 7.264 \times 45.648/360\text{m} = 23.21\text{m}$。

喷混凝土厚度为25cm，则每延米方量为：$23.21\text{m} \times 0.25\text{m} \times 1\text{m} = 5.79\text{m}^3$。

网喷混凝土C20，δ＝25cm，工程量：$5.79 \times 46.543\text{m}^3 = 269.48\text{m}^3$。

③交叉口段（0＋068.543m～0＋125.543m）。

断面周长：$2 \times \pi \times 5.498 \times 120/360\text{m} + 2 \times 2 \times \pi \times 7.204 \times 45.775/360\text{m} = 23.03\text{m}$。

喷混凝土厚度为25cm，则每延米方量为：$23.03\text{m} \times 0.25\text{m} \times 1\text{m} = 5.75\text{m}^3$。

网喷混凝土C20，δ＝25cm，工程量：$5.75 \times 57\text{m}^3 = 327.75\text{m}^3$。

④Ⅱ类围岩洞身段（0＋125.543m～0＋140m）。

断面周长：$2 \times \pi \times 5.318 \times 120/360\text{m} + 2 \times 2 \times \pi \times 7.024 \times 46.155/360\text{m} = 22.45\text{m}$。

素喷混凝土厚度为8cm，则每延米方量为：$22.45\text{m} \times 0.08\text{m} \times 1\text{m} = 1.79\text{m}^3$。

素喷混凝土C25，δ＝8cm，工程量：$1.79\text{m}^3 \times 14.457 = 25.88\text{m}^3$。

（3）504#交通洞喷混凝土工程量合计。

网喷混凝土C20，δ＝15cm，工程量：74.20m³；

网喷混凝土 C20，$\delta = 20$cm，工程量：49.80m³；

网喷混凝土 C20，$\delta = 25$cm，工程量：597.23m³；

素喷混凝土 C20，$\delta = 8$cm，工程量：25.88m³。

4）钢筋网制安

（1）边坡钢筋网制安。

据设计图纸（图号：H27（5）J-8D9-A5-1-4-6）知，边坡喷混凝土面积为：74.20/0.15m² = 494.667m²；每平方米钢筋网 ϕ6.5mm@20×20工程量：（1/0.2 + 1/0.2）×1m×0.26（kg/m）/1 000 = 0.002 6t。

钢筋网 ϕ6.5mm，@20×20 工程量：494.667m²×0.002 6t/m² = 1.29t。

（2）洞口段（0+012m～0+022m）。

每延米挂网面积为：24.91m×1m = 24.91m²；钢筋网 ϕ6.5mm@25×25：每平方米钢筋网工程量：（1/0.25 + 1/0.25）×1m×0.260（kg/m）/1 000 = 0.002 08t，每延米挂网工程量为：24.91×0.002 08 = 0.051 81t。

钢筋网 ϕ6.5mm，@25×25 工程量：10m²×0.051 81t/m² = 0.52t。

（3）Ⅳ类围岩洞身段（0+022m²～0+068.543m²）。

每延米挂网面积为：23.21m×1m = 23.21m²；钢筋网 ϕ6.5mm，@20×20：每平方米钢筋网工程量为 0.002 6t，每延米挂网工程量为：23.21×0.002 6t = 0.060 35t。

钢筋网 ϕ6.5mm，@20×20 工程量：46.543m²×0.060 35t/m² = 2.81t。

（4）交叉口段（0+068.543m²～0+125.543m²）。

每延米挂网面积为：23.03m×1m = 23.03m²；钢筋网 ϕ6.5mm，@20×20：每平方米钢筋网工程量为 0.002 6t，每延米挂网工程量为：23.03×0.002 6t = 0.059 88t。

钢筋网 ϕ6.5mm，@20×20 工程量：57m²×0.059 88t/m² = 3.41t。

（5）Ⅱ类围岩洞身段（0+125.543m²～0+140m²）。

依据设计每延米挂网工程量为 0.006 93t。

钢筋网 ϕ6.5mm，@20×20 工程量：14.457m²×0.006 93t/m² = 0.10t。

（6）504# 交通洞钢筋挂网工程量。

钢筋网 ϕ6.5mm，@20×20 工程量：7.61t；

钢筋网 ϕ6.5mm，@25×25 工程量：0.52t；

钢筋挂网（ϕ6.5mm）工程量：8.13t。

注：图纸给定工程量为 8.12t，应为小数点取舍造成差异。

5）型钢拱架制作与安装

（1）交叉口段（0+068.543m²～0+125.543m²）。

单榀钢拱架重量：（2×π×5.373×120/360 + 2×π×7.079×45.899/360×2）m×20.51kg/m = 463.30kg。

纵向连接钢筋（ϕ22mm）环向间距 1m，共 22 根，纵向连接钢筋（ϕ22mm）质量：（1.00×22）m×2.98kg/m = 65.6kg。

交叉口段长 57m，间距 1m，共 58 榀（图纸给定的 57 榀统计有误，实为 58 榀）。

钢拱架工程量为：463.30/1 000×58 = 26.87t。

钢拱架纵向连接钢筋（ϕ22mm）工程量为：65.6/1 000×57 = 3.74t。

锁拱锚杆（ϕ25mm，L=6m）工程量：12×58=696根。

（2）504#交通洞钢支撑工程量。

钢支撑（I16）工程量：26.87t。

纵向连接钢筋（ϕ22mm）工程量：3.74t。

锁拱锚杆（ϕ25mm，L=6.0m）工程量：696根。

6）排水孔及排水管

（1）边坡排水孔：@300cm×300cm梅花形布置，孔深450cm，ϕ25mm PVC排水管，L=50cm。共布置边坡排水孔44个；边坡排水工程量：排水孔：44×4.5=198.00m；ϕ25mm PVC排水管：44×0.5=22.00m。

（2）洞内排水孔及排水管。

由于洞内排水孔及排水管均为随机布置，工程量根据设计图表《隧道防排水工程数量表》（图号：H27（5）J-8D9-A5-1-4-2-2）确定，具体工程量为：ϕ36mm随机排水孔：447.13m；环向排水盲沟：991.66m；横向排水管25.86m；纵向盲沟256m。

（3）504#交通洞排水孔及排水管工程量。

边坡排水孔：198.00m；

边坡排水管（ϕ25mm PVC管）：22m；

洞内环向排水盲沟（ϕ50mm Ω型弹簧半圆管）：991.66m；

洞内横向排水管（ϕ50mm PVC管）：25.86m；

洞内纵向盲沟（ϕ100mm软式透水管）：256m；

洞内ϕ36mm随机排水孔：447.13m（随机工程量待定）。

7）现浇混凝土

依据施工合同（合同编号：BA080101047），本洞室仅完成洞门墙、洞顶截水沟和洞口段（504#K0+012m²～0+022m²）二衬施工，工程量计算如下：

（1）C20洞门墙及洞顶排水沟。根据设计图表《隧道防排水工程数量表》（图号：H27（5）J-8D9-A5-1-4-2-2）知，C20洞门墙工程量为111m³；C20排水沟工程量为13.50m³。

（2）C25仰拱混凝土及C15仰拱回填混凝土。根据设计图表《隧道主体工程数量表》（图号：H27（5）J-8D9-A5-1-4-2-1）知，C25仰拱混凝土工程量为44.40m³；C15仰拱回填混凝土工程量为71.20m³。

（3）504#交通洞现浇混凝土工程量。

C20洞门墙：111m³；

C20排水沟：13.50m³；

C25仰拱混凝土：44.40m³；

C15仰拱回填混凝土：71.20m³。

6. 附图

略。

7. 工程量及费用汇总

根据以上计算结果，工程量及费用汇总表见表B-2。

表 B-2　504# 交通洞工程量及费用汇总表

项目编号	项目名称	单位	单价	BOQ	本次计算工程量及费用汇总		参考工程量		
					工程量	费用/元	合同工程量	图纸给定工程量	参考工程量
2.8	504# 交通洞								
2.8.1.1.1	明挖土方运 4km	m³	15.61	0208010101	32		32	32	
2.8.1.1.2	明挖石方运 4km	m³	44.78	0208010102	890		890	890	
2.8.2.1	石方洞挖洞内小于干 0.2km，洞外平均 4km	m³	132.64	02080201	10 333.24		10 815	10 333.24	
2.8.3.1.1	喷 C20 混凝土（δ＝12cm）	m³	682.16	0208030101	0		58	0	
	喷 C20 混凝土（δ＝15cm）	m³		暂无	74.20			74.20	
2.8.3.1.2	砂浆锚杆 φ25mm，L＝6m	根	290.28	0208030102	31		378	31	
	砂浆锚杆 φ25mm，L＝4.5m	根		暂无	217			217	
2.8.3.1.3	自进式中空锚杆 φ25mm，L＝6m，	根	417.24	0208030103	0		36		
2.8.3.1.4	φ25mm 排水孔	m	28.69	0208030104	198		198	198	
	PVC 管（φ25mm，L＝0.5m）	m		暂无	22		22	22	
2.8.3.2.1	挂网喷混凝土（C20，δ＝15cm）	m³	791.93	0208030201			725		
	挂网喷混凝土（C20，δ＝20cm）	m³		暂无	49.80			49.80	
	挂网喷混凝土（C20，δ＝25cm）	m³		暂无	597.23			597.23	
	素喷混凝土（C20，δ＝8cm）	m³		暂无	25.88			25.88	
2.8.3.2.2	钢筋网（φ6.5mm）	t	6 323.70	0208030202	8.13		7	8.12	
2.8.3.2.3	钢筋格栅拱架	t	6 323.70	0208030203	0		43	28.5	
2.8.3.3.4	型钢（I16）拱架制作与安装	t	9 399.94	0208030204	26.87		21	26.41	
	拱架纵向连接钢筋（φ22mm）	t		暂无	3.74			3.74	

续表

项目编号	项目名称	单位	单价	BOQ	本次计算工程量及费用汇总		参考工程量	
					工程量	费用/元	合同工程量	图纸给定工程量
2.8.3.2.5	砂浆锚杆 φ22mm，L=4.5m	根	215.11	0208030205	0		891	
	系统砂浆锚杆 φ22mm，L=3m	根		暂无	904			904
2.8.3.2.6	锁拱锚杆 φ25mm，L=4.5m	根	239.95	0208030206			1 729	
	锁拱砂浆锚杆 φ25mm，L=6.0m	根		暂无	696			696
2.8.3.2.7	砂浆锚杆 φ28mm，L=6.0m	根	373.95	0208030207	940		742	940
2.8.3.2.8	预应力锚杆 φ32mm，50kN，L=6m	根	1 066.76	0208030208	0		48	60
2.8.3.2.9	随机排水孔（φ36mm）	m	28.69	0208030209	447.13		514	447.13
2.8.3.2.10	排水管（φ50mm Ω 弹簧排水半圆管）	m	22.45	0208030210	991.66		1 009	991.56
2.8.3.2.11	排水管（φ50mm PVC）	m	18.57	0208030211	25.86		30	25.86
2.8.3.2.12	排水管（φ100mm 软式透水管）	m	43.47	0208030212	256		258	256
2.8.4.1.1	C20混凝土洞顶截水沟	m³	515.84	0208040101	13.50		14	13.50
	C20混凝土洞顶门墙	m³		暂无	111			111
2.8.4.2.1	C25混凝土（仰拱）	m³	373.57	0208040201	44		111	44
2.8.4.2.2	C15 仰拱，铺底混凝土	m³	307.49	0208040202	71.20		178	71.20
合计								

施工单位计算：
审核：
盖章：

监理单位计算：
审核：
盖章：

建设管理单位计算：
审核：
盖章：

附录 C　典型工程量计量计价案例

1.地质缺陷部位允许超挖范围的工程量计量

1）背景情况

各土建工程招标文件中，在明挖工程或者洞挖工程土石方开挖中，均对地质缺陷部位的开挖回填混凝土工程量的计量进行了约定，如通常明挖工程中约定"经监理人认可的地质缺陷，则由发包人另行支付石渣清理费和实际发生回填混凝土费用""对监理人确认因地质缺陷处理引起的超挖，包括由此增加的支护和回填量，均按照监理人签认的工程量，并按工程量清单中相应项目的单价支付"。对于洞挖工程一般约定正常计量的洞挖单价，如"石方洞挖单价中包括准备工作，测量放线，钻孔爆破，装卸，运输，堆存，开挖面清撬冲洗，施工照明，通信，有毒及有害气体防患等临时设施的设计，设备采购、安装和运行维护，洞挖质量检查，验收前的维护以及设计，允许超挖范围以内的超挖等所需的一切人工、材料及使用设备和辅助设备等费用"。

但对于地质缺陷部位的计量，一般情况下不会明确约定规范或设计给定的允许超挖尺寸范围内的工程量是否扣除或计量。行业预算定额、水电工程工程量清单计价规范等相关规定对此问题也未有明确的说明。地质缺陷部位是否扣除规范允许超挖范围的开挖及回填工程量易出现争议。

2）探讨与启示

（1）大型工程建设过程中地质缺陷的出现不可避免，无论边坡或洞室开挖，地质缺陷部位开挖及回填出现计量争议的情况时有发生。首先应对地质缺陷的认定范围进行明确，在招标文件中约定当超挖未超过规范或设计给定的允许超挖范围时，不应认定地质缺陷，避免出现允许超挖范围内认定地质缺陷的争议。

（2）为避免出现相关计量争议和歧义，可在招标文件中对地质缺陷部位的开挖量、回填量、是否允许超挖及回填工程量扣除等相关关系进行明确的规定，清晰表述相应计量范围，并在招标文件中进行详细的约定。如可以约定"地质缺陷部位在规范允许超挖范围内的超挖量和回填量不进行扣除"或"地质缺陷部位在规范允许超挖范围内的超挖量和回填量作扣除处理"。在明确计量原则后，同步在对应的石方开挖计价范围中明确单价包含的内容，对应地质缺陷部位的允许超挖纳入或不纳入单价之中。

（3）对于地质缺陷的认定，应规范认定程序，认定应由参建四方地质缺陷认定工作组共同认定；应绘制地质素描、地质构造、典型特征图；并约定严格的认定时限（如30天之内），过期不再认定，并实行监理备案制。同时应阶段性定期核销混凝土工程量，以便对地质缺陷工程量进行复核校正。

2. 地质缺陷计量方式

1）背景情况

常规开挖过程中，地质缺陷开挖回填通常按"地质缺陷超挖""地质缺陷回填"单独出项。白鹤滩水电站大坝工程合同条款约定：经监理人确认的地质缺陷部位引起的超挖，以 m³ 为单位计量，按《工程量清单》所列相应部位的"石方明挖"项目单价支付。

2）探讨与启示

地质缺陷单独出项时，由于清单工程量采用估算方式准确度不高，可能引起不平衡报价。相对而言，将地质缺陷超挖按同部位石方开挖计量结算可简化流程，提高效率，规避不平衡报价问题。

如地质超挖在工程量清单中单独出项，为尽可能准确估算工程量，可系统统计筹建期工程项目地质缺陷超挖情况，结合统计分析结果，将主体工程招标阶段匡算的地质缺陷超挖及回填工程量尽可能估算准确，规避不平衡报价引起的投资风险。

3. 开挖与混凝土分不同标段实施时，非地质缺陷超挖及回填计量

1）背景情况

工程建设过程中，根据现场实际需要，存在边坡或洞室土石方开挖与混凝护土坡或衬砌由不同的承包人实施的情况，不可避免地会出现开挖阶段因开挖承包人非地质缺陷原因导致大体积超挖后，混凝土浇筑阶段承包人浇筑混凝土超量的情况。

对于非地质缺陷原因、非混凝土浇筑承包人原因导致的超填混凝土责任主体，费用由谁承担应分别在开挖及混凝土浇筑合同中约定权责，避免增加工程投资。

2）探讨与启示

当开挖承包人的技术超挖在设计或者规范允许的范围内时，开挖满足设计要求，产生的混凝土浇筑阶段混凝土增加量应属工程必不可少的投入，在混凝土浇筑合同中相关费用应由发包人承担。

如果开挖承包人因自身技术原因导致大体量的超挖，除相应的超挖费用不能计取外，对于因其超挖导致的后续承包人产生的混凝土回填费用应承担相应责任，相关权责应在开挖合同中进行明确约定，避免无序开挖增加工程投资。

为避免后续发生纠纷，应在开挖合同中约定严格的地质缺陷申报程序，按时完成地质缺陷认定，并明确约定因开挖承包人造成地质缺陷申报不及时导致无法认定地质缺陷时，按技术超挖计算，相应费用由开挖承包人承担，以此督促开挖承包人及时申请地质缺陷认定。

4. 围堰填筑

1）背景情况

白鹤滩水电站工程围堰施工招标文件明确围堰填筑料除利用坝肩开挖石渣直接上堰

外，还可利用矮子沟渣场、海子沟渣场堆存的石渣，并对部分料场的围堰备料量进行了约定。投标过程中，承包人根据料源规划，按不同料源占比、运距等，编制综合单价进行报价。实施过程中，在招标文件规定的取料区域未发生变化的情况下，填筑料在不同取料区域的取料数量可能会与投标阶段的料源规划存在出入，进而导致综合运距发生变化，带来结算争议或风险。

2）探讨与启示

为避免由此造成的结算争议或风险，可考虑在招标文件中明确指定的料场或取料区域未发生改变时，无论在上述指定料场或取料区域的取料数量发生何种变化，围堰填筑综合单价不予调整。

5. 锚杆入岩深度变化

1）背景情况

在水电工程施工中，施工图锚杆外露长度与招标图纸或合同工程量清单锚杆外露长度不一致，导致合同变更的情况时有发生，如合同工程量清单明确锚杆外露10cm，而设计图纸要求锚杆外露20cm。该类变更属于设计参数细微调整而引起的变更。在工程实践中，时常发生施工图设计参数与招标图纸或合同工程量清单项目存在细小差异引起的变更，该类变更对结构安全、使用功能无实质影响，且单价变化幅度微小，但需消耗时间和人力进行变更处理，增加不必要的工作量。

2）探讨与启示

对于锚杆外露长度的改变应据实调整锚杆单价，但增加了各方项目管理工作量。为避免类似问题发生，应加强设计管理，在不影响结构安全、使用功能的前提下，施工图列明的参数、名称等应与招标图纸或合同工程量清单项目保持一致，或者在工程量清单中说明锚杆外露范围（如10～30cm），或者招标文件中明确外露长度在30cm以内时不调整单价，避免不必要的变更。

6. 锚索跟管计量

1）背景情况

在不良地质条件下，锚索施工常常采用跟管钻孔的施工工艺，以解决成孔困难问题，但现有水电工程预算定额没有适用于边坡或松散岩体跟管钻孔的定额子目，合同工程量清单中往往也未计列单独的跟管钻孔单价或含跟管钻孔的锚索综合单价，实施阶段现场实际采用跟管钻孔施工工艺的锚索项目如何计量及计价往往成为难点。

2）探讨与启示

锚索跟管钻孔施工属成熟的施工工艺，在不良地质条件下或者覆盖层钻孔中常常会使用跟管钻进。在施工过程中出现无法提前预测的不良地质条件下的跟管钻孔时，为确保后续变更的公平合理，应提前约定组价原则，提前做好实施过程中基础数据记录和收集，严格做好现场工程量签证，或者开展现场定额测量，避免变更单价争议。

对于有明确边界条件的覆盖层涉及跟管钻孔时，应在招标采购阶段提前谋划，计算准确的跟管钻孔工程量，将跟管钻孔单独出项列入工程量清单，在采购阶段锁定跟管钻孔价格。

7. 大坝坝体接缝灌浆工程量计算

1）背景情况

接缝灌浆计量条款常规约定为"按施工图纸所示，并经监理人验收确认的灌浆面积，以 m² 为单位进行计量"。但实际计算灌浆面积时，计算方式较为复杂且往往存在计算争议，如存在面积计算边界的界定不清晰、止浆片范围的计算不明确、接缝键槽面积是否计算、孔洞及廊道是否扣减等因素。

为简化接缝灌浆计量的计算方式，白鹤滩水电站工程大坝坝体接缝灌浆采取了按大坝上、下游结构线范围内经监理人确认的投影面积，以 m² 为单位计量的计算方式，计算简单，边界清晰。并明确其单价中包括：所需各种材料的采购、运输、保管；埋管、止浆片、灌浆槽、排气回浆槽镀锌铁皮盖片的加工与安装；灌浆前的准备工作；灌前钻孔冲洗、缝面清洗和压水试验；普通水泥浆液和湿磨细水泥浆液的灌浆作业及封孔；灌后检查孔及封孔，以及为实施全部作业所需的人工、材料、使用设备和辅助设施以及各种试验、观测和质量检查验收等所需的一切费用。

2）探讨与启示

通过在招标文件接缝灌浆计量规则中明确清晰的计量计算范围和计价原则，并阐明该计量项目所包含的工作内容，可以规避计量争议和工程量计算的理解歧义，简化计算工作量，提升项目管理效率，避免计量风险。

8. 灌浆工程量计算

1）背景情况

白鹤滩水电站大坝工程固结灌浆和帷幕灌浆按单元、分区间、以延米计量，主要计量规定如下。

灌浆费用按《工程量清单》所列项目的单价支付，其单价包括灌浆材料（水泥、掺和料、外加剂等所有材料）的采购、运输、储存和保管费用，及配浆、灌浆、试验（包括压水试验、生产性灌浆试验）、观测及验收等全部灌浆作业所需的全部人工、材料、使用设备及辅助设施等一切费用。

固结灌浆和帷幕灌浆按单位注灰量分三个区间等级：单位注灰量≤50kg/m（纯灌入的干水泥量，下同）、50kg/m<单位注灰量≤100kg/m、单位注灰量>100kg/m。对于注灰量大于100kg/m的灌浆，除按50kg/m<单位注灰量≤100kg/m的等级，以 m 为单位计量及支付外，超过100kg/m的注灰部分按所灌入的纯干水泥量以 t 计（只计取水泥材料费的1.4倍及税金）。

白鹤滩水电站地下厂房工程帷幕灌浆（包括衔接帷幕灌浆）按注浆量<50kg/m（注浆量为单孔平均每延米纯灌入的干水泥量，下同）、50kg/m≤注浆量<100kg/m、100kg/m≤注浆量<200kg/m、200kg/m≤注浆量<500kg/m、注浆量=500kg/m 五个等级，经监理人验收确认的灌浆长度，以延米为单位进行计量。对帷幕灌浆注浆量大于500kg/m的部位，除按注浆量=500kg/m的等级按延米为单位计量及支付外，超注浆部分按所消耗的纯水泥量以 t 计（只计取水泥材料费的1.1倍及税金）。

2）探讨与启示

常规帷幕灌浆和固结灌浆按单孔分五级计量，实践中存在按单孔计算注浆量时，计算工作量大、单孔注浆量区间差异大等问题。在总结前期灌浆计量经验的基础上，为减少计算工作量，进一步规范灌浆行为，改进形成了白鹤滩水电站大坝工程灌浆计量方式，即按单元、分区间、以延米计量，以一个单元的平均单位注灰量计价，改变以单段或单孔为计量单元的计价方式，减小人为操作的影响，规范灌浆行为，同时有效减少灌浆区间分级，简化计量规则。

9. 灌浆孔封孔计量问题

1）背景情况

白鹤滩水电站大坝工程固结灌浆和帷幕灌浆按单元工程单位注灰量分级计量。因计量条款中明确"所有钻孔的孔内冲洗、裂隙冲洗以及封孔（除勘探钻孔外），其费用包括在工程量清单中各相应项目单价中，发包人不另行支付"，计量以"每延米纯灌入的干水泥量"计算，因此在实际计量结算时，计算单位注灰量的纯灌入的干水泥量为充填岩体裂隙净水泥量，未包含灌浆封孔注灰量。

根据《水电建筑工程预算定额》（2004 年版）第七章章节说明阐述"本章岩石基础水泥灌浆，按充填岩体裂隙和钻孔的净水泥量计量，施工过程中的各种损耗计入相应定额消耗量"，承包人认为纯灌入的干水泥量应包含充填岩体裂隙和封孔的净水泥量。

计入封孔净水泥量后，单位注灰量将可能由低单耗区间增大至高一级的高单耗区间，每延米结算单价也将相应增加。因此，承包人提出了封孔净水泥量纳入单位注灰量计量的诉求。

2）探讨与启示

本项争议是对"单位注灰量（纯灌入的干水泥量）"的理解存在分歧所导致的。承包人认为封孔净水泥量构成了工程实体，应纳入单位注灰量计量，发包人结合招标文件计量条款约定，认为单位注灰量（纯灌入的干水泥量）仅指纯灌入岩体裂隙的净水泥量，不包含封孔净水泥量，封孔量已包含在单价之中。

为了避免争议，维护承发包双方的权益，在以后的水电站工程建设中，可考虑在招标文件工程量清单中单独设置封孔耗灰量子目进行计量结算；也可在计量条款中对"单位注灰量（纯灌入的干水泥量）"的定义进行进一步明确，避免理解歧义。

10. 引水发电系统结构混凝土计量

1）背景情况

引水发电系统结构复杂，工序繁多，不同施工部位混凝土浇筑工艺不同，混凝土标号也各不相同，涉及如衬砌混凝土，底板混凝土，隔墙混凝土，板、梁、柱、墙、楼梯等结构混凝土，在实际计量结算时，经常对混凝土项目具体在哪一项下结算存在争议，特别是在不同结构的交界处、边界条件不清晰的部位、相邻部位采用不同施工工艺浇筑的混凝土，或同一部位实施阶段工艺调整变化等情况。

2）探讨与启示

为避免体型复杂的结构混凝土套价的计量争议，应在招标阶段对混凝土工程进行统筹规划分项，分部位、分类别出具工程量清单，并在对应工程量清单中详细明确项目特征和对应范围，结合文字说明，对高程、边界等进行清晰的表述，避免计量项目套价争议问题。

11.压力钢管制造及安装计量

1）背景情况

（1）白鹤滩水电站引水发电系统压力钢管用钢材由发包人统一采购，《地下厂房土建及金属结构安装工程施工合同》负责压力钢管制造及安装，制造及安装按 t 计量。压力钢管材质采用 Q345R 低合金钢、600MPa 及 800MPa 级高强钢。压力钢管用钢板中 Q345R 钢板的厚度允许偏差要求符合规范《热轧钢板和钢带的尺寸、外形、重量及允许偏差》（GB/T 709）的 B 类偏差，600MPa 及 800MPa 钢板的厚度允许偏差应符合规范 GB/T 709 的 C 类偏差。

（2）根据规范 GB/T 709 规定，B 类及 C 类偏差均属于正偏差，即钢板的厚度不能小于设计的公称厚度。

（3）发包人在压力钢管用钢板采购的招标文件及合同中对钢板的计量进行了明确的约定：钢板到货计量以定尺的公称厚度计重（7.85t/m³ × 公称长度 m × 公称宽度 m × 公称厚度 m），厚度附加值含在报价中（按规范 GB/T 709 规定的 B 类或 C 类偏差交货）。

（4）发包人在《地下厂房土建及金属结构安装工程施工合同》招标文件计量条款中对"引水发电系统压力钢管制造及安装"的计量进行了约定："钢管及其加劲环、阻水环、止推环等附件的制造及安装应按施工图纸所示的全部钢管和附件的计算重量，以 t 为单位计量，并按《工程量清单》所列项目的每 t 单价支付。"

（5）压力钢管制造及安装的计量条款，虽然明确了按施工图纸计算重量，可以理解为按设计公称厚度进行计量，但因压力钢管用钢板厚度均为正偏差，压力钢管制造及安装的计量条款中未明确约定钢板的质量偏差是否计入重量之中，《地下厂房土建及金属结构安装工程施工合同》执行过程中，对于"压力钢管制造和安装"项目的工程量计算规定存在一定的歧义。

2）探讨与启示

在压力钢管用钢板采购合同中，明确指出了钢板厚度附加值不进行计量，应包含在单价之中，合同边界条件清晰，体现了量价不重不漏的原则。

在压力钢管制造及安装项目中虽然明确了制造及安装按设计图纸计算重量，但对厚度附加值是否计量在计量条款中未能进一步进行说明，在后续项目中应通盘考虑相关问题，从钢板的采购、制造及安装中将统一的计量标准贯穿始终，给予清晰的工程量计算范围和方法，避免歧义。

12.冷却水管计量

1）背景情况

白鹤滩水电站大坝工程招标文件要求埋入混凝土体内的冷却水管（含高导热性 HDPE 冷却水管及钢冷却水管）及其附件的费用，根据施工图纸和监理人指示以埋入混凝土的冷却水管的长度，以 m 为单位计量，并按《工程量清单》所列项目的单价支付。单价包括冷却水管及附件的材料采购、制作、安装、拆除、试验、检验、质量检查和验收、封堵等所需的一切费用。冷却水管的长度按平面算至下游坝面处。未埋入混凝土中的冷却水管的主管、干管、支管及接头不予计量，其费用计入混凝土温控相应单价中。

但冷却水管从安装到封堵时间跨度长，须在大坝混凝土通水冷却完成后才能实施封堵

（至少在混凝土浇筑完成 9 个月后），如根据合同在封堵等所有工作完成后再进行计量结算，势必对承包人的结算资金造成影响，也不利于现场实施的以大坝混凝土仓号为基本单元的"三同时"（现场完工、单元验收、完工清量）管理要求。

2）探讨与启示

（1）在大体积温控混凝土中，将冷却水管与水管封堵混凝土分开计量，便于计量管理。

（2）为解决及时计量结算和"三同时"管理要求，将合同工程量清单中的冷却水管项目调整为冷却水管制安和冷却水管封堵两项进行计量，调整后的两项单价将原合同单价按一定比例拆分后计取。调整后能够很好地确保冷却水管安装与大坝混凝土浇筑满足"三同时"管理要求。

（3）对于类似实施阶段区分明显，且时间跨度较长的项目，可根据工程建设管理需要，结合空间和时间综合考虑，在招标文件中约定按不同的实施阶段分别计量结算。

13. 特殊工种计日工计价

1）背景情况

白鹤滩水电站地下大型洞室、高边坡开挖支护完成后，洞顶拱及周边出现围岩松动掉块，除采取加强支护措施外，为防止掉块砸物伤人、保证洞室安全，同时在相应部位增设主动防护网，掉块岩石被防护网兜住后需人工及时清理，避免主动防护网破坏，清理工作安全风险高。由于常规工程量清单计日工中，无特殊工种计日工项目，主洞室开裂掉块处理和特殊掉块（指采用人工在防护网中爬行，对松动岩体进行清理）处理所需人员费用，按特殊计日工（蜘蛛人）计量，按变更处理，相关费用计算困难。

2）探讨与启示

涉及特殊工种的工程项目，可考虑在招标文件工程量清单中计列特殊工种计日工，并对特殊工种计日工工作内容进行明确定义，由投标人结合自身实际情况投标报价，避免后续变更中特殊工种计日工单价难以处理的问题。

同时，为确保特殊工种有效使用，应规范约定特殊工种的管理程序，如明确特殊工种使用的审批流程、签证程序，制定签证责任和奖罚措施，严格约定工程量签证时限，超时限签证申请不予认可，约定签证时应提供特殊工种实施情况的功效说明，严格签证编号、备案程序等。

附录 D　定额测量实例

跟管钻孔是在钻孔钻进过程中同步跟进套管防止塌孔的施工方法，是提高复杂地质条件下成孔效率的有效保证措施，该施工工艺已在我国不同行业及各大水电站工程锚索钻孔、爆破钻孔、灌浆钻孔等施工中广泛应用，并取得了显著的技术经济效果。由于目前我国水电工程行业定额尚无复杂岩石地层跟管钻孔子目，编制适用性定额十分必要，以帮助解决类似工程预算编制、合同变更索赔管理难题。

1. 项目概况

由于施工现场条件变化，为保障施工进度节点，白鹤滩水电站导流洞围堰拆除时间由枯水期调整为汛前，围堰拆除边界条件发生改变，围堰不能按期拆除将导致整个工程工期推迟 1 年。为确保围堰拆除按期完成，建设管理单位组织多方对施工方案进行讨论和研究，并确定导流洞围堰堰外段减薄开挖、岩坎经济断面跟管钻孔爆破的专项施工方案。

导流洞围堰工程拆除工程量约 60 万 m^3，其中采用跟管钻孔水下爆破拆除的工程量约 20 万 m^3，跟管钻孔（ϕ127mm）约 200 000m。

2. 施工工艺及设备

跟管钻进是地质岩心钻探的一种特殊钻进方法，可以防止钻进过程中的孔壁坍塌或流砂充塞钻孔，适用于钻进松散地层和流砂层。

1）跟管钻孔工艺

跟管钻孔是以压缩空气为动力，跟管钻具在空气潜孔锤和钻机扭矩作用下两级破碎岩石，冲击回转钻进，并实现同步跟进套管的施工方法。

2）钻孔、拔管机械

本工程钻孔机械型号为志高 ZGYX430 液压潜孔钻，该型钻车以配套动力为标准分为玉柴四卸 YC4A100、电动 40kW 两种型号（定额测量为柴油），可选装干式及双级除尘机构。行走部分采用四轮一带和柱塞马达加减速器系统，具有行走更可靠、耐用性好的特点，行走速度可达 3km/h。

本工程拔管采用 ZSB-80T 型液压拔管机，是钻孔机械的配套设备，用于起拔钻孔护壁套管。当卡瓦夹紧套管时，由油缸的往复运动来起拔套管。拔管机主要由液压泵站、拔管油缸、底座、卡瓦座、上下卡瓦等零部件组成。

3. 现场观测成果数据

本工程围堰拆除跟管钻孔现场观测时段为 2014 年 3 月 17 日至 2014 年 4 月 13 日。观测部位位于左岸导流洞出口围堰 2 期 2 区，钻孔间排距 1.5m×1.5m，孔深 9.45～18.05m。采用连续测时法，共取得 14 个钻孔样本数据和 10 个拔管样本数据（详见表 D-1、表 D-2）。

表 D-1 跟管钻孔工序现场观测数据一览表

序号	项 目 名 称	单位	样本 1	样本 2	样本 3	样本 4	样本 5	样本 6	样本 7
1	日期	y.t.d	14.3.17	14.3.17	14.3.17	14.3.17	14.3.18	14.3.18	14.3.18
2	天气		晴	晴	晴	晴	晴	晴	晴
3	开始测量时间	h:min:s	9:23:40	12:41:23	13:25:02	20:43:27	0:11:30	0:24:32	2:19:50
4	结束测量时间	h:min:s	13:14:20	16:34:18	16:52:40	23:16:30	3:03:21	2:14:29	5:14:33
5	钻孔个数	个	1	1	1	1	1	1	1
6	钻孔深度	m	17.67	18.05	16.59	15	15.75	15	15
7	跟管深度	m	18	18	16.5	15	15	15	15

序号	项 目 名 称	单位	样本 8	样本 9	样本 10	样本 11	样本 12	样本 13	样本 14
1	日期	y.t.d	14.4.11	14.4.11	14.4.11	14.4.12	14.4.12	14.4.13	14.4.11
2	天气		晴	晴	晴	晴	晴	晴	晴
3	开始测量时间	h:min:s	9:06:46	9:38:51	12:48:22	11:07:14	8:10:51	7:54:32	11:04:55
4	结束测量时间	h:min:s	11:52:10	11:43:18	15:36:43	14:11:07	11:04:08	11:02:37	15:06:18
5	钻孔个数	个	1	1	1	1	1	1	1
6	钻孔深度	m	12.72	9.45	11.15	13.38	18.05	13.57	13.57
7	跟管深度	m	12	9	10.5	13.5	18	12	13.5

1. 工序内容：孔位转移、钻进、跟管等；2. 人工：钻机操作手（1 名 / 台）、辅助工（1 名 / 台）、班长（1 名 / 3 台）（每班工作 11 小时，两班倒）；3. 材料：偏心钻头（φ127mm，L = 0.25m）、冲击器（φ110cm，L = 0.75m）、跟管（φ127mm，L = 1.5m）、钻杆（φ90mm，L = 1.5m）、管靴；4. 钻孔机械：液压潜孔钻 ZGYX430（1 台）。

表 D-2 跟管钻孔拔管工序现场观测数据一览表

序号	项 目 名 称	单位	样本 1	样本 2	样本 3	样本 4	样本 5
1	日期	y.t.d	14.4.9	14.4.9	14.4.9	14.4.8	14.4.8
2	天气		晴	晴	晴	晴	晴
3	开始测量时间	h:min:s	8:43:10	14:27:21	15:45:19	10:53:12	9:36:23
4	结束测量时间	h:min:s	10:59:30	15:44:15	16:14:31	11:09:51	10:41:31
5	拔管长度	m	13.5	12	6	3	12
6	PVC 管	m	13.5	12	6	3	12

续表

序号	项目名称	单位	样本 6	样本 7	样本 8	样本 9	样本 10
1	日期	y.t.d	14.4.8	14.4.8	14.4.8	14.4.8	14.4.8
2	天气		晴	晴	晴	晴	晴
3	开始测量时间	h:min:s	9:14:09	12:52:01	13:58:49	15:04:46	16:28:01
4	结束测量时间	h:min:s	10:49:56	13:20:13	14:36:28	15:44:14	16:49:13
5	拔管长度	m	7.5	4.5	7.5	7.5	3
6	PVC 管	m	7.5	4.5	7.5	7.5	3

1. 工序内容：施工准备、移动安装机器、接跟管、提升以及卸除等；2. 人工：拔跟管机操作工 1 人，辅助工 3 人；3. 材料：PVC 管（ϕ80mm）；4. 拔管机械：ZSB-80T 拔跟管机 1 台。

4. 定额编制

1）定额编制主要步骤

本次预算定额编制工作主要分为四个步骤：第一步是利用统计法原理对现场观测样本数据进行整理、检验；第二步是根据现场观测样本数据、收集工程资料等，计算和拟定预算定额人、材、机消耗量；第三步是根据现场调查资料、国家有关税费政策、查询设备价格信息等，编制预算定额人、材、机基础价格；第四步是汇总计算形成预算定额直接费单价。

2）观测样本数据预处理

（1）预处理目的及方法。观测样本数据预处理的目的，一是检验样本是否满足必要的数量要求；二是清理由于施工原因偏差大的数据。本次编制采用测时法要求的观察次数（表 6.6-1）和表 6.6-2 对样本数据进行预处理。

（2）钻孔工序

本次选取样本工序作业时间机械钻孔效率值作为判断计算参数。计算过程中注意不应计算损失时间（如违反劳动纪律时间）和非工序作业时间（如工人休息吃饭时间）以及与钻孔无关的停工时间。根据现场跟管钻孔观测原始记录表，计算出 14 个钻孔样本工序作业时间钻孔效率值，详见表 D-3。

表 D-3 钻孔效率计算表

时间分类	项　目	单位	样本 1	样本 2	样本 3	样本 4	样本 5	样本 6	样本 7
工序作业时间	移动钻机（孔位转移）	h	0.11	0.03	0.00	0.05	0.06	0.04	0.03
工序作业时间	定孔位	h	0.00	0.00	0.00	0.00	0.00	0.00	0.00
工序作业时间	钻进	h	1.33	1.74	2.62	1.88	1.79	0.92	1.83
工序作业时间	加跟管、加钻杆	h	0.91	0.71	0.64	0.48	0.46	0.49	0.87
工序作业时间	吹孔	h	0.51	1.14	0.00	0.00	0.00	0.00	0.00
工序作业时间	卸钻杆	h	0.23	0.25	0.20	0.14	0.55	0.16	0.19
非工序作业时间	停（工人休息吃饭）	h	0.74	0.00	0.00	0.00	0.00	0.00	0.00
工序作业时间	停（与钻孔有关）	h	0.00	0.01	0.00	0.00	0.00	0.00	0.00
损失时间	停（与钻孔无关）	h	0.00	0.00	0.00	0.00	0.00	0.22	0.00
总循环时间		h	3.84	3.88	3.46	2.55	2.86	1.83	2.91

续表

时间分类	项　目	单位	样本1	样本2	样本3	样本4	样本5	样本6	样本7
人工工序作业时间＝总循环时间－损失时间－非工序作业时间		h	3.10	3.88	3.46	2.55	2.86	1.62	2.91
机械工序作业时间＝总循环时间－损失时间－非工序作业时间－停（与钻孔有关）		h	3.10	3.88	3.46	2.55	2.86	1.62	2.91
钻孔深度		m	17.67	18.05	16.59	15.00	15.75	15.00	15.00
人工钻孔效率＝人工工序作业时间/钻孔深度		h/m	0.18	0.22	0.21	0.17	0.18	0.11	0.19
机械钻孔效率＝机械工序作业时间/钻孔深度		h/m	0.18	0.21	0.21	0.17	0.18	0.11	0.19

时间分类	项　目	单位	样本8	样本9	样本10	样本11	样本12	样本13	样本14
工序作业时间	移动钻机（孔位转移）	h	0.13	0.09	0.07	0.11	0.03	0.17	0.08
工序作业时间	定孔位	h	0.00	0.00	0.00	0.00	0.00	0.00	0.00
工序作业时间	钻进	h	1.65	1.41	1.83	1.37	1.74	2.16	1.93
工序作业时间	加跟管、加钻杆	h	0.70	0.39	0.65	0.60	0.71	0.53	0.68
工序作业时间	吹孔	h	0.00	0.00	0.00	0.16	1.14	0.00	0.00
工序作业时间	卸钻杆	h	0.28	0.18	0.20	0.21	0.25	0.15	0.15
非工序作业时间	停（工人休息吃饭）	h	0.00	0.00	0.00	0.63	0.00	0.00	1.02
工序作业时间	停（与钻孔有关）	h	0.00	0.00	0.00	0.00	0.01	0.13	0.16
损失时间	停（与钻孔无关）	h	0.00	0.00	0.05	0.00	0.00	0.00	0.00
总循环时间		h	2.76	2.07	2.81	3.06	3.88	3.13	4.02
人工工序作业时间＝总循环时间－损失时间－非工序作业时间		h	2.76	2.07	2.75	2.43	3.88	3.13	3.00
机械工序作业时间＝总循环时间－损失时间－非工序作业时间－停（与钻孔有关）		h	2.76	2.07	2.75	2.43	3.88	3.01	2.83
钻孔深度		m	12.72	9.45	11.15	13.38	18.05	13.57	13.57
人工钻孔效率＝工序作业时间/钻孔深度		h/m	0.22	0.22	0.25	0.18	0.22	0.23	0.22
机械钻孔效率＝工序作业时间/钻孔深度		h/m	0.22	0.22	0.25	0.18	0.21	0.22	0.21

　　样本量检验。根据表 D-3 计算，工序作业时间机械钻孔效率 $t_{max}=0.25h/m$，$t_{min}=0.11h/m$，$\bar{x}=0.2h/m$，$\sum\Delta^2=0.01$，$K_p=0.25/0.11=2.29$，$E=1/0.2\times(0.01/14\times(14-1))\times0.5=4.53\%$，查表 6.6-1 判断样本数量应大于 16 个，测量样本数量为 14，不满足最低样本数量要求。剔除最小值样本 6，再次计算，工序作业时间钻孔效率 $t_{max}=0.25h/m$，$t_{min}=0.17h/m$，$\bar{x}=0.2h/m$，$\sum\Delta^2=0.05$，$K_p=0.25/0.17=1.45$，$E=1/0.2\times(0.05/13\times(13-1))\times0.5=8.55\%$，查表 6.6-1 判断样本数量应大于 5，样本数量 13，满足要求。

　　极限值检验。根据表 6.6-2，$L_{max}=\bar{x}+K(x_{max}-x_{min})=0.2+0.9\times(0.25-0.17)=0.27$，$L_{min}=\bar{x}-K(x_{max}-x_{min})=0.2-0.9\times(0.25-0.17)=0.14$。计算极限值范围为 0.14～0.27，选取样本值范为 0.17～0.25，满足要求。

　　（3）拔管工序

　　本次选取样本工序机械作业效率值作为判断计算参数。根据现场拔管观测原始记录表，计算出 10 个样本工序作业时间拔管效率值，详见表 D-4。

表 D-4　拔管效率计算表

时 间 分 类	项　　目	单位	样本 1	样本 2	样本 3	样本 4	样本 5
工序作业时间	移动机器	h	0.00	0.05	0.11	0.03	0.03
工序作业时间	装 PVC 管	h	0.06	0.10	0.00	0.03	0.05
工序作业时间	接跟管	h	0.21	0.04	0.03	0.06	0.04
工序作业时间	提升	h	0.88	0.77	0.28	0.12	0.61
工序作业时间	卸除	h	0.56	0.32	0.07	0.02	0.36
损失时间	停（工人休息）	h	0.00	0.00	0.00	0.00	0.00
损失时间	停（施工干扰）	h	0.57	0.00	0.00	0.00	0.00
总循环时间		h	2.27	1.28	0.49	0.28	1.09
工序人工作业时间＝总循环时间－损失时间		h	1.71	1.28	0.49	0.28	1.09
拔管机作业时间＝提升＋卸除		h	1.44	1.09	0.35	0.15	0.96
跟管长度		m	13.5	12	6	3	12
人工作业效率		h/m	0.13	0.11	0.08	0.09	0.09
拔管机作业效率		h/m	0.11	0.09	0.06	0.05	0.08
时 间 分 类	项　　目	单位	样本 6	样本 7	样本 8	样本 9	样本 10
工序作业时间	移动机器	h	0.07	0.04	0.04	0.05	0.06
工序作业时间	装 PVC 管	h	0.04	0.06	0.04	0.04	0.05
工序作业时间	接跟管	h	0.05	0.04	0.02	0.05	0.03
工序作业时间	提升	h	0.31	0.23	0.36	0.38	0.14
工序作业时间	卸除	h	0.14	0.10	0.16	0.15	0.07
损失时间	停（工人休息）	h	0.98	0.00	0.00	0.00	0.00
损失时间	停（施工干扰）	h	0.00	0.00	0.00	0.00	0.00
总循环时间		h	1.60	0.47	0.63	0.66	0.35
工序人工作业时间＝总循环时间－损失时间		h	0.62	0.47	0.63	0.66	0.35
拔管机作业时间＝提升＋卸除		h	0.46	0.33	0.53	0.53	0.21
跟管长度		m	7.5	4.5	7.5	7.5	3
人工作业效率		h/m	0.08	0.10	0.08	0.09	0.12
拔管机作业效率		h/m	0.06	0.07	0.07	0.07	0.07

样本量检验。根据表 D-4 计算，工序机械作业效率 $t_{max}=0.11$h/m，$t_{min}=0.07$h/m，$\bar{x}=0.07$h/m，$\sum\Delta^2=0.002$，$K_p=0.11/0.07=1.31$，$E=1/0.07\times(0.002/10\times(10-1))\times0.5=7.15\%$，查表 6.6-1 判断样本数量应大于或等于 6 个，测量样本数量为 10，满足要求。

极限值检验。根据表 6.6-2，$L_{max}=\bar{x}+K(x_{max}-x_{min})=0.07+1\times(0.11-0.07)=0.11$，$L_{min}=\bar{x}-K(x_{max}-x_{min})=0.07-1\times(0.11-0.07)=0.05$。计算极限值范围为 0.05～0.11，选取样本值范为 0.07～0.11，满足要求。

3）消耗量取定

（1）人工消耗量取定方法

人工劳动定额时间由工序作业时间（基本工作时间、辅助工作时间）和规范时间（准备与结束工作时间、不可避免的中断时间和休息时间）组成。

现场观测原始记录表中，已包含基本工作时间、辅助工作时间、工人必要休息和中断时间（如喝水、上厕所和必要的短时间体力恢复等，是在不影响正常施工的情况下，通过工人轮休和替换解决），而准备与结束时间和人工幅度差系数需另行增加。参考现场经验，计取准备与结束时间调整系数 1.05（每班工作时间按 10h 拟定（7:00～11:30、12:30～18:00），准备与结束时间按每班 0.5h 考虑，调整系数 0.5/9.5＋1＝1.05）。

预算定额在劳动定额时间消耗基础上，考虑工种间的工序搭接和交叉作业相互配合或影响以及质量检查验收等因素，计取人工幅度差系数 1.15（一般为 1.10～1.15）。

（2）机械消耗量取定方法

机械定额时间由有效工作时间、不可避免的无负荷工作时间、不可避免的中断时间组成。根据现场观测原始记录表，维护和保养与工人准备和结束时间需另行增加。参考现场经验，计取维护、保养、准备与结束时间调整系数 1.05（维护、保养、准备与结束时间按每班 0.5h 考虑，调整系数 0.5/9.5＋1＝1.05）。

预算定额在机械定额时间消耗基础上，考虑施工中不可避免的工序间歇和工程开工或收尾时工作量不饱满等因素，计取机械幅度差系数 1.1（一般为 1.1～1.3）。

（3）人、机消耗量（100m）

根据以上分析计算方法计算的人工与机械工时消耗见表 D-5。

表 D-5　人工、机械消耗量计算表

序号	项目名称	数量 / （人/台）	修正平均效率 / （h/m）	准备与结束时间调整系数	人工幅度差系数	扩大单位 /m	人、机消耗量 （工时 / 台时 / 100m）
1	跟管钻孔工序						
1.1	人工						
1.1.1	高级熟练工（班长）	1/3	0.21	1.05	1.15	100	8.29
1.1.2	熟练工（操作钻机，计入机上人工）	1	0.21	1.05	1.15	100	24.87
1.1.3	普工（辅助人员）	1	0.21	1.05	1.15	100	24.87
1.2	机械						
1.2.1	液压潜孔钻（ZGYX430）	1	0.20	1.05	1.1	100	23.59
1.2.2	其他机械费 / 元						300
2	拔管工序						
2.1	人工						
2.1.1	熟练工（操作钻机，计入机上人工）	1	0.10	1.05	1.15	100	11.75
2.1.2	普工（辅助人员）	3	0.10	1.05	1.15	100	35.25
2.2	机械						
2.2.1	拔管机	1	0.07	1.05	1.1	100	8.44
2.2.2	其他机械费 / 元						10

备注：考虑到实际施工中发生一些无法统计的零星机械，参照行业经验，钻孔工序和拔管工序分别按 300 元 /100m、10 元 /100m 拟定其他机械费。

（4）材料消耗量（100m）

由于现场观测未取得跟管钻孔材料消耗量数据，本次采用三点估计法编制推荐预算定额消耗量。以项目变更单价作为最大可能，现场观测单位建议材料消耗量和类似两个工程跟管钻孔投标单价平均消耗量作为其他两种可能。代入三点估计法公式，依次计算得出跟管钻孔材料消耗量，详见表 D-6。

表 D-6　材料消耗量计算表

材料名称	单位	工程投标单价平均值（a）	现场观测建议消耗量（b）	项目变更单价（m）	$\bar{t}=\dfrac{a+4m+b}{6}$	$\sigma=\left|\dfrac{a-b}{6}\right|$	λ	$t=\bar{t}+\lambda\sigma$
偏心钻头	个	0.55	1.25	0.37	0.55	0.12	0.547 8	0.61
钻杆	kg	31.47	7.65	154.45	109.49	3.97	1	113.46
冲击器	套	0.02	0.17	0.65	0.46	0.02	0.508	0.48
跟管	m	0.39	7.50	17.10	12.72	1.19	0.883	13.76
其他材料费	元	351.80	1 322.92	780.00	799.12	161.85	1	960.97

4）跟管钻孔单价

（1）人工预算单价

人工单价以 2014 年现场调查工资为基础，并考虑变更年度价格指数进行编制。

（2）材料预算单价

承包人自购材料、甲供材料，以及风、水、电材料预算价格应根据工程实际情况，分别参考《水电工程设计概算编制规定》（2013 年版）计算。

（3）机械台时费

机械台时费由一类费用（折旧费、设备修理费、安装拆卸费）、二类费用（机上人工、动力燃料或消耗材料）、三类费用（车船使用税、年检费、年保险费）组成。本次编制中一类费用、二类费用、机上人工消耗量按上述分析计算，动力消耗按调查设备产品信息计算。

（4）编制成果

根据上述取定消耗量和基础价格，计算得出复杂破碎岩石地层跟管钻孔（ϕ127）直接费单价为 185.23 元/m，详见表 D-7。

表 D-7　跟管钻孔单价直接费计算表（100m）

适用范围：露天作业，复杂破碎岩石地层，孔深 20m 以内，孔径 127mm。
工作内容：孔位转移、跟管、造孔、安装 PVC 管、跟管卸除。

序号	项目名称	单位	数量	单价/元	合价/元
1	基本直接费				18 522.53
（1）	人工费				1 488.99
	高级熟练工	工时	8.29	42.33	350.92
	普工	工时	60.12	18.93	1 138.07
（2）	材料费				11 777.25
	ϕ127mm 偏心钻头	个	0.61	4 710.36	2 873.32

续表

序号	项 目 名 称	单位	数量	单价 / 元	合价 / 元
（2）	ϕ90mm 钻杆	kg	113.46	9.40	1 066.52
	冲击器	个	0.48	4 050.42	1 944.20
	ϕ127mm 跟管 δ=4.5mm	m	13.76	274.28	3 774.09
	ϕ80mm PVC 管	m	105.00	11.03	1 158.15
	其他材料费	元	960.97	1.00	960.97
（3）	机械费				5 256.29
	液压潜孔钻 ZGYX430	台时	23.59	189.47	4 469.60
	拔管机	台时	8.44	56.48	476.69
	其他机械费	元	310.00	1.00	310.00
2	直接费单价	元 /m			185.23

5. 测量实例启示

　　我国水电行业由多年来以"定额+取费标准+政策性调整文件"的定额计价模式,逐步向"统一量、市场价、竞争费"的工程量清单计价模式转变,但水电工程定额仍然是水电工程重要的技术经济文件,对建设投资发挥着控制性的作用。

　　定额测量成果真实地反映了变更项目施工成本,积累了宝贵的工程经济数据,为后期类似项目的预算编制和变更处理提供了参考。定额测量的广泛应用,一方面说明定额测量是解决变更分歧的重要手段;另一方面随着施工技术的进步,现行水电工程预算定额也需要不断完善,水电工程项目实测定额成果可作为完善现行定额的重要参考依据。坚持开展定额测量工作,为实事求是地解决合同变更提供了可靠的依据,对加强投资控制管理和不断完善行业定额起着十分积极的作用。

附录 E　变更典型案例

1. 左岸导流洞进出口围堰拆除变更

1）变更背景

（1）工程概况

白鹤滩水电站左岸导流隧洞工程进出口围堰采用全年十年一遇洪水标准设计，进口围堰采用预留岩坎顶部加混凝土围堰挡水的结构形式，堰顶高程 626m，堰顶宽 3m，堰顶轴线长约 345m，最大堰高（混凝土＋岩坎）41m，混凝土围堰最大堰高 31m。出口围堰部分段采用预留岩坎挡水结构形式，部分段采用预留岩坎顶部加混凝土围堰挡水结构形式，堰顶高程 623m，其中预留岩坎段堰顶宽 8～17m，预留岩坎顶部加混凝土围堰段堰顶宽 3m，堰顶轴线总长约 365m，最大堰高 44m，混凝土围堰最大堰高 13m。图 E-1 为导流洞出口围岩爆破实景。

图 E-1　导流洞出口围岩爆破

（2）变更原因

左岸导流洞工程围堰拆除项目为固定总价承包项目，投标计划工期为 2013 年 10 月 11 日—2013 年 12 月 31 日。实施阶段，左岸导流隧洞工程开工日期比招标文件开工日期推迟 6.5 个月，经承发包双方合同签订前谈判协商，将围堰拆除工期调整为 2014 年 3 月 11 日—2014 年 5 月 31 日，较招标文件工期顺延 5 个月。围堰拆除时机由枯水期变更为汛前，加之施工期河道淤积，围堰拆除时江水预测水位较投标方案预测水位上升 2~3m，围堰拆除边界条件发生较大变化。

同时，招标文件明确围堰（含岩坎）的水下拆除爆破设计由发包人负责。实施阶段，围堰水上、水下拆除爆破设计均由承包人负责。为确保围堰按期完成拆除施工（如围堰不能按期拆除，将导致整个工程工期推迟 1 年），承包人编制了拆除爆破和施工组织设计方案，经参建各方研究形成了可靠的专项施工方案。专项施工方案较承包人投标施工方案发生了较大变化。

上述施工边界条件和施工方案的变化，非承包人原因造成，依据合同谈判备忘录"进出口围堰拆除，根据监理审定的施工方案与投标时施工组织设计进行比较，有较大变化时，围堰拆除费用可进行调整"的约定，承包人对合同围堰拆除总价承包项目提出费用变更申请。

2）变更费用处理

（1）变更方案

投标阶段，进出口围堰拆除施工方案为以经济断面顶高程（进、出口经济断面顶高程分别为高程 598m、高程 594m）为界划分为混凝土拆除、岩坎水上拆除和岩坎水下拆除，拆除方案为潜孔钻机（高风压钻机 CM-351 和液压履带钻 ROCD7）钻爆拆除，堰外水下拆除无专项措施。

实施阶段，导流洞工期调整后，原合同施工边界条件发生变化，围堰拆除期间水位上升，施工工期压缩 1 个月，堰内施工与围堰拆除交叉施工，加之堰外涉水面积大，水流速度快，围堰水下拆除不具备常规水下拆除条件（行船、搭建钢平台），同时经济岩坎、缓冲区裂隙发育，岩体破碎、透水性强，为提高围堰（含堰外、经济岩坎）拆除效率和质量，保证按期完成拆除任务，实施阶段拆除方案调整如下：

进出口围堰拆除分两期施工，以经济断面顶高程为界（进、出口经济断面顶高程分别为 EL600m、EL596m，较投标阶段增加 2m），经济断面以上为Ⅰ期（干地拆除，包含混凝土拆除和岩坎水上拆除），以下为Ⅱ期（水下拆除）。拆除采用钻爆法施工，根据现场实际情况，爆破设计增加了特殊地质段跟管钻孔爆破方案。混凝土围堰采用预埋 PVC 管爆破孔结合人工搭设脚手架钻爆，Ⅱ期拆除为确保装药与孔深满足要求，钻孔主要采用哈迈全液压锚固跟管钻机、阿特拉斯跟管钻机钻孔（孔径 ϕ127mm），局部采用 CM351 非跟管钻孔（孔径 ϕ100mm），其中堰外部分（水下）采用垫渣形成作业钻孔平台，垫渣层、经济岩坎、缓冲区岩石破碎层采用 ϕ127mm 孔径跟管钻孔施工工艺。

实施阶段施工方案、工期计划、施工顺序等较投标阶段发生了较大变化，Ⅱ期采用跟管钻孔工艺保证了钻孔成孔率，大孔径增加了单孔装药量，改变施工顺序有效压缩了直线工期。

（2）争议处理

本项变更较投标施工方案增加了特殊地质段跟管钻孔爆破施工，即Ⅱ期水下拆除时，在垫渣层、经济岩坎、缓冲区等岩石破碎层采用 $\phi127$ 孔径跟管钻孔施工工艺。水下跟管钻孔施工环境复杂、难度大、数量多，合同内无跟管钻孔及类似项目单价，且现有定额无适用于现场实际情况的定额子目，同时跟管钻孔费用占比高，在变更处理过程中将成为承发包双方争议的焦点。

为避免后期变更因争议而不能及时解决，建设管理单位提前谋划，采取变更事前控制措施，于2014年3—4月在现场围堰拆除施工阶段组织咨询机构开展了跟管钻孔定额测量，采用连续测时法，获取14个钻孔样本数据和10个拔管样本数据，对跟管钻孔施工资源投入、各工序施工工效等基础数据进行了客观真实的记录和科学有效的分析。通过现场定额测量，建设管理单位基本掌握了跟管钻孔施工的实际消耗量水平。

后期变更费用申报中，承包人申报进口围堰跟管钻孔单价431元/m，出口围堰跟管钻孔单价396元/m，远高于监理单位和建设管理单位预期，成为本项目变更费用处理的主要争议点。为合理确定跟管钻孔单价，建设管理单位、监理单位和承包人进行了多轮次的协商，根据合同变更处理原则和定额测量成果，最终商定跟管钻孔单价计算原则，即"跟管钻孔单价中人工费、机械费按导流洞出口围堰跟管钻孔定额测量建议单价计算，材料费按监理审核单价计算，取费按投标费率计算"，最终核定跟管钻孔单价261元/m。

3）案例启示

本案例是由于工期调整继而改变施工方案而引起的变更，考虑本项变更工艺复杂性及边界条件的不确定性，主要单价无适用定额，如参照类似定额计算，不符合合同条款规定且费用高。为避免发承包双方持久的意见分歧，发包人提前谋划，在现场围堰拆除施工阶段组织咨询机构开展现场施工工艺定额测量，对各施工工序实际消耗量水平做了客观、准确的数据记录和科学、有效的数据分析，确保后续变更费用处理有据可依。在此基础上，参建各方依据合同条款和定额测量成果，对本次变更工程量和单价进行了充分的讨论和协商，最终各方达成一致意见后完成本次重大变更处理。

2. 右岸地下厂房小桩号洞段应急加固变更

1）变更背景

白鹤滩水电站右岸厂房采取分层开挖支护施工，在进行下层开挖施工期间，前期已开挖支护完成的顶拱、拱脚和边墙部分区域围岩于2017年12月15日出现变形，并呈缓慢增长趋势，2017年12月28日变形速率突然开始增大，日变形速率达到4.4mm，累计变形达162mm，该区域6台锚索测力计荷载同步增长，其中5台超过设计值，最大达3 447kN（设计值为2 500kN）。鉴于该区域玄武岩裂隙发育的特性，为保障岩体的整体稳定，防止发生边墙或顶拱垮塌、失稳，控制右岸地下主副厂房围岩变形进一步发展，提高施工期及运行期围岩永久稳定安全裕度，必须进行紧急补强支护。紧急补强支护是在原开挖支护完成后进行的二次支护，需新增高排架等辅助施工措施，且实施期间岩体不断变形，施工安全风险极高，属于应急抢险项目，主要工程量包括变形影响区域内增加的411束补强锚索及临时措施（图E-2）。

图 E-2 右岸地下电站主厂房小桩号支护排架

2）变更费用处理

（1）计价及取费原则

通过调研人工费的实际市场价格水平，按市场价确定抢险施工的人工价格（含机上人工），机械台时费参照主合同价格并调整机上人工价格，材料费参照合同价格计取，其他直接费、间接费、利润取费标准参照合同计取。

（2）锚索价格

① 锚索价格中包含了锚索钻孔、锚索制作安装及其辅助工作费用，但未包含施工排架、汽车起重机费用。

② 锚索价格参照《水电建筑工程预算定额》（2004 年版）有关定额子目，并进行以下调整：根据设计图纸调整混凝土墩钢垫板、锚墩混凝土、内外支架等消耗量；孔径系数、洞内外系数、孔深系数等按定额规定调整；因锚索施工机械投入集中，施工不连续、不平衡等原因，存在机械闲置、钻孔废孔等问题，经协商，机械按定额消耗量另考虑计取综合影响系数（边墙 1.2、顶拱 1.25），解决锚索施工的人员窝工、机械闲置及钻孔扫孔、废孔

（含废孔封堵）等费用。

（3）汽车起重机价格

① 25t、75t、130t 汽车起重机由承包人提供，其中 25t 使用 5 个月、75t 使用 3 个月、130 使用 5 个月，上述设备费用单独出项计价。

②经协商，汽车起重机价格按市场租赁价格，并考虑管理费和税金计取。

③汽车起重机按固定总价承包。

（4）施工排架费

① 十字盘扣脚手架为原主合同外增加的内容，排架材料按市场租赁价并计取管理费和税金；普通钢管脚手架为自有材料，使用摊销直接计入脚手架搭拆单价中。十字盘扣脚手架按监理确认的进退场时间和重量（指钢管、卡扣件重量），以"t·天"为单位计量。

②排架搭拆费（不含人工）。

十字盘扣脚手架和普通钢管脚手架搭拆单价参照合同"安全排架"单价进行组价，并扣除安全排架单价未发生的项目，其中十字盘扣脚手架搭拆计取 10% 的使用损坏摊销，普通钢管脚手架计取 20% 的切割损坏摊销和使用损耗摊销。十字盘扣脚手架基价根据市场情况协商确定。普通钢管脚手架搭拆（不含人工）、十字盘扣脚手架搭拆（不含人工）以监理批复排架施工方案所示钢管和卡扣件数量按 t 为单位计量，连墙件及排架上的其他附属设施均已包含在项目单价中，不再单独计量。

③排架搭拆人工费。

排架搭拆存在不平衡、不连续施工现象，为确保施工人员的稳定性，经协商，边墙排架搭拆人工按平均每天 32 人（分两班，每班 10h 制）、持续配置 120 天考虑；顶拱锚索施工排架按定额人工消耗量计算。人工费基价、其他直接费、间接费、利润及税金按上述计价及取费原则计算。边墙脚手架搭拆人工费固定总价承包。顶拱脚手架搭拆人工费按监理批复排架施工方案所示数量，以 m³ 为单位计量。

（5）一般项目

一般项目以锚索项目、汽车起重机、施工排架费用之和为基数，按 3% 计取。一般项目为固定总价承包，其内容已包含（但不限于）安全文明施工措施费在内的有关费用。

（6）节点目标考核

为了提高承包人的施工积极性，确保应急加固支护项目按照计划完成，单独设立节点目标考核费用。

（7）本项目资金专款专用，根据白鹤滩水电站工程资金管理的相关规定对项目资金使用进行监管。

3）案例启示

本案例是在施工过程中围岩突发变形引起的应急抢险加固变更。发包人以实事求是、解决问题为原则，事前对变更涉及的相关费用与承包人进行了谈判、协商，约定好变更价格后签订补充协议，避免了事后变更费用处理的意见分歧和争议。同时，发包人对变更支付制订了详细的节点考核计划，并在补充协议中明确此项目资金专款专用，按照工程资金管理的相关规定对项目资金使用进行监管。这些措施大大提高了承包人的施工积极性，确保应急加固支护施工安全、快速地完成，保证了右岸地下厂房洞室围岩的安全和稳定。

3. 料场专用公路机械破碎石方开挖变更

1）变更背景

（1）工程概况

旱谷地料场公路是白鹤滩水电站大坝用骨料运输专用公路，位于云南省巧家县境内，全长 12.88km。路线设计起点位于葫芦口金沙江大桥右岸桥头，设计终点位于旱谷地大坝砂石骨料加工系统装车平台。

（2）变更原因

旱谷地料场专用公路途经黎明村、大坪村和旱谷村，公路沿线民房众多，经统计有住户 120 多户，同时县殡仪馆、烈士陵园和地方炸药库等重要结构物分布在公路附近。工程开工以后，施工单位按投标石方开挖方案进行爆破作业，因爆破震动影响房屋安全，地方百姓反应强烈，现场阻工频繁，并涉及大量炮损补偿。

为防止爆破作业对公路沿线房屋和结构物造成破坏，确保公路按期通车，满足大坝骨料运输需求，避免大规模阻工和索赔，需采取切实可行的开挖方式开挖路基石方约 21.73 万 m^3。结合常用路基石方开挖技术和现场实际情况，参建各方对"控制爆破""控制爆破开挖＋临时避让＋炮损补偿""房屋拆迁＋控制爆破""机械破碎开挖"等不同方案进行了技术经济综合比选。

① 控制爆破开挖＋临时避让＋炮损赔偿。

控制爆破方案为施工单位投标方案，价格按施工单位投标单价 30 元 /m^3 计算，石方开挖费用 21.73m^3 × 30 元 /m^3 = 651.9 万元。

考虑前期进行了几次爆破作业后，附近 16 户村民反应强烈，产生了炮损补偿，并影响工期 1 个月。如采取爆破施工，须对沿线村民采取临时避让措施，并统计炮损和开展赔偿工作。参考类似工程临时避让费用标准和爆破影响房屋赔偿标准进行计算，临时避让期避让费用需约 861.7 万元，炮损赔偿需约 450 万元。

② 房屋拆迁＋控制爆破。

若采取房屋整体拆迁后再进行控制爆破施工，需按永久搬迁房屋费用标准进行计算，共需拆迁费用 6 283 万元（保守估算），详见表 E-1。

表 E-1　房屋拆迁费用汇总表

类　别	单位	数量	单价 / 元	金额 / 元	备注
一、房屋	m^2	62 610.00	—	53 994 864	—
正房	m^2	50 088.00	985	49 336 680	—
砖杂房	m^2	12 522.00	372	4 658 184	—
二、附属设施	—	—	—	2 128 740	—
房屋内墙装修三级装修	m^2	62 610	34	2 128 740	简易装修
三、基础设施恢复费	元	—	—	6 708 064	—
合计	元	—	—	62 831 668	—

③ 机械破碎开挖。

机械破碎开挖即采用液压岩石破碎机开挖石方的非爆破开挖方式，施工中采用自上而下分层开挖的方式，按照设计边坡坡度、台阶及路基标高进行分层破碎，挖掘机配合清除岩块。采取机械破碎开挖可避免石方开挖对房屋带来的安全隐患，避免炮损、索赔及阻工等问题。

因合同工程量清单中无适用或类似项目单价，且《公路工程预算定额》（2007 年版）无机械破碎石方开挖子目，考虑《水利工程概预算补充定额》（2002 年版）YB4005 子目液压岩石破碎机拆除混凝土，其工作内容为破碎、撬移、解小、翻渣、清面等，与本项目类似。在比较附近类似机械破碎石方开挖项目后，按《水利工程概预算补充定额》（2002 年版）估价，根据合同价格水平，估算机械破碎石方开挖单价 83 元 /m^3，根据路基石方工程量统计，其中 2.66 万 m^3 已采用爆破开挖完成，其余 19.07 万 m^3 按机械破碎施工计算，本方案增加金额：19.07 万 m^3 ×（83 – 30）万元 /m^3 = 1 010 万元。

④ 综合经济技术方案比选。

经济比较如表 E-2 所示。

表 E-2 经济比选表   单位：万元

开挖方式	开挖费用	炮损赔偿费用	避让费用	拆迁费用	合计费用	备 注
控制爆破	651.9	450	0	0	1 101.9	存在阻工、工期延误、人员和机械窝工损失，风险不可控
控制爆破 + 临时避让 + 炮损赔偿	651.9	450	861.7	0	1 963.6	
房屋拆迁 + 控制爆破	651.9	0	0	6 283	6 934.9	
机械破碎开挖	1 661.8	0	0	0	1 661.8	

技术比较如表 E-3。

表 E-3 技术比较表

开挖方式	技术可行性	存在的问题
控制爆破	原方案施工，但穿越居民区，控制爆破施工难度大，安全隐患大，存在不可控性	村民频繁阻工，安全隐患大，易引发群体事件，巨额炮损索赔不可控，施工进度失控
控制爆破 + 临时避让 + 炮损赔偿	爆破施工及临时避让技术上可行	村民临时避让后，同样存在炮损索赔问题，索赔金额不可控，当炮损索赔未达成一致意见时，存在通车后交通阻断风险，影响骨料运输
房屋拆迁 + 控制爆破	永久拆迁方案技术上可行，可以一劳永逸	拆迁工作量大，拆迁费用巨大，拆迁后移民安置困难
机械破碎开挖	方案简单易行，可操作性强	机械破碎功效降低，但增加资源能够按期完成节点目标，与原方案比投资增加

⑤ 结论。

经综合比选，为防止爆破施工对公路沿线房屋及结构物带来安全隐患以及可能引发的巨额索赔和现场阻工等群体事件，避免拆迁带来的巨大投入，确保及时提供大坝骨料运输通道，保证电站发电目标，及时带来发电效益，根据技术经济综合比选，机械破碎方案是切实可行的方案，专用公路后续未施工路段的石方由爆破作业调整为机械破碎施工。

2）变更费用处理

承包人根据已明确的开挖施工方案，采用机械破碎方式完成了石方开挖，采用其自测的现场局部机械破碎人材机耗量，申报了变更费用，申报单价 189.77 元 /m³。监理单位、发包人从尊重合同、实事求是的角度出发，对变更的合规性、工程量、单价等进行了审核。

（1）变更合规性

变更产生的原因是料场专用公路沿线民房及结构物众多，石方开挖采用爆破作业方案，爆破震动影响房屋安全和百姓正常生活。为避免爆破作业引起群体事件，造成工期不可控，建设管理单位组织设计、监理和施工单位专题研究，明确路基石方由爆破方案调整为机械破碎方案。开挖方案的调整属于施工工艺改变，且非施工单位原因导致，根据合同条款变更的范围和内容"改变已批准的施工工艺或顺序"的约定，变更成立。

（2）工程量的确定

建设管理单位组织监理和第三方测量机构对施工单位申报的变更支撑材料中原始地形、土石分界线、完工工程量进行测量复核，并对零星石方、孤石等零星工程量进行现场丈量，机械破碎石方开挖工程量签证资料齐全、计量规则合规。

（3）开挖单价确定

经协商，本次变更采用定额修正法，参考《水利工程概预算补充定额》（2002 年版）液压岩石破碎机拆除混凝土子目，确定机械破碎石方开挖单价为 83.39 元 /m³。具体方法如下：

① 人工费。按定额人工消耗数量计取，人工单价参考承包人投标报价。

② 机械费。机械破碎锤采用定额机械台时数量，台班费按照《水利工程施工机械台时费定额》（2002 年版）和投标基础价格编制。破碎后的石方装运机械费用按照承包人投标费用计取。

③ 费率按照承包人投标水平计取。

3）案例启示

本案例是在现场特殊施工环境下，既要保障当地居民的生命财产安全，又要满足进度要求为大坝骨料运输提供通道，而调整石方开挖施工工艺引起的变更。为选择最优施工方案，本变更在事前采用定性分析与定量分析相结合的方式进行了多方案技术经济比选。定性分析可揭示方案的特征，探索方案实现的条件、途径和方法，并对不确定性因素加以评价；定量分析可以更加科学、准确地计算施工成本。通过技术经济比选得出技术可行、成本较少的最优方案，为正确的方案决策和变更的事前控制提供更好的支撑和依据。

4. "安全准点"发电目标保障措施费变更

1）变更背景

白鹤滩水电站工程受核准滞后、地质条件复杂、大风天气频繁、洞室群稳定变形控制、基础处理复杂等因素对工期的影响，给按期实现电站首批机组 2021 年 7 月投产发电带来困难。为充分提高电站综合效益和社会效益，经科学论证，在确保安全和质量的基础上，白鹤滩水电站首批机组于 2021 年 7 月投产发电具有重大意义。

为保障安全准点实现首批机组投产发电，电站各主标合同承包人重新研究进度计划和施工方案，制定了保障措施，加大人员、设备、周转性材料等资源投入，并提出相关变更申请。

2）变更处理原则

白鹤滩水电站工程实现"安全准点"发电目标费用以"实事求是、预算为限、合法合规、高效有效"为处理原则,"安全准点"发电目标费用包括专项措施费、人工费、进退场费、目标考核奖四部分。

（1）专项措施费

专项措施工程量按照经监理、业主审批后的实现"安全准点"发电目标措施方案列项计算；措施项目单价按照主要机械设备、专项措施两部分分别考虑。

（2）人工费

根据《最高人民法院关于审理建设工程施工合同纠纷案件适用法律问题的解释》（法释〔2004〕14号）中"发包人和承包人就如何结算工程价款达不成一致,可参照签订原合同当时建设行政主管部门发布的工程定额标准或工程量清单计价方法结算工程款"的规定,人工费按照定额参照法进行计算。

（3）进退场费

新增设备和人员进退场费用按照合同原则,结合批复的保障措施方案资源投入情况计取,不再计取其他直接费、间接费、利润。

（4）目标考核奖

按专项措施费、人工费、进退场费总和的20%计取。

3）费用支付方式

"安全准点"发电目标保障措施费以签订补充协议的方式,按"总额控制、目标考核"的原则进行支付。总费用按完成产值考核支付、形象进度考核支付、最终发电目标考核支付、合同验收和资料移交支付等四种情况进行支付。具体支付条件如下：

（1）完成产值考核支付款

① 签订补充协议后进行第一次付款,具体付款金额在补充协议中明确。

② 剩余费用从补充协议签订生效后的次季度起,在每季度末考核后进行支付,季度考核支付金额计算公式如下：

$$Q_{ij} = A_i \times f_{ij}$$

式中：Q_{ij}——第 i 年第 j 个季度的考核支付金额,但一年内各季度考核支付金额合计不得大于年度计划支付金额（即 A_i）；

$\qquad A_i$——第 i 年的年度计划支付金额,各年度分解支付金额在补充协议中明确；

$\qquad f_{ij}$——第 i 年第 j 个季度的考核支付的百分比,其中：$f_{ij} = P_{ij}/P_i \times 100\%$；

$\qquad P_i$——第 i 年的年度计划产值；

$\qquad P_{ij}$——第 i 年 j 个季度的实际结算金额（合同结算报表产值）。

各年度季考核金额支付后剩余的尾款（若有）,当年度实际完成产值达到或超过年度计划产值时,在当年第四季度考核后支付,否则,当年剩余尾款发包人将不再支付。

（2）形象进度考核支付款

对于进度节点目标在考核当期达到的,按补充协议所列的形象进度考核节点表及对应金额（具体金额在补充协议中明确）进行支付。对于刚性进度节点目标在考核当期未达到的,不予支付；对于柔性进度节点目标在考核当期未达到的,当期不予支付,但后期通过努力赶上原定目标并且对其他标段进度节点控制目标和本标段总工期目标没有实质性影响的，可将前期未予支付的柔性进度节点目标费用的 90% 及本期费用一并支付，前期考核节点未完成项目 10% 的兑现费用发包人将不再支付。

（3）最终发电目标考核支付款

此项费用与白鹤滩水电站实现"安全准点"发电目标挂钩。白鹤滩水电站实现首批机组 2021 年 7 月"安全准点"发电目标时支付考核金额的 50%；实现剩余机组 2022 年 7 月"安全准点"发电目标时支付考核金额的 50%；因承包人原因导致未能实现白鹤滩水电站首批机组、剩余全部机组"安全准点"发电目标时，则对应考核节点的费用不予支付。

（4）合同验收和资料移交支付款

此项费用采用总价计费方式，最终合同验收及资料整体移交时间不晚于考核目标。承包人根据工程特点，按照开挖支护、基础处理、金属结构、混凝土等阶段细化考核节点，按期完成后支付。

4）案例启示

本案例采用事前变更的方式，遵循客观、公平的原则，以"安全准点"发电保障措施为基础，与承包人进行了友好协商，采用定额参照法事前计算变更费用，签订补充协议，并设置科学合理的费用支付方式，要求变更费用充分用于工程现场，把该花的钱花在刀刃上，保障现场工程建设，按期实现工程发电目标。协议约定的变更费用考核方式正向激励了工程现场各主标施工单位积极增加施工资源配置，主动担当、攻坚克难，对工程建设"安全准点"投产发电目标的实现起到了重要推动作用。

5. 新冠疫情防控措施费变更

1）变更背景

2020 年，新冠疫情在全球蔓延，对劳动力密集的白鹤滩水电站工程建设活动造成重大影响。为隔绝新冠疫情传播，避免疫情发展，全国各地为应对新冠疫情先后采取了隔离、封闭、交通管制、集中收治、延长春节假期、有序复工复产等一系列措施。为尽可能降低疫情对工程建设的影响，在项目复工复产所需人工和材料组织困难的前提下，按照国家防疫政策和建设管理单位的总体部署，各参建单位采取积极的防疫措施，恢复和组织生产，增加了成本投入。

（1）复工时间延后

受新冠疫情的影响，节后工程复工时间延后，导致工期延误，增加了项目的建设成本。

（2）人力资源短缺

受新冠疫情影响，项目管理人员、劳务人员（尤其是来自湖北等疫情严重地区的劳务人员）因为身在疫区被隔离而无法按时返回，劳务分包企业无法按照约定时间组织相应数量的劳务人员进行施工。

（3）施工材料和防护装备短缺

新冠疫情的影响以及政府采取的管控措施造成交通阻断和企业停产，工程施工所需的材料和设备，特别是工人的卫生防护用品无法及时获得，进而无法正常施工。

（4）环境消毒要求严格

施工场地、工人宿舍等场所的清洁卫生与通风要求，口罩等卫生防护用品的配备要求更加严格，增加了工程项目的直接成本。

（5）施工直接成本上涨

新冠疫情导致建材工厂开工不足以及生产人员数量不足，使施工材料价格上涨，人工成本上升。

2）变更处理原则

新冠疫情是工程建设参建各方均无法预见、不可避免的突发公共卫生事件，根据相关法律、法规和合同约定，并结合工程建设复工复产实际情况和疫情防控措施，有关费用及工期按照不可抗力事件变更处理。

（1）损失最小

为尽可能降低施工人员在休假途中感染的风险，减少因施工人员无法按时返岗对工程建设的影响，在满足现场人员健康、安全的前提下，白鹤滩水电站工程采取春节期间连续施工的措施，保障工程建设有序推进，对春节期间现场施工人员给予经济补偿，将疫情对工程建设的影响降到最低。

（2）合理分担

对于因新冠疫情所产生的工期延误、防控措施费用，建设工程合同有明确约定的，合同双方依据合同处理；建设工程合同没有明确约定的，按照不可抗力损失承担的相关法律规定，由合同双方共同承担。

3）费用范围和标准

（1）费用标准

新冠疫情防控及相关费用包括人员返岗增加费、人员隔离费、疫情防控专项费、健康检查费、施工降效费等。

① 人员返岗增加费指疫情期间采用"点对点、一站式"返岗产生的人员交通费差价、路途补助、路途个人防护等费用。

② 人员隔离费指疫情期间人员抵达工地后按要求隔离，在隔离期发生的工资补助、伙食费及隔离设施摊销等费用。

③ 疫情防控专项费包含现场防疫工作人员（含组织、管理、监督、宣传等）费用、防疫用品费用（含口罩、防护服、手套、目镜、酒精、消毒水、体温检测器、喷雾器等）及相关辅助费用。

④ 健康检查费指返岗人员为满足防疫要求进行核酸检测、CT 检查等发生的费用。

⑤ 施工降效费指疫情期间由于施工人员佩戴防护用具，配合检查、消毒等防疫管控措施，减少工作面人员聚集，紧张和恐慌情绪等因素，以及材料和设备供应不及时等引起人工和机械施工效率降低而产生的费用。费用计算标准见表 E-4。

表 E-4　新冠疫情费用计算标准

序号	项目名称	单位	计算说明
1	人员返岗增加费	人	1. 仅限于疫情一级、二级响应期间； 2. 四川省、云南省内 550 元 / 人，其他区域 650 元 / 人
2	人员隔离费	人·天	1. 隔离人数为现场隔离、实际发生且经监理签证或业主项目管理部门确认的数量； 2. 参照河南省做法，按照四川省和云南省平均最低工资标准的 1.3 倍计算，即 86.67 元 /（人·天）

序号	项目名称	单位	计算说明
3	疫情防控专项费	人·天	1. 人员数量包括工地施工人员和管理人员； 2. 参照四川省标准及有关防控要求，一级响应期间 35 元/（人·天）、二级响应期间 22.5 元/（人·天）、三级及以下响应期间 12.5 元/（人·天）、常态化疫情防控期间 1 元/（人·天）
4	健康检查费	项	凭票据和检测报告等据实处理
5	施工降效费	项	1. 仅限于疫情一级、二级响应期间； 2. 本项费用仅适用于主标土建合同； 3. 参照北京市做法，工人和机械设备施工降效增加的费用，按照完成项目产值中人工费和机械费的 5% 调增
6	税金	%	（1~5 项合计）× 合同税率。按照风险共担原则，不再计取税金以外其他费用

（2）疫情响应级别的界定

"新冠疫情期间"指新冠疫情防控等级一级响应至三级及以下响应期间，其中：一级响应为 2020 年 1 月 21 日国家卫生健康委员会正式发布"新型疫情情况通报"至 2020 年 2 月 25 日；二级响应为 2020 年 2 月 26 日至 2020 年 3 月 24 日；三级及以下响应为 2020 年 3 月 25 日至 2020 年 5 月 1 日（湖北省解除一级响应）。

（3）工期调整

上述费用补偿后，白鹤滩水电站各合同工期根据新冠疫情影响程度据实分析后调整，对直线工期有影响的，在发电目标不变的前提下采取赶工措施，赶工措施费用不再索赔。

4）案例启示

本案例是在面对新冠疫情的不可抗力因素影响下，白鹤滩水电站工程从保障工程建设的角度出发，以实事求是为原则，合理制定了新冠疫情防控措施及费用补偿标准，实现了白鹤滩水电站施工区域内所有参建人员新冠疫情零感染的目标，有力地保证了施工现场人员的投入，将新冠疫情对施工工期和成本的影响降到最低，对电站首批机组安全准点投产发电起到了至关重要的作用。

附录 F　大坝工程考核细则

大坝工程现场考核支付费用根据考核结果分为兑现、暂扣、纳入建设管理单位统筹管理三种。暂扣费用在达到相应的考核条件后可以补发。纳入建设管理单位统筹管理的费用，作为增设激励项目费用使用，用于奖励精品质量、重要项目过程节点实现、技术创新、高效生产、文明施工亮点打造等。

1. 总体考核方法

大坝工程包括三个标段，Ⅰ、Ⅱ标段分别为大坝左、右岸土建及金属结构安装工程，Ⅲ标段为缆机运行工程。大坝工程考核内容包括质量、进度、安全文明施工和综合管理，各考核内容的比例分别为质量 50%、安全文明施工 20%、进度 20%、综合管理 10%。在计算考核费用时，Ⅰ、Ⅱ标段现场考核支付费用分主体工程、辅助工程、临时工程分别进行考核支付，主体工程又分为混凝土工程、灌浆工程、金结与机电安装工程。各分项工程与工程量清单工作内容对应，各分项工程对应的工程量清单见表 F-1。

表 F-1　分项工程对应的工程量清单项目表

标　段	主体工程			辅助及临时工程
	混凝土工程	灌浆工程	金结与机电安装工程	
Ⅰ标、Ⅱ标	合同工程量清单中与混凝土工程相关的清单项目	合同工程量清单中与灌浆工程相关的清单项目	合同工程量清单中与金结与机电安装工程相关的清单项目	其他清单项目

根据Ⅰ、Ⅱ标段主体工程不同分项工程的特点，混凝土工程、灌浆工程、金结与机电安装工程分别进行质量和进度考核。安全文明施工和综合管理按标段统一考核。主体工程的质量、进度、安全文明施工按月考核支付，考核时段为进度月，一般为上月 26 日至当月 25 日（1 月份考核时段为 1 月 1 日—1 月 25 日，12 月份考核时段为 11 月 26 日—12 月 31 日）；综合管理按季度考核支付。辅助工程及临时工程由监理组织阶段性考核支付。各标段考核由监理组织，考核结果由建设管理单位审定。Ⅰ、Ⅱ标段考核方式详见表 F-2。

表 F-2　Ⅰ、Ⅱ标段总体考核方式表

分项工程名称	考核内容	考核范围	考核时段
主体工程	质量	混凝土工程	按月考核
		灌浆工程	按月考核
		金结与机电安装工程	按月考核
	进度	混凝土工程	按月考核
		灌浆工程	按月考核
		金结与机电安装工程	按月考核
	安全文明施工	标段统一考核	按月考核
	综合管理	标段统一考核	按季度考核
辅助工程与临时工程			由监理组织阶段性考核支付

　　大坝工程Ⅲ标段的现场考核支付费用为全标段统一考核，考核评分兼顾质量、进度、安全文明施工、综合管理等各方面，按月度考核支付。考核由监理组织，考核结果由建设管理单位审定。

　　2. 质量考核

　　大坝混凝土工程、灌浆工程和金结与机电安装工程均要进行质量考核。各分类工程质量考核支付费用计算详见表 F-3。

表 F-3　质量考核费用计算表

序号	项目	单位	混凝土工程	灌浆工程	金结与机电安装工程
1	当月（混凝土工程/灌浆工程/金结与机电安装工程）合同结算金额（不包括变更、索赔）（C_0）	元	C_0	C_0	C_0
2	当月质量考核支付费用总额（Q_1）	元	$Q_1=C_0\times3\%\times50\%$	$Q_1=C_0\times3\%\times50\%$	$Q_1=C_0\times3\%\times50\%$
3	某仓号对应的纳入建设管理单位统筹管理的质量考核支付费用（C_1）	元	C_1	—	—
4	当月质量考核得分（K）	分	K	K	K
5	本月质量考核支付费用兑现系数（f）	%	$K\geqslant90$ 时：$f=100\%$ $80\leqslant K<90$ 时：$f=K\%$ $K<80$ 时：$f=0\%$	$K\geqslant90$ 时：$f=100\%$ $80\leqslant K<90$ 时：$f=K\%$ $K<80$ 时：$f=0\%$	$K\geqslant90$ 时：$f=100\%$ $80\leqslant K<90$ 时：$f=K\%$ $K<80$ 时：$f=0\%$
6	当月质量考核实际支付费用（Q_2）	元	$Q_2=(Q_1-C_1)\times f$	$Q_2=Q_1\times f$	$Q_2=Q_1\times f$
7	当月纳入建设管理单位统筹管理的费用（Q_3）	元	$Q_3=Q_1-Q_2$	$Q_3=Q_1-Q_2$	$Q_3=Q_1-Q_2$

　　表 F-3 的考核得分分别根据混凝土工程质量考核评分表、灌浆工程质量考核评分表和金结与机电安装工程质量考核评分表打分汇总得出。

混凝土工程质量分为"备仓与浇筑""温控""混凝土生产"三个方面，以月度为周期对所有仓号统一考核。Ⅰ标段三部分的分值比例分别为60%、30%、10%；Ⅱ标段无"混凝土生产"考核，其分值纳入"备仓与浇筑"中。

根据混凝土工程质量考核评分表，对各考核项目实行加、扣分制，即完全符合考核目标，该项考核内容得全分；符合加分或扣分项目的，根据实际情况酌情增加或扣除相应分数。根据大坝工程质量、安全文明施工"不二过"管理原则，对于同一问题反复出现，或现场监理督促后仍不整改的，监理有权酌情加重扣分，直至将相关仓号的质量考核支付费用全部纳入建设管理单位统筹管理。出现以下情况的，直接将相关仓号对应的质量考核支付费用纳入建设管理单位统筹管理：①仓面初凝或终凝；②冷却水管漏水未发现或未处理；③平仓后未有效形成振捣条件，或未及时跟进振捣；④振捣后未及时跟进覆盖保温被；⑤浇筑温度超标时未开启喷雾降温；⑥最高温度超标；⑦出现较大质量缺陷或质量事故；⑧出现承包人责任裂缝；⑨其他监理及建设管理单位一致认为应该将质量考核支付费用纳入建设管理单位统筹管理的质量问题。混凝土工程质量考核评分，由监理单位根据当月各仓情况进行过程考核评分，月末汇总形成当月考核评分表。

3.进度考核

1）混凝土工程进度考核

大坝混凝土工程进度考核包括工程量、工程形象、节点目标三项考核内容，权重分别为40%、30%、30%。大坝混凝土工程进度考核以参建各方（施工、监理、建设管理单位）联合认定、监理批复的阶段计划为基准；工程控制性节点原则上以合同为准，包括建设管理单位主导增设的过程节点。

工程量考核以当月实际浇筑的混凝土方量与计划浇筑方量的比值计算。完成月计划工程量95%～100%时，按实际完成比例计发工程量考核支付费用；完成比例超过100%时，计发比例仍为100%。完成月计划工程量80%～95%时，按比例暂扣当月工程量考核支付费用。季度计划完成比例不小于98%时，补发本季度各月工程量考核暂扣支付费用；年度计划完成比例不小于100%时，补发本年度各月工程量考核暂扣支付费用。本年度内未达到补发条件的，将暂扣的工程量考核支付费用纳入建设管理单位统筹管理。完成月计划工程量低于80%时，当月工程量考核支付费用纳入建设管理单位统筹管理。出现缆机、拌和系统设备故障，原材料供应等问题对生产产生显著影响时，由参建各方商议酌情进行进度考核支付。

工程形象按各坝段形象逐项考核，考核内容包括单坝段形象、最低坝段形象，以及季度末、年度末形象。单坝段浇筑形象不满足月计划要求的，暂扣工程形象考核支付费用；季度完成形象与计划形象相差在1个浇筑层以内的（一般为3m），补发当季度各月形象考核暂扣支付费用；单坝段年度完成形象与计划形象相差2个浇筑层以内的（一般为6m），补发当年各月形象考核暂扣支付费用。本年度内未达到补发条件的，将暂扣的形象考核支付费用纳入建设管理单位统筹管理。最低坝段形象导致全坝高差限制高坝段上升或影响接缝灌浆进度的，最低坝段当月形象考核支付费用纳入建设管理单位统筹管理。

节点目标考核内容包括合同规定工程控制性节点目标及增设的过程节点。过程节点在监理批复的月施工进度计划中明确。按期达到分项节点目标，计发相应节点的全额考核支付费用，否则纳入建设管理单位统筹管理。各节点的权重分配由监理根据重要程度合理确定。孔口坝段、岸坡新开面坝段等关键坝段完成形象纳入节点目标考核。

2）灌浆工程进度考核

灌浆工程进度考核包括工程量、工程进度形象两部分，二者权重各为 50%。灌浆工程进度考核以参建各方（施工、监理、建设管理单位）联合认定、经监理批复的年/季/月计划中灌浆工程量和进度形象为基准。灌浆工程进度考核费用的计算基数为当月灌浆项目结算进度款，分别计算工程量、工程进度形象考核支付费用。

工程量考核以月完成率 p 计算，即当月实际完成的工程量与当月计划工程量的比值，均按纯灌浆进尺计算。月完成率 p 与兑现系数对应关系见表 F-4。

表 F-4　灌浆工程量考核支付兑现系数

月完成率	$p>150\%$	$90\%\leqslant p\leqslant150\%$	$85\%\leqslant p<90\%$	$p<85\%$
兑现系数	每高出 10%，在 100% 的基础上扣减 5%	100%	p	0

月考核中未 100% 支付的工程量考核金额均暂扣。暂扣的工程量考核支付费用在季度或年度末月清理、补发。当季度计划完成率≥95% 时，补发本季度工程量考核暂扣支付费用；年度计划完成比例≥100% 时，补发本年度工程量考核暂扣支付费用。年度内未达到补发条件的，暂扣的工程量考核支付费用将纳入建设管理单位统筹管理。

工程形象考核。灌浆工程形象以项为单位，分权重考核、支付，单项形象考核结果分完成、未完成两类。考核形象主要包括控制性节点形象、过程进度形象。控制性节点形象如防洪度汛、初期蓄水等工程阶段验收，年度计划等工程节点形象，过程进度形象根据工程进展和需要确定。灌浆工程形象考核项目、标准及其权重经参建各方根据合同节点和工程进展等情况联合确定，具体项目以监理季度（月度）进度计划批复文件为准，其中过程进度形象一般不超过 3 项。控制性节点形象必须按时保质地完成，完成按 100% 的比例支付形象考核费用，否则对应费用全部纳入建设管理单位统筹管理。过程进度形象在月度内完成的项目按 100% 的比例支付，未完成的项目予以暂扣；在季度内完成的项目，按 100% 的比例予以补发；在年度内完成的项目，按 80% 的比例予以补发，剩余 20% 纳入建设管理单位统筹管理；年度内未达到补发条件的，暂扣的工程形象考核支付费用将纳入建设管理单位统筹管理。

3）金结与机电安装工程进度考核

金结与机电安装工程的进度考核内容包括导流底孔金结制安、深孔钢衬制造、泄洪深孔金结制安、泄洪表孔金结制安、大坝及基坑排水泵房设备安装等影响大坝蓄水直线工期的项目。进度考核包括工程量、工程形象节点目标两部分，二者权重分别为 40%、60%。

工程量考核以建设管理单位审批下达的年度计划和监理审批的月计划作为基本考核依据，实际发放标准与完成工程量和计划工程量的百分比相关。完成计划工程量 85%～100% 时，按实际完成比例计发工程量考核支付费用；完成比例超过 100% 时，计发比例仍为 100%。完成计划工程量 70%～85% 时，暂扣当月工程量考核支付费用；季度计划完成比例不小于 95% 时，补发本季度各月工程量考核暂扣支付费用；年度计划完成比例不小于 100% 时，补发本年度各月工程量考核暂扣支付费用。本年度内未达到补发条件的，将暂扣的工程量考核支付费用纳入建设管理单位统筹管理。完成月计划工程量低于

70%时，当月工程量考核支付费用纳入建设管理单位统筹管理。大坝导流底孔、泄洪深孔、泄洪表孔金结交面滞后，导致影响土建备仓的，经金结监理与土建监理联合确认，每延迟交面一天，当月工程量考核支付费用核减1%，核减金额纳入建设管理单位统筹管理。

形象节点考核内容为根据工程蓄水节点目标确定的各项目控制性节点目标。按期完成形象节点的，计发相应合同组号的全部进度考核支付费用，否则纳入建设管理单位统筹管理。

4）进度考核支付费用计算

根据混凝土工程、灌浆工程和金结与机电安装工程进度考核内容、系数、计算规则，各分类工程进度考核支付费用计算详见表F-5。

表 F-5　进度考核费用计算表

序号	项　　目	单位	混凝土工程	灌浆工程	金结与机电安装工程
1	当月（混凝土工程/灌浆工程/金结与机电安装工程）合同结算金额（不包括变更、索赔）(C_0)	元	C_0	C_0	C_0
2	进度考核支付费用总额（Q_1）	元	$Q_1=C_0\times3\%\times20\%$	$Q_1=C_0\times3\%\times20\%$	$Q_1=C_0\times3\%\times20\%$
3	本月进度考核支付费用（Q_2）	元	Q_2	Q_2	Q_2
4	暂扣的工程量费用金额（Q_3）	元	Q_3	Q_3	Q_3
5	暂扣的工程形象费用金额（Q_4）	元	Q_4	Q_4	—
6	本月纳入建设管理单位统筹管理的费用（Q_5）	元	$Q_5=Q_1-Q_2-Q_3-Q_4$	$Q_5=Q_1-Q_2-Q_3-Q_4$	$Q_5=Q_1-Q_2-Q_3$
7	补发的暂扣费用（Q_6）	元	Q_6	Q_6	Q_6
8	本月支付总额（Q_7）	元	$Q_7=Q_2+Q_6$	$Q_7=Q_2+Q_6$	$Q_7=Q_2+Q_6$

说明：表中Q_2、Q_3、Q_4、Q_6根据考核计算规则计算得出。

4. 安全文明施工考核

大坝工程Ⅰ、Ⅱ标段安全文明施工现场考核支付费用不分单项工程，各标段主体工程统一考核。考核内容包括大坝工程所有工作面的现场安全管控及文明施工标准化建设情况。每月由监理组织联合检查，按检查现场评分确定当月考核分数，也可结合安全周、月检查结果综合评定。

考核实行加、扣分制，即完全符合考核目标的，该项考核内容得满分；符合加分或扣分项目的，根据实际情况增加或扣除相应分数。根据大坝工程质量、安全文明施工"不二过"的管理原则，对于同一问题反复出现，或现场监理督促后仍不整改及整改不到位的，监理有权酌情加重扣分，直至将当月安全文明施工考核支付费用全部纳入建设管理单位统筹管理。出现以下情况的，额外进行扣分：①出现生产性责任事故，死亡1人或重伤3人以上（含3人）实行一票否决，将当月安全文明施工考核支付费用全部纳入建设管理单位统筹管理；重伤1人扣5～10分；②若监理工程师发出安全违约扣款通知单，除按通知单规定进行扣款外，视情节严重程度，每次扣1～5分，由监理工程师在安全违约扣款通知单中予以明确。

安全文明施工考核支付费用计算如下：

$$Q_1 = C_0 \times 3\% \times 20\%$$
$$Q_2 = Q_1 \times K$$
$$Q_3 = Q_1 - Q_2$$

式中：C_0——当月标段主体工程合同结算金额（不包括变更、索赔）；

Q_1——当月安全文明施工考核支付费用总额；

Q_2——当月实际支付安全文明施工考核费用；

Q_3——当月纳入建设管理单位统筹管理的费用；

K——当月考核支付费用的兑现系数，K 取值与安全文明施工考核得分 P 有关，当 $P \geqslant 90$，$K=100\%$；$90>P\geqslant 80$，$K=P\%$；$P<80$，$K=0\%$。

5. 综合管理考核

大坝工程Ⅰ、Ⅱ标段综合管理现场考核支付费用不分单项工程，各标段主体工程统一进行考核。考核内容包括坝区管理、物资管理、合同管理、资金管理、信息管理等方面。综合管理现场考核支付费用每季度进行考核支付，分别在 1 月、4 月、7 月、10 月底的监理协调例会上，由监理主持，建设管理单位、施工单位参与，在征求相关部门和单位意见的基础上进行上季度考核评分。综合管理考核支付费用计算如下：

$$Q_1 = C_0 \times 3\% \times 10\%$$
$$Q_2 = Q_1 \times K$$
$$Q_3 = Q_1 - Q_2$$

式中：C_0——当月标段主体工程合同结算金额（不包括变更、索赔）；

Q_1——当月综合管理考核支付费用总额；

Q_2——当月实际支付综合管理考核费用；

Q_3——当月纳入建设管理单位统筹管理的费用；

K——当月考核支付费用的兑现系数，K 取值与综合管理考核得分 P 有关，当 $P \geqslant 90$，$K=100\%$；$90>P\geqslant 80$，$K=P\%$；$P<80$，$K=0\%$。

6. 辅助及临时工程考核

大坝工程Ⅰ、Ⅱ标段辅助及临时工程阶段性专项考核支付，由承包人提出申请，监理工程师根据本阶段辅助工程与临时工程的建设、运行情况进行考核，考核合格的予以支付；考核不合格的，根据考核情况将相应费用纳入建设管理单位统筹管理。辅助及临时工程考核支付费用计算如下：

$$Q_2 = C_0 \times 3\% - Q_3$$

式中：C_0——当月标段辅助及临时工程合同结算金额（不包括变更、索赔）；

Q_2——当月实际支付段辅助及临时工程考核费用；

Q_3——当月纳入建设管理单位统筹管理的费用。

7. 缆机运行考核

大坝工程Ⅲ标段缆机运行考核对全标段质量、进度、安全文明施工、综合管理统一考核，考核内容包括司机配置、运行效率、设备完好率、安全文明施工、服从调度指挥、仓面信号员服务质量等。缆机运行以每月为周期进行考核，由缆机运行监理单位总负责，建安工程监理对服从调度指挥、仓面信号员服务质量等项目进行考核。

缆机运行考核支付费用计算如下：

$$Q_1 = C_0 \times 3\%$$
$$Q_2 = Q_1 \times K$$
$$Q_3 = Q_1 - Q_2$$

式中：C_0——当月缆机运行合同结算金额（不包括变更、索赔）；

Q_1——当月缆机运行考核支付费用总额；

Q_2——当月实际支付缆机运行考核费用；

Q_3——当月纳入建设管理单位统筹管理的费用；

K——当月考核支付费用的兑现系数，K 取值与缆机运行考核得分 P 有关，当 $P \geqslant 90$，$K = 100\%$；$90 > P \geqslant 80$，$K = P\%$；$P < 80$，$K = 0\%$。

8. 增设奖励项目

考核中纳入建设管理单位统筹管理的费用，作为增设激励项目费用使用，在大坝工程三个标段中跨标段封闭使用。增设激励项目根据工程实际确定，包括精品质量、重要项目过程节点实现、技术创新、高效生产、文明施工亮点打造等。增设激励项目可以是建设管理单位根据要求提出的预设目标，也可以由承包人根据现场工程创建和管理亮点事后申请。增设激励项目申请程序一般为承包人根据预设目标完成情况或创建效果提出申请，监理单位审核，建设管理单位审批。

附录 G　工程保险典型案例

1. 暴雨致物资受损案例

1）基本情况

2015 年 7 月 15 日凌晨，白鹤滩冲沟因暴雨造成冲沟两侧坍塌，某施工单位项目部物资受损。

2）事故理赔

经现场查勘，受损物资主要为电缆、风水管、竹跳板、钢管、钢筋等。现场受损物资大部分被掩埋，无法清点。为核实受损物资，保险人要求提供以下资料：①白鹤滩冲沟受损前物资堆放照片；②堆放物资进出仓库清单；③事后清理出来的物资应集中堆放，以备核查。该项目部无法完全按保险人要求提供相关证明资料。经协商，以监理现场签证资料对受损物资进行佐证。

2015 年年底该项目部提交报损资料，报损金额 96 万元，包括施工方自带材料、自带设备及周转性材料等 22 项。根据保单条款，施工方自带材料、自带设备属非业主保险责任；周转性材料"按受损周转材料购置金额的 50%"进行赔偿；最终定损金额 37 万元。

3）案例启示

（1）在汛期暴雨作用下，冲沟范围内极易发生坍塌、山洪、泥石流等灾害，存在极大的安全隐患和风险，应避免在冲沟范围内设置堆场、营地等设施。

（2）索赔资料对于保险理赔至关重要，应保证索赔资料的真实性和有效性。本案中损毁物资事前没有照片佐证，事后清理出的物资与报损数量差异较大，无法支撑施工方提出的报损金额。在此情况下，采取监理签证的方式佐证受损物资数量。为避免类似争议，项目管理过程中应做好物资出入库台账管理，为可能发生的保险索赔做好资料准备。

2. 钢筋石笼损毁案例

1）基本情况

在泄洪洞出口边坡开挖过程中，设置了沿江集渣平台，平台临江面采取钢筋石笼挡护。2017 年 6 月底至 7 月，金沙江上游持续降雨，江水流量大增，水位持续上升。在水流冲刷下，大量钢筋石笼被冲毁丢失。

2）事故理赔

本案共造成集渣平台外侧钢筋石笼损失 1 100 余个，施工单位报损金额约 290 万元。保险人认为本次事故是由洪水灾害导致，6 月底金沙江流量显著增大，高峰流量达到 9 830m³/s，远超多年平均流量 4 190m³/s，故本次事故属于保险责任。经查勘，并经各方沟通协调，最终定损金额为 184 万元。

3）案例启示

本案理赔过程中，保险人认为钢筋石笼数量难以准确核实，主要原因是现场未按照设计方案、技术核定单实施，实际施工方案同设计方案差距较大，造成核损无依据和标准；施工记录不准确，施工日志仅记录每日施工钢筋石笼数量，未注明钢筋石笼规格和施工位置，无法核定至出险前的施工进度及完工数量，导致无法准确核实现场施工情况。

站在保险人角度，基于上述原因认为钢筋石笼损失数量难以核实是无可厚非的，这也反映了翔实、完整、有效的索赔资料对于保险理赔的重要性。保险人对索赔资料要求严格，有一套符合保险行业要求的内控标准。在保险索赔案例中，由于被保险人提供的索赔资料不符合要求而拒赔或赔付不足的情况时有发生。同时，水电工程施工情况更为复杂，这就要求被保险人在施工过程中，应更加注意有意识地收集留存相关文字、影像资料，对照施工进展情况详细做好施工日志和监理日志，具备条件的应及时完成签证工作，为可能发生的保险索赔工作做好准备。

3. 缆机受损案例

1）基本情况

2018 年 3 月，缆机运行单位 2# 缆机当班司机在 21# 坝段吊运罐料卸完料后，正常收到信号员指令"2# 空罐快起，自锁正常"。当班司机误将牵引操作手柄当成提升操作，使缆机吊罐在未完全提升情况下，小车向 19# 坝段行驶，由一挡加至四挡。虽然信号员传出"大钩加速起"指令，但为时已晚。缆机吊罐首先刮倒 21# 坝段土建施工单位一台振捣车油管，随后刮倒 20# 坝段横缝模板上方喷雾机和照明灯具，接着撞向 19# 坝段横缝。此次事故共造成缆机吊罐、悬臂模板、振捣车油管、工具棚、设备棚及钢筋护栏等受损。

2）事故理赔

本次事故吊罐受损。根据施工设备综合险保单条款，吊罐受损属于保险责任。缆机运行单位报损金额与保险公司现场查勘计算金额一致。

土建施工单位报损金额 45 万元，主要包括受损材料、设备以及抢险费用。根据建安工程一切险保单条款，保险人与被保险人协商明确悬臂模板、保温被、护栏及照明灯具受损属于保险责任，应予以赔付；工具棚及平台、喷雾机及平台、振捣车油管、电线、电缆属于施工方机具、材料或辅助设施，不予赔付；现场不存在抢险因素，抢险费用不予支持；最终定损金额 5 万元。

3）案例启示

（1）本案例主要是缆机操作人员误操作引起的。缆机运行单位应加强对操作人员、信号员的安全教育，同时对缆机司机室操作界面进行简化，提高操作的便利性，降低误操作发生的概率。

（2）本案索赔分属两个险种，缆机吊罐受损属施工设备综合险。土建施工单位受损，致损方是缆机运行单位，但两者互为关系方，同为被保险人，按保单及保险法关于第三者的认定，不能以第三者处理；依据保单交叉原则，土建施工单位受损应划归建安工程一切险处理，且建安工程一切险赔偿后，土建施工单位不得向缆机运行单位追偿第三者责任。从本案索赔结果来看，土建施工单位索赔诉求的工具棚及平台、喷雾机及平台、振捣车油管、电线、电缆等机具、材料和设施，以及抢险投入，不在业主保险赔付范围内，未能得到理赔。从施工单位角度，应购买其责任范围内的工程保险，规避损失，做好工程风险防范。

附录 H 内部审计典型案例

1. 改变招标文件计价方式案例

1）问题描述

本案例属于合同管理问题，签订合同时改变了招标文件计价方式，导致多结算工程款。

某房屋建筑工程采用招标设计图进行招标，招标文件采用工程量清单单价结算。但在合同签订时，将以招标图工程量确定的投标报价按建筑面积折算为综合平方米单价，并约定按建筑面积综合平方米单价结算。实际施工过程中，由于招标图纸设计深度不够，招标图纸中的部分项目未实施、部分项目标准降低，实际工作内容与招标图纸工作内容偏差较大，导致多结算费用。内部审计在对上述合同进行完工结算审计时，审减未实施项目或标准降低项目费用。

2）案例分析

本案例改变了招标文件的实质性规定，在招标图纸设计深度不够的情况下，在签订合同时将招标文件规定的单价计价方式改为综合平方米单价计价，导致多结算工程价款。

采用综合单价计价，在一定程度上可以提高管理效率。但水电工程施工条件复杂、施工周期长、涉及专业多，导致过程中不可控因素多，采用综合单价计价对合同双方风险都很大，特别是建设管理单位风险更大。当风险属于承包人且超出承包人预期时，承包人会想尽办法转移风险，建设管理单位通常会承担大部分风险，反之风险属于建设管理单位时，承包人一般不会分担建设管理单位风险。

3）案例启示

本案例反映了合同管理不规范会导致投资控制方面的风险，主要启示如下：

（1）招标采购应严格按照相关法律法规执行，签订合同不得改变招标文件实质性内容。

（2）对于按工程量清单计量的工程项目，应谨慎采用按建筑面积综合单价计价方式。对于采用综合单价计价的项目，应在合同中对工程量变化等风险分担方式进行约定，根据工作内容增减、标准变化等制定价格调整原则，有效维护承发包双方的利益，避免出现争议。

2. 合同计量结算条款歧义案例

1）问题描述

本问题属于合同计量问题，是由合同计量条款歧义引起的。

导流洞闸门设备采购合同在结算时通过变更计取了施工图与招标图之间的量差 300 余吨。审计依据合同书第（2）条"本合同按经评标确定的具有标价的设备制造报价表中的单项设备实行总价承包。合同有效期内此价格固定不变"、合同条款第 6.1.（4）条"设备制造材料规格、材质、数量等以施工图样为准，当招标图样有局部变更时，卖方应予以承认，不得索赔"之约定，认为施工图与招标图差异、设计修改部分附属结构尺寸等增加的工程量均不予调整，即审计认为该合同为总价承包合同。

根据合同计量与支付条款第 11.1 条"闸门项目按闸门设备报价表中所列的单项设备（报价表中有项目编号）综合单价进行计算"、合同变更和价格调整条款第 13.1 条"买方可在任何时候按第 1.2 条规定用书面方式通知卖方在合同总的范围内变更下列各项中的一项或多项：……（2）改变合同设备的数量或组成设备的部分分项的数量或取消……"、合同变更和价格调整条款第 13.3 条"本合同项下的设备为总价合同。但发生上述变更后，合同价格按以下规定予以调整：……（2）如增加或减少合同单项设备，按合同设备报价表对应设备价格计算增加或减少合同的价格。对单项设备中分项项目数量的增减，应参照合同报价细目表对应项目分项价格增加或减少合同价格。对已投料的部分造成卖方的直接损失部分进行合理补偿"，发包人认为施工图变化属于闸门结构局部调整，属于业主方原因引起的工程量增加，合同工程量为估算工程量，本着实事求是、公平公正的原则，应按实际工程量和综合单价结算。

2）案例分析

本案例根本原因是合同文件相关约定不一致、自相矛盾。各方的结论都有合同依据作为支撑，审计引用合同文件合同书中的条款，发包人引用合同文件合同条款中的相关约定。从合同效力来看，合同书的效力优先于合同条款效力。但从执行效果来看，合同条款约定是常规处理方式，更符合实事求是、公平公正的原则。

3）案例启示

高度重视招标文件的编制质量，在招投标阶段或合同签订阶段，建设管理单位应加强对合同条款的审查，确保合同就相同事项的约定前后一致，避免自相矛盾，造成不必要的争议或纠纷。

3. 框格梁和锚垫板混凝土计量争议案例

1）问题描述

本案例属于合同计量问题。某边坡治理工程布置有锚索，招标阶段招标图纸仅提供边坡支护布置图（布置图未体现框格梁结构），未提供锚索结构详图。为合理报价，投标人提出"请提供各种预应力锚索的基本参数（包括……承压垫座外形尺寸和强度等指标）……"。招标人澄清答复"投标人应根据招标文件及图纸自行考虑各锚索参数，填报相应单价"。

招标文件计量和支付条款规定"预应力锚索……其单价应包括锚索钻孔、锚索（钢丝或钢绞线）……，以及混凝土支承墩的施工和各种附件的供货加工、安装等所需的全部人工、材料及使用设备和辅助设施等一切费用"。根据澄清答复及招标文件计量和支付条款，承包人根据类似工程锚索结构和施工经验，在锚索单价中考虑了 $1.5\text{m}^3/$ 束的锚墩混凝土材料。

施工阶段，设计单位印发的锚索结构设计图均无垫板混凝土。为保证施工质量和支护功能，对于框格梁和锚索的组合支护方式，设计单位通过设计修改通知单在框格梁节点处增设垫板混凝土，详见图 H-1 每个框格梁节点处垫板混凝土和锚墩混凝土设计工程量之和为 1.28m³。

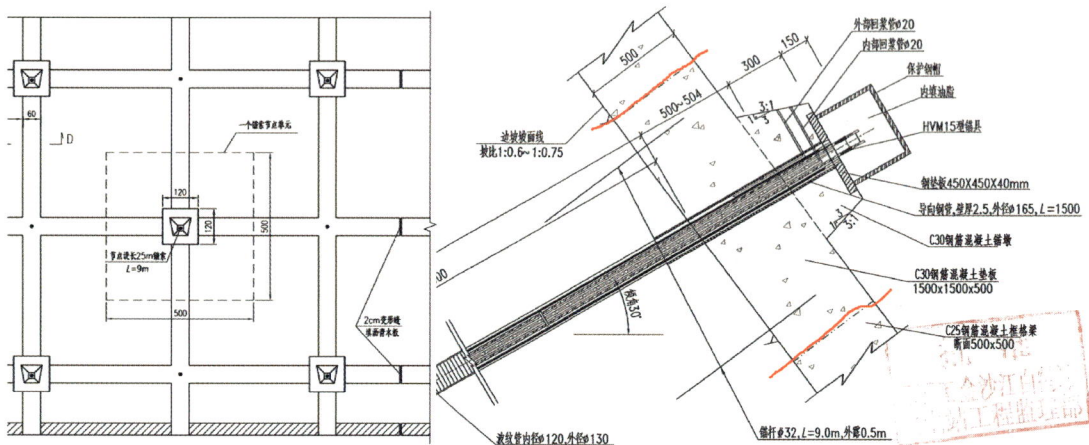

图 H-1 框格梁节点处新增垫板混凝土示意图

在完工结算书中，承包人将框格梁节点处的垫板混凝土工程量计入了框格梁混凝土工程量中。审计过程中，根据招标澄清说明、招标文件计量和支付条款规定以及垫板和锚墩混凝土设计工程量与单价分析表中锚墩混凝土材料耗量的对比，审计单位认为框格梁节点处的垫板混凝土工程量应包含在锚索单价中，不应单独计量。

2）案例分析

本案例存在一定的争议。承包人认为招标图纸并未明示采用锚索和框格梁组合的支护方式，作为有经验的承包商，通常按常规锚索结构形式报价，一般不会考虑按锚索和框格梁组合形式进行锚索报价，同时框格梁节点垫板混凝土为锚墩支撑结构，目的是更好地发挥组合支护功能，非锚索必要的结构。因此，垫板混凝土按框格梁混凝土计量符合合同计量原则。

但本案例的特殊之处是，锚索单价分析表中包含的混凝土消耗量大于设计图纸垫板和锚墩混凝土工程量之和。在此情况下审计单位认为承包人锚索报价已考虑了足够的混凝土工程量或者考虑了锚索和框格梁组合支护这一情况。基于这样的考虑，审计单位进行了审减。

3）案例启示

（1）本案例产生的主要原因是招标图纸不翔实，尽可能完善的招标图纸会减少后期计量结算的争议。

（2）对于类似计量问题，应在招标文件计量条款中对计量的原则、计量范围、计量方式等进行详细的说明，明确计入实物工程量和计入单价的工程量范围。